计算机应用基础

(Windows7+Office2010)

主编◎程 娟 向敞苗

西南财经大学出版社
四川·成都

图书在版编目(CIP)数据

计算机应用基础:Windows7+Office2010/程娟,向啟苗主编.—成都:西南财经大学出版社,2020.7

ISBN 978-7-5504-4308-2

Ⅰ.①计… Ⅱ.①程…②向… Ⅲ.①Windows 操作系统—中等专业学校—教材②办公自动化—应用软件—中等专业学校—教材

Ⅳ.①TP316.7②TP317.1

中国版本图书馆 CIP 数据核字(2019)第 282946 号

计算机应用基础(Windows7+Office2010)

JISUANJI YINGYONG JICHU(Windows7+Office2010)

主编　程娟　向啟苗

责任编辑:冯雪

封面设计:墨创文化

责任印制:朱曼丽

出版发行	西南财经大学出版社(四川省成都市光华村街 55 号)
网　　址	http://www.bookcj.com
电子邮件	bookcj@foxmail.com
邮政编码	610074
电　　话	028-87353785
照　　排	四川胜翔数码印务设计有限公司
印　　刷	郫县犀浦印刷厂
成品尺寸	185mm×260mm
印　　张	18
字　　数	393 千字
版　　次	2020 年 7 月第 1 版
印　　次	2020 年 7 月第 1 次印刷
印　　数	1— 3000 册
书　　号	ISBN 978-7-5504-4308-2
定　　价	39.80 元

编 委 会

前言

近几年，随着社会的发展，我国职业教育规模快速增长，为市场发展提供相应的人力资源。随着信息技术渗透到人类生活、工作的各个方面，生产工具的信息智能化水平也越来越高，计算机及信息处理的水平在很大程度上反映了劳动者的基本能力和素质。所以，计算机基础课程是中职学生必修的公共基础课，利用计算机进行信息处理也是中职学生必须掌握的一个基本技能。

教材编写目标

本书是中等职业教育课程改革的新教材，根据教育部2017年颁布的《中等职业学校计算机应用基础教学大纲》的要求编写。本课程可以帮助学生掌握必备的计算机应用基础知识和基本技能，着重提高学生计算机基本操作、办公应用、网络应用等方面的技能，培养他们应用计算机解决工作与生活中实际问题的能力；培养学生根据职业需要运用计算机的能力，使学生熟悉使用计算机技术获取信息、处理信息、分析信息、发布信息的过程，逐渐养成独立思考、主动探究、团结协作的学习方法和工作态度，为其终身学习和发展奠定基础。

本书特色

本书作为在国家级示范性学校建设过程中申报的教学改革教材，在编写过程中，将当前教学改革的有关精神以及“教学大纲”提出的教学内容要求，与学校实际教学情况相结合。

本书的编写理念主要是项目教学思想，充分考虑学生的认知规律和学习特点，在理论上做到“精讲、少讲”，操作上做到“仿练、精练”。内容的选取以“源于生活、归于生活”为准则，关注学习情境的创设，遵循学以致用的原则，尽量选择与学生、生活及将来工作有关的素材，体现以就业为导向的思想；设计上强调知识技能的体验和生成，学习过程的探究与合作。

本书充分体现“做中学，做中教”的职业教育教学特色。结合新课改教学要求及最新的课程教学方式，本书以任务驱动为主线，在每一项目中贯穿“任务背景—任务分析—任务学习准备—任务实施—归纳提高—任务评估—讨论与练习—任务拓展”的教学环节，充分体现了任务驱动和教学一体化的课堂教学组织形式，使学生在学习过程中有的放矢、一目了然。

本书架构

本书架构及推荐授课学时安排如下：

项　目	课程内容	课时安排
项目 1	认识计算机	14
项目 2	使用和管理计算机——Windows 7 的应用	12
项目 3	笔随人意的好秘书——Word 2010 的应用	20
项目 4	精打细算的好助手——Excel 2010 的应用	20
项目 5	丰富多彩的幻灯片——Powerpoint 2010 的应用	10
项目 6	飞吧电子邮件——Outlook 2010 的应用	8
项目 7	因特网的应用	12
项目 8	常用工具软件的应用	12
	机动	16
合计		108~124
说明	建议在机房组织教学，上课即为上机，讲授与上机合二为一	

使用建议

本书面向的教育对象主要是中职学生及相当于初中毕业生学识水平的学习者，是一本面向大众的学习教材。本书的知识基础起点低，适合各层次的学习者。计算机学科的实践应用性较强，计算机文化基础课除了要求学生掌握和了解计算机的背景知识、工作原理和应用外，对计算机的操作能力也有一定的要求。由此，我们在兼顾基础知识与实践操作的同时，也为学习者取得计算机应用能力技能证书和职业资格证书做好准备。

本书由程娟担任主编，编写任务分工为：程娟编写项目一，程娟、彭轲编写项目二，向啟苗编写项目三，李家潇编写项目四，肖晓编写项目五，娄智平编写项目六，兰晓天编写项目七，支易编写项目八。

在编写本书的过程中，我们聘请了王爱红、张欣、廖晓梅、佴世明、蓬猛、郭龙、邓文华、何雄周、孙开军和乔启明等专家进行审阅，他们对本书的编写提出了许多宝贵意见和建议；此外，本书的编写工作还得到了单位领导及家属的大力支持，在此一并表示诚挚的感谢！

由于编者水平有限，书中难免存在疏漏和不妥之处，恳请广大读者批评指正，以便进一步完善本书。

编者

2020 年 4 月

目录

MULU

项目一　认识计算机

职业情景描述

对于初学计算机的学生，尤其是非计算机专业的学生来说，计算机基础已经成为一门必修的公共基础课。要学习计算机的使用，我们首先要了解一些有关计算机的基础知识，比如计算机的一些相关术语、计算机的发展等。通过学习本项目，你将学习到以下知识：

(1) 了解微型计算机的相关概念及发展。

(2) 认识微型计算机的组成。

(3) 学会链接常用外部设备。

(4) 掌握计算机中的几种常用数制。

(5) 掌握计算机的中英文录入方法。

(6) 能够安全使用计算机。

任务一　计算机的发展及应用领域

任务背景

21 世纪是信息技术高速发展的世纪，信息技术的普遍应用正在改变人们的生活方式、工作方式以及思维方式。在掌握计算机的使用之前，我们先来回顾一下计算机发展过程中一个个重要的发展阶段。

任务分析

要认识计算机，我们首先要了解一些计算机的相关术语并清楚计算机的发展历史以及发展方向。我们认识计算机要从以下四方面入手：

（1）学习相关概念。

（2）了解计算机的发展。

（3）明确计算机的特点。

（4）了解计算机的应用领域。

任务学习准备

一、相关概念

1. 数据

能够输入到计算机并由计算机处理的那些事实、概念、场景和指示的表现形式称为数据，如字母、数字、文字、图像、声音等。

2. 信息

信息是客观事物在人们头脑中的反映，是将客观事物用某种方式处理以后的结果。人类通过信息认识各种事物，借助信息的交流沟通，加强人与人之间的联系和互相协作，从而推动社会进步。电子计算机是信息处理机，它是人脑功能的延伸，能帮助人更好地存储信息、检索信息、加工信息和再生信息。

3. 计算机

计算机（computer）俗称电脑，是一种用于高速计算的电子计算机器，既可以进行数值计算，又可以进行逻辑计算，还具有存储记忆功能。计算机是能够按照程序运行，自动、高速处理海量数据的现代化智能电子设备。

计算机由硬件系统和软件系统组成，没有安装任何软件的计算机称为裸机。

二、计算机的发展

1946 年，世界上公认的第一台电子计算机 ENIAC（electronic numerical integrator and computer，中文含义为“电子数字积分计算机”）诞生于美国宾夕法尼亚大学的弹道实验室，它主要用于计算弹道和研制氢弹。这台计算机重 28 吨，占地 170 m^2，需要 150 kW 的电力才能启动，它使用的主要电子器件是电子管，如图 1-1 所示。它的诞生标志着现代电子计算机时代的来临。

图 1-1　世界上第一台电子计算机 ENIAC

几乎在同一时期，著名数学家冯 · 诺依曼提出了“存储程序”和“程序控制”的概念。其主要思想为：

（1）采用二进制形式表示数据和指令。

（2）计算机包括运算器、控制器、存储器、输入设备和输出设备五大基本部件。

（3）采用存储程序和程序控制的工作方式。

所谓存储程序，就是把程序和处理问题所需的数据均以二进制编码形式预先按一定顺序存放到计算机的存储器里。计算机在运行时，中央处理器依次从内存储器中逐条取出指令，按指令规定执行一系列的基本操作，最后完成一个复杂的工作。这一切工作都是由一个担任指挥工作的控制器和一个执行运算工作的运算器共同完成的，这就是存储程序控制的工作原理。

冯·诺依曼的上述思想奠定了现代计算机设计的基础，所以后来人们将采用这种设计思想的计算机称为冯·诺依曼型计算机。从 1946 年第一台计算机诞生至今，虽然计算机的设计和制造技术都有了极大发展，但今天使用的大多数计算机的工作原理和基本结构仍然遵循冯·诺依曼的思想。

1. 传统计算机的发展

现代计算机的基本结构是冯·诺依曼结构，其主要特点是存储程序并自动控制。按照计算机采用的电子器件的不同，计算机的发展可分为四代（如表 1-1 所示）。

表 1-1　计算机发展演进表

性能指标	第一代 1946—1958 年	第二代 1958—1964 年	第三代 1964—1971 年	第四代 1971 年至今
逻辑元件	电子管	晶体管	中、小规模集成电路	大规模、超大规模集成电路
存储器	磁芯、磁鼓（磁带）	磁芯存储器（磁盘）	半导体（磁盘为主）	高集成度半导体（磁盘、光盘、移动存储器）
主要特点	体积大、可靠性差，耗电大、价格昂贵	体积小、重量轻，耗电小、可靠性提高	小型化、耗电小、可靠性高	微型化、耗电极小、可靠性很高
应用场合	科学计算	数据处理、工业控制	文字处理、图形处理	社会的各个领域
运算速度(秒/次)	几千~几万	几万~几十万	几十万~几百万	几百万~百亿
软件	机器语言 汇编语言	编辑语言 高级编程语言	操作系统 交互式语言	数据库系统 网络软件

计算机中的各种逻辑元件如图 1-2 所示。

2. 计算机的发展方向

未来的计算机以超大规模集成电路为基础，向巨型化（不是体积大，而是速度高、容量大、功能强），微型化（体积缩小、重量减轻），网络化（分散的计算机联成网），智能化（计算机将具有一定的“思维能力”）方向发展。

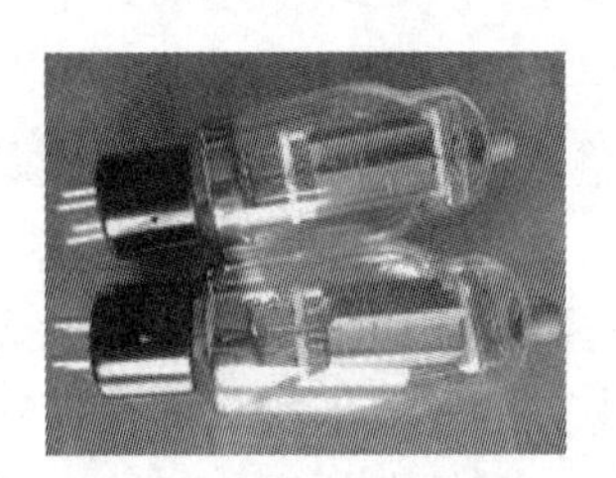

电子管

晶体管

集成电路

超大规模集成电路

图 1-2 逻辑元件

（1）巨型化。

巨型化是指能进行高速运算、有大存储容量的强功能的巨型计算机，其运算能力一般在每秒百亿次以上、内存容量在几百兆字节以上。巨型计算机主要用于尖端科学技术和军事国防系统的研究开发。1975 年世界上第一台超级计算机“Cray-I”诞生，它主要应用于天气预报、地震机理研究、石油和地质勘探、卫星图像处理等需要大量科学计算的高科技领域。

中国的超级计算机有：国防科技大学研制的“银河Ⅰ号”“银河Ⅱ号”和“银河Ⅲ号”，国家智能计算机中心推出的“曙光 1000”“曙光 2000—Ⅰ”“曙光 5000A”和“神威·太湖之光”，以及国防科技大学和浪潮公司共同研制的“天河一号”“天河二号”等，如图 1-3 所示。

银河Ⅰ号

银河Ⅱ号

银河Ⅲ号

神威·太湖之光

天河二号

图 1-3 中国超级计算机

知识链接

银河到天河 中国超级计算机发展大事记

历经5年研制，中国第一台被命名为“银河”的亿次巨型电子计算机于1983年在国防科技大学诞生。它的研制成功向全世界宣布：中国成了继美、日等国之后，能够独立设计和制造巨型机的国家。

1983年，国防科技大学研制出“银河Ⅰ号”通用并行巨型机，峰值速度达每秒1亿次，主要用于天气预报。

1992年，国家智能计算机研究开发中心（后成立北京市曙光计算机公司）研制成功曙光一号全对称共享存储多处理机，这是国内首次以基于超大规模集成电路的通用微处理器芯片和标准UNIX操作系统设计开发的并行计算机。

1997年，国防科技大学成功研制“银河Ⅲ号”百亿次并行巨型计算机系统，峰值性能为每秒130亿次浮点运算。

1997—2011年，北京市曙光计算机公司先后在市场上推出“曙光1000”“曙光—3000”“曙光—6000”超级服务器，峰值计算速度突破每秒1 271万亿次浮点运算。

2009年10月29日，中国首台千万亿次超级计算机“天河一号”诞生。这台计算机以每秒1 206万亿次的峰值速度和每秒563.1万亿次的Linpack实测性能，使中国成为继美国之后世界上第二个能够研制千万亿次超级计算机的国家。

2010年，“天河一号A”让中国第一次拥有了全球最快的超级计算机，将用来辅助中国的空间探索、健康研究，特别是在未来十年内应对人口老龄化、城市规划、高速交通系统建设等问题，以及用来解决交通拥堵的智能车牌、实时交通计算技术。

2015年4月9日，美国商务部发布了一份公告，决定禁止向中国4家国家超级计算机中心出售“至强”（XEON）芯片，这一决定使“天河二号”升级受到阻碍。

2016年6月，中国已经研发出了当时世界上最快的超级计算机“神威·太湖之光”，目前落户在位于无锡的中国国家超级计算机中心。该超级计算机的浮点运算速度是当时世界第二快超级计算机“天河二号”（同样由中国研发）的2倍，达9.3亿亿次每秒。

2018在最新公布的全球超级计算机榜单中，中国超算“神威·太湖之光”和“天河二号”分别位列第三、第四名。

（2）微型化。

随着电子技术的进一步发展，更方便、更廉价的笔记本电脑、智能手机越来越普及，个人电脑正逐步由办公室设备变为电子消费品。人们要求电脑除了要保留原有的性能之外，还要有外观时尚、轻便小巧、便于操作等特点（如图1-4所示）。计算机不再是单一的计算机器，而是一种信息机器，一种个人的信息机器。

笔记本电脑

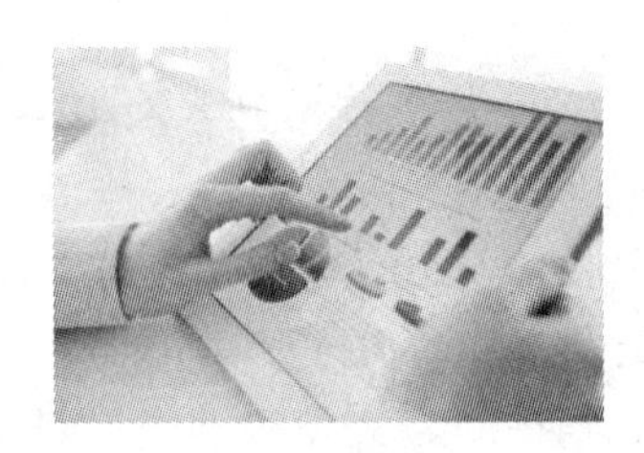
平板电脑

图 1-4　微型计算机

（3）网络化。

计算机网络为人们的工作、学习和生活带来许多便利。人们希望信息交流能更加顺畅，这也会促进计算机网络的不断发展。网络的应用已经成了人们生活中不可缺少的一部分。2018 年，全球互联网用户数已突破 40 亿，这意味着全球有一半人口“触网”。此外，报告还指出，全球 76 亿人中，约 2/3 已拥有手机，且超过半数为智能型设备，因此人们可以随时随地轻松地获取丰富的信息。据中国互联网信息中心统计，截至 2018 年 6 月，我国网民规模达 8.02 亿，居全球首位，互联网普及率为 57.7%，手机网民规模已达 7.88 亿，网民通过手机接入互联网的比例高达 98.3%，这说明我国计算机网络化发展势头迅猛，今后的计算机系统会更好地集成网络功能。

（4）智能化。

机器人可以代替人类在一些危险的或不擅长的岗位上工作，完成一些自己不熟悉的或不愿意做的事。如机械手、无人机、作战机器人、扫地机器人、擦窗机器人、烹调机器人等就有智能化特点，可以帮助人们许多工作（如图 1-5 所示）。

作战机器人

中国首个玩具机器人

解魔方机器人

扫地机器人

图 1-5　人工智能机器人

（5）多媒体化。

多媒体技术是当前计算机领域中引人关注的技术之一。人们利用多媒体计算机，不仅可以使用计算机的一般功能，还可以欣赏音乐及影视作品等。多媒体技术大大改善了人机界面，使计算机朝着人类接受及处理信息的最自然的方向发展。通过网络看电视、打可视电话已不是稀罕的事情，一些性能优异的多媒体 IT 产品（如课堂演播室、家庭视听、平板、微单相机等影音娱乐产品）也逐渐走进了平常百姓的家中。

未来的计算机将是微电子技术、光学技术、量子技术、超导技术和电子仿生技术相结合的产物。目前，计算机的发展正处在向第五代超导型计算机、智能型计算机迈进的阶段，计算机未来的发展会超越许多人的想象，让我们畅想一下未来计算机的模样吧！

三、计算机的特点

计算机是一种能快速、自动地完成信息处理的电子设备，具有运算速度快、计算精确度高、存储容量大、逻辑判断能力强、自动化程度高等特点。现在的微型机的运算速度已达到每秒 10 亿次以上，巨型机的运算速度已达到每秒 10 亿亿次以上。

四、计算机的应用领域

随着现代科学的发展，计算机的应用领域已非常广阔，并渗透到社会的各行各业。计算机的广泛应用正在改变着传统的工作、学习和生活方式。这主要表现在以下 7 个方面：

1. 科学计算

科学计算也称为数制计算，能求解科学研究和工程技术中所遇到的数学问题，如对人造卫星轨迹的计算、水坝应力的计算、气象预报的计算等。应用计算机进行数制计算，速度快、精度高，可以大大缩短计算周期，节省人力和物力。

2. 数据处理

数据处理又称信息处理，是目前计算机应用最广泛的领域。计算机数据处理已广泛应用于办公自动化、计算机辅助管理与决策、文档管理、信息检索、文字处理、激光照排、动画制作、图书管理、医疗诊断、电子商务、电子政务等各个方面。

3. 过程控制

计算机广泛应用于石油化工、电力、冶金、机械加工、通信及轻工业等各行业中的生产过程控制，如实时控制高炉炼铁过程、控制汽车生产线等。

计算机控制技术对现代国防和空间技术具有重大意义，导弹、人造卫星、宇宙飞船等都离不开计算机控制技术。目前，我国的空间轨道控制技术已处于世界领先水平，达到厘米量级的轨道测控水平，图 1-6 为我国的航天测控中心。

图 1-6　我国航天测控中心

4. 计算机辅助工程

计算机辅助工程是指利用计算机帮助设计人员进行计算机辅助设计（computer aided design，CAD）、计算机辅助制造（computer aided manufacturing，CAM）、计算机辅助教学（computer aided instruction，CAI）、计算机辅助测试（computer aided testing，CAT）等。目前，船舶设计、飞机设计、汽车设计、建筑工程设计等行业，均采用计算机辅助设计系统。服装设计行业也开发了各种形式的服装 CAD 系统，如服装款式设计 CAD 系统能帮助设计师构思出新的服装款式。图 1-7 就是利用计算机辅助设计的 2008 年北京奥运会主体育馆鸟巢的模型。

图 1-7　利用计算机辅助设计的 2008 年北京奥运会主体育馆鸟巢模型

5. 人工智能

人工智能是指使用计算机来模拟人的某些思维，使计算机能像人一样具有识别文字、图像、语音和推理及学习的能力。智能计算机可以代替甚至超越人类某些方面的脑力劳动，它能够给病人诊断、开处方，和人下棋、对话，翻译文字，查找图书资料等。如目前的各种专家系统和机器人就是人工智能的成果。2016 年 3 月，谷歌阿尔法狗（AlphaGo）和世界围棋冠军李世石的世纪人机大战，吸引了全球众多人士的观看，引起的话题热度前所未有。最终结果是谷歌 AlphaGo 以 4∶0 的比分战胜了李世石。这次事件真正地掀起了人工智能热潮，开启了一个新纪元。

6. 电子商务等网络应用

计算机网络是将分散在不同地理位置的计算机系统用通信线路连接起来，实现计算机之间的数据通信和各种资源的共享。随着网络技术的发展，计算机的应用进一步深入社会的各行各业，通过高速信息网实现数据与信息的查询、高速通信服务（电子邮件、电视电话、电视会议、文档传输）、电子教育、电子娱乐、电子购物（通过网络选看商品、办理购物手续、质量投诉等）、远程医疗和会诊、交通信息管理等。计算机和网络的紧密结合使人们能更有效地共享和利用资源，实现了古人“足不出户，畅游天下”的梦想。

7. 多媒体技术应用

计算机的娱乐功能是随着微型计算机的异军突起发展起来的。计算机最初只能处理文字，20 世纪 80 年代以来，多媒体技术的发展扩展了计算机的应用领域，人们不仅可以使用计算机打字、学习、处理信息，而且还能通过它绘画、听音乐、看电影、玩游戏。计算机的娱乐功能使计算机渐渐成为人们生活的一部分。

任务实施

一、实施说明

本任务主要了解信息化社会中计算机的应用领域，从计算机对人们的生产、生活及学习方式等方面的影响着手进行调查、讨论、切实体验和感受计算机技术对社会的影响。

学生应完成以下调查，并撰写一份关于计算机应用领域的调查报告。

（1）调查 5 个企事业单位，了解计算机在该单位中的使用情况。可以从该单位的概况，如拥有的计算机台数，网站建设情况，用于生产、管理、研发的软件情况，企业员工对信息时代的感言等方面进行调查。

（2）调查10位用户，了解每人每周使用计算机的时间，上网时间，经常使用的软件，网上购物的经历，使用摄像机、手机、平板电脑的情况，对信息时代的感言等。

（3）调查10位同学，了解每人使用学习工具、软件、网站的情况，并收集学习工具、软件、网站的相关信息。

二、实施步骤

学生可以直接调查，也可以间接调查。结合互联网、报纸、产品广告、电视等渠道了解相关信息。

步骤1　调查计算机在生产领域的应用

学生可以从机械制造、电子电器、金融、商业、行政管理、教育、医药卫生、交通运输、公安司法、外贸、汽车、物流、餐饮娱乐等不同行业选择调查对象，也可以从人才招聘信息中获取相关行业对应聘人员计算机技能的要求情况。

步骤2　调查计算机在生活中的应用

学生可以从好友、邻居、社区人员中选择调查对象。

步骤3　调查计算机在教育领域的应用

调查同学利用学习工具（如电子词典）、学习软件（如计算机辅助教学软件）、学习网站等进行学习的情况；调查有哪些较普及的学习工具、学习软件及学习网站等。

步骤4　撰写调查报告

学生通过撰写调查报告，梳理与自己所学专业相关的行业对计算机技能的要求，整理与专业学习相关的学习软件、网站、工具等。

归纳提高

通过完成本任务我们初步了解了计算机的特点、发展过程和以后的发展方向，也了解了计算机的应用范围。当然，要让计算机为我们服务，我们还需要进一步学习。顺利完成这个任务，可以为以后的学习打下了良好的基础。

任务评估

任务一评估细则		自评	教师评
1	相关概念		
2	计算机的发展		
3	计算机的特点		
4	计算机的应用领域		
任务综合评估			

讨论与练习

交流讨论：

讨论1 畅想未来的计算机

发挥想象，与老师和同学开展讨论，想象未来的计算机在你眼里应该是怎样的？

讨论2 我的游戏观与学习观

谈谈你对利用计算机玩游戏和利用计算机学习的看法。

思考与练习：

一、选择题

1. 世界上公认的第一台电子计算机诞生在1946年，它采用的主要电子器件是______。

A. 继电器　　B. 电子管　　C. 晶体管　　D. 集成电路

2. 目前的计算机采用超大规模集成电路作为电器器件，它属于______。

A. 第一代计算机　　B. 第二代计算机　　C. 第三代计算机　　D. 第四代计算机

3. 计算机对自动采集的数据按一定方法经过计算，然后输出到指定执行设备。这属于计算机应用的______领域。

A. 科学计算　　B. 过程控制　　C. 数据处理　　D. 人工智能

4. 人工智能是利用计算机来模拟人的思维过程。以下______不属于人工智能的范畴。

A. 逻辑推理　　B. 数值计算　　C. 语言理解　　D. 人工对弈

二、填空题

1. 世界上第一台电子计算机于__________年诞生在__________。

2. 第二代计算机所使用的电子器件是__________。

3. 计算机的应用领域主要包括__________、__________、__________、__________、__________、__________和人工智能。

4. 在计算机应用中，CAD是指__________。

5. 计算机的主要特点有________、________、______、________和________。

任务拓展

一、探寻计算机发展史上的名人足迹

尽管计算机的发展才短短几十年，但人类探索先进计算工具的步伐从未停止过，有不少科学家把毕生的精力奉献给了计算机事业，这才有了我们今天点点鼠标便可以神游寰宇的奇妙体验。在享受这一切的同时，也让我们缅怀一下科学先驱们走过的艰难的探索之路。

同学们可以通过小组合作来完成这个任务。

二、图灵与人工智能

了解英国科学家艾兰·图灵在人工智能领域有卓越的成就。

同学们可以通过小组合作、上网查阅资料来了解图灵、图灵奖、图灵测试等相关的知识。

任务二　认识计算机系统

任务背景

在初步了解计算机的发展、特点等知识后，我们需要进一步学习计算机是由什么组成的，它是怎样完成各项工作的。

任务分析

要理解计算机应从计算机系统的组成入手，即计算机的硬件和软件两部分。在本任务中我们可以学习到以下知识：

（1）计算机系统的组成。

（2）计算机硬件系统的组成。

（3）计算机软件系统的组成。

任务学习准备

一个完整的计算机系统包括硬件系统和软件系统两大部分。硬件系统是计算机的“躯干”，是基础；软件系统是建立在“躯干”上的“灵魂”。计算机系统的组成结构如图 1-8 所示。

1. 计算机的硬件系统

计算机硬件指构成计算机的物理设备，它们是看得见、摸得着的。计算机的硬件系统从功能上可以划分为五大基本组成部分，即运算器、控制器、存储器、输入设备和输出设备。主机系统由运算器、控制器和存储器组成。

2. 计算机的软件系统

计算机软件是计算机运行所需要的各种程序、数据以及相关文档的总称。计算机软件系统由系统软件和应用软件组成。

只有硬件的计算机称为硬件计算机或裸机。裸机配置了相应的软件才能构成完整的计算机系统。硬件是软件的基础，软件是硬件功能的扩充与完善。硬件与软件相互渗透、相互促进。计算机系统=硬件系统+软件系统，就好比“人=肉体+思想”。

提示

计算机硬件系统的功能

(1)运算器是计算机对数据进行加工处理的部件，可以进行算术和逻辑运算。

(2)控制器负责向其他各部件发出控制信号，保证各部件协调一致地工作；控制器和运算器组成 CPU，采用大规模集成电路工艺制成的芯片又称微处理器芯片。

(3)存储器是计算机记忆或暂存数据的部件。

(4)输入设备，如键盘和鼠标，用于向计算机输入需要处理的数据。

(5)输出设备，如显示器和打印机，用于输出计算机处理结果。

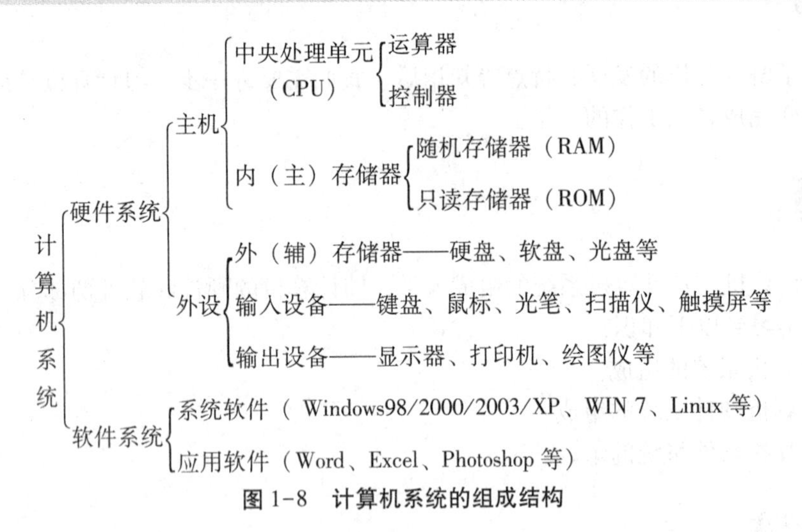

图 1-8　计算机系统的组成结构

3. 计算机的主要性能指标

（1）字长。在计算机中作为一个整体被 CPU 存取、传送、处理的一组二进制数字串叫一个字，每个字中的二进制位数，称为字长。字长有 8 位、16 位、32 位、64 位等，字长越长，CPU 一次处理的信息位就越多，精度就越高，目前主流 CPU 字长已达 64 位。

（2）主频。主频即时钟频率，决定 CPU 在单位时间内的运算次数，主频越高，运算速度越快。

（3）存储容量。存储容量是指计算机能够存储数据的总字节数。平时经常提到的内存大小就是指计算机内存储器的存储容量。相对来讲，内存容量越大，安装有多任务、多用户操作系统的计算机运行得就越流畅。

（4）存储周期。存储器进行一次“读”或“写”操作所需的时间，称为存储器的访问时间，连续启动两次独立的“读”或“写”操作所需的最短时间，称为存取周期。

（5）运算速度。运算速度是指中央处理器（CPU，central processing unit）每秒处理指令的多少，单位是MIPS，即百万条指令每秒。

提示

计算机中的数据度量单位

在计算机中，所有数字、字母、汉字、图像、声音等信息的处理和传递都是采用二进制的形式。常用的度量单位有：位(bit)、字节(Byte)、kB、MB、GB、TB等；1个位(bit)可以存储一个0或1，表示两种状态；1字节为8位二进制数。

1 kB=1 024 B；

1 MB=1 024 kB；

1 GB=1 024 MB；

1 TB=1 024 GB。

任务实施

一、实施说明

本任务主要认识常见的计算机硬件，学会辨认、了解常用配件的功能。主板及微型计算机部件如图 1-9 所示。

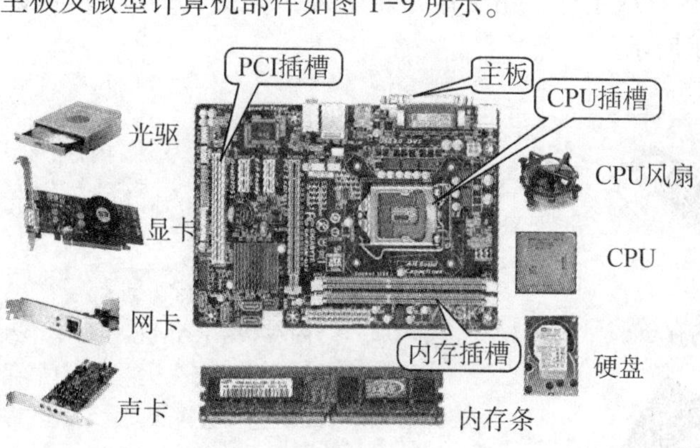

图 1-9 主板及微型计算机部件

二、实施步骤

步骤 1 认识 CPU

CPU 是计算机的核心部件，作用如同人的大脑，计算机的所有工作都必须通过 CPU 协调完成。CPU 的正面和背面如图 1-10 所示。

图 1-10　CPU

> **提示**
>
> CPU
>
> 决定CPU性能的主要参数是主频和字长。主频越高，运算速度越快；字长越长，单次运算的能力越强。
>
> 目前微型计算机的 CPU 在市场占有率最大的两个品牌是 Intel 和 AMD。
>
> 我国自主知识产权的龙芯系列 CPU 填补了我国在商业化 CPU 芯片上的空白。基于龙芯的台式计算机和笔记本电脑业已问世。

步骤 2　认识主板

打开机箱后，我们可以看到内部有一块比较大的电路板（如图 1-9 所示），即主板，又称母板，计算机内的各个部件都连接在主板上。

步骤 3　认识内存

内存储器又称内存或主存，用于存放计算机当前执行的程序和需要使用的数据。内存条的外形如图 1-11 所示。

台式机内存条

笔记本内存条

图 1-11　内存条

> **提示**
>
> 内存、外存
>
> 内存分随机存储器(RAM)和只读存储器(ROM)。内存的优点是存取速度快，CPU 可以直接对其进行访问。
>
> 内存条由RAM芯片组成，断电后存储在RAM中的数据将丢失。ROM中存放的数据不能修改，也不会丢失。
>
> 外部存储器也称为外存。外存的优点是存储容量大，保存在外存中的数据，即使电脑断电后也不会丢失，适合存储需要长期保存的数据和程序。

步骤 4　认识硬盘

硬盘是计算机必不可少的外部存储器，用来存放需要保存的程序和数据（如图 1-9 所示）。一般来说，硬盘的转速越快，存取的速度也越快。

步骤 5 认识显卡

显卡负责执行 CPU 输出的图形图像处理指令。显卡通常把处理的结果输出到显示器上。高性能显卡常以附加卡的形式安装在计算机主板的扩展槽中，也有的显卡集成在主板上。

步骤 6 认识网卡

网卡是计算机接入网络的必须设备，是构成网络的基本部件（如图 1-12 所示）。随着社区宽带、ADSL、VDSL 等宽带接入方式的普及，网卡已成为计算机的标准配置，不少主板上也集成了网卡，并且无线网卡越来越受到人们的青睐。

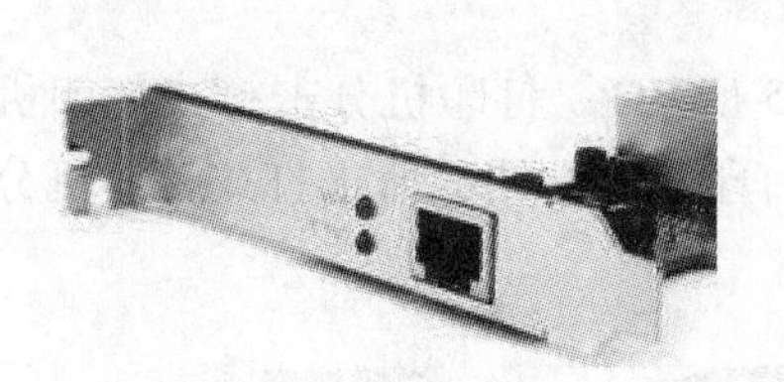
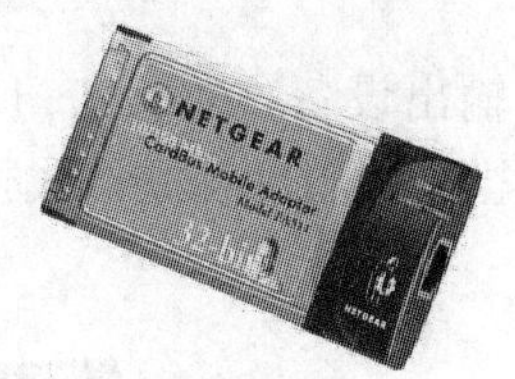

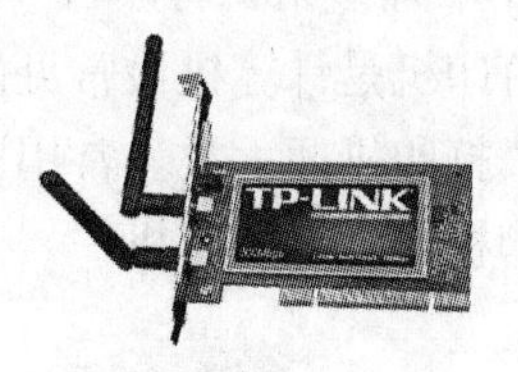

图 1-12 网卡

步骤 7 认识光驱

光盘是利用激光技术存储信息的存储介质，光驱是读写光盘信息的设备，分为只读型光驱（CD-ROM、DVD-ROM）和刻录机（CD-RW、DVD-RW），外观见图 1-9。

步骤 8 认识键盘和鼠标

键盘是计算机的基本输入设备，是人与计算机进行信息交流的主要工具。用户可以通过键盘向计算机输入各种操作命令、程序和数据。

鼠标是一种人机交互输入设备（如图 1-13 所示）。图形界面操作系统的绝大多数操作都是基于鼠标设计的，大多数软件的使用都离不开鼠标。鼠标按结构可分为机械鼠标和光电鼠标两大类。

图 1-13 鼠标

步骤 9 认识显示器

显示器是最重要的输出设备（如图 1-14 所示）。显示器可以将用户输入计算机的信息和计算机处理后的结果显示在屏幕上，便于用户和计算机的交流。常用的显示器有阴极射线管显示器（CRT）和液晶显示器（LCD）两种类型。

图 1-14　显示器

步骤 10　认识打印机

打印机是计算机最常见的输出设备（如图 1-15 所示）。打印机分击打式打印机和非击打式打印机两大类。常用的击打式打印机是针式打印机；常用的非击打式打印机分为喷墨打印机和激光打印机。

针式打印机

彩色喷墨打印机

彩色激光打印机

图 1-15　打印机

步骤 11　认识电源和机箱

电源和机箱如图 1-16 所示。电源的作用是将高电压交流电转换成能让计算机元件正常工作的低压直流电。机箱的作用是安装、固定所有主机配件，避免配件松动，同时还能屏蔽电磁辐射。

图 1-16　电源和机箱

归纳提高

计算机系统由硬件系统和软件系统组成。硬件系统是计算机的物理装置，是计算机的物质基础，由五个主要功能部件组成；软件系统是保证计算机正常工作的灵魂，它控制和管理计算机的运行。两者共同存在，协调工作，缺一不可。

任务评估

任务二评估细则		自评	教师评
1	硬件系统的认知度		
2	计算机的核心部件		
3	识别机箱内部硬件的程度		
4	计算机软件系统的组成		
任务综合评估			

讨论与练习

交流讨论：

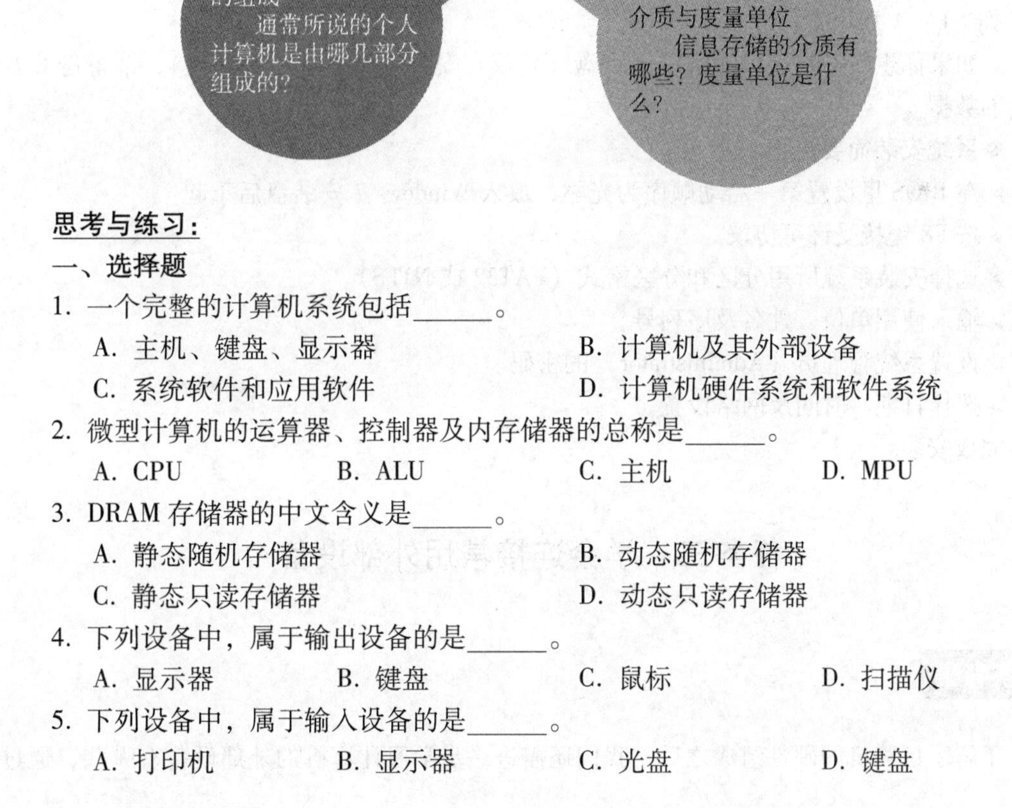

思考与练习：

一、选择题

1. 一个完整的计算机系统包括______。

   A. 主机、键盘、显示器　　B. 计算机及其外部设备

   C. 系统软件和应用软件　　D. 计算机硬件系统和软件系统

2. 微型计算机的运算器、控制器及内存储器的总称是______。

   A. CPU　　B. ALU　　C. 主机　　D. MPU

3. DRAM 存储器的中文含义是______。

   A. 静态随机存储器　　B. 动态随机存储器

   C. 静态只读存储器　　D. 动态只读存储器

4. 下列设备中，属于输出设备的是______。

   A. 显示器　　B. 键盘　　C. 鼠标　　D. 扫描仪

5. 下列设备中，属于输入设备的是______。

   A. 打印机　　B. 显示器　　C. 光盘　　D. 键盘

二、填空题

1. CPU 由__________和__________组成。

2. 新购一 U 盘的容量为 120GB，这里的 GB 指的是__________。

3. 硬盘与内存相比，存储容量__________，读写速度________；U 盘与软盘相比，存储容量________、读写速度________。

4. 在程序设计语言中，低级语言包括__________和__________。

5. 在计算机内部，数据和指令的表示形式采用________进制。

任务拓展

操作系统的安装

●**准备工作**

➢ 准备好 Windows 7 旗舰版简体中文版安装光盘，并检查光驱是否支持自启动。

➢ 可能的情况下，在运行安装程序前用磁盘扫描程序、扫描所有硬盘，检查硬盘错误并进行修复。

➢ 用纸张记录安装文件的产品密匙（安装序列号）。

➢ 可能的情况下，用驱动程序备份工具将原 Windows 7 下的所有驱动程序备份到硬盘上（如：F：\ Drive）。

➢ 如果你想在安装过程中格式化 C 盘（建议在安装过程中格式化 C 盘），请备份 C 盘有用的数据。

●**系统安装简要流程**

➢ 在 BIOS 里设置第一启动顺序为光驱，放入 Windows 7 安装盘后重起。

➢ 按 F8 键接受许可协议。

➢ 选择安装系统所用分区和分区格式（FAT32 或 NTFS）。

➢ 输入使用单位、姓名及序列号。

➢ 设置系统管理员（Administrator）的密码。

➢ 选择日期、时间及网络设置。

完成安装。

任务三　学会连接常用外部设备

任务背景

了解了计算机的硬件组成之后，我们还需进一步学习计算机的外部设备有哪些，通过计算机怎样与这些设备相连，这些外部设备能为我们做什么。

任务分析

本任务主要学习计算机常用外部设备各部件的组装连接及常用外部设备的使用、维护方法。

任务学习准备

一、计算机主机外部设备接口

图 1-17 是一个典型的主机机箱的背面接口图。

二、计算机外部设备安装注意事项

（1）消除静电，断开电源，小心轻放，用力适度，安装正确，固定稳固。

（2）保存好随机附送的盘片、说明书、保修卡和扩展/转接口等。

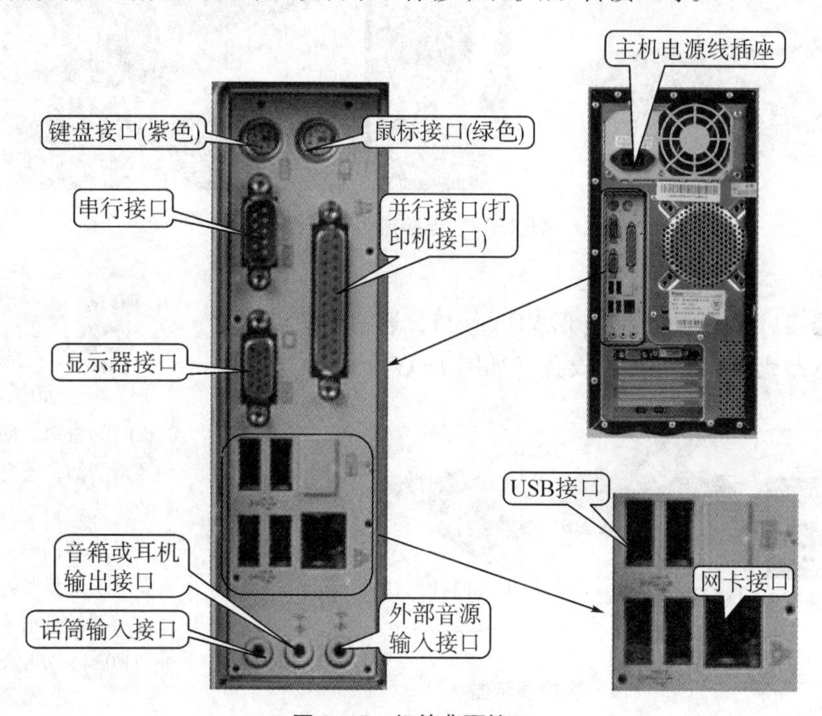

图 1-17　机箱背面接口

任务实施

一、实施说明

与主机连接的常用外部设备配件有光驱、U 盘、打印机、音箱、显示器、扫描仪、键盘、鼠标、摄像头、投影仪等，不少数码产品也都通过 USB 接口与主机连接。

接下来我们一起去看看外部设备是如何与主机连接的。

二、实施步骤

步骤 1　连接键盘、鼠标

在机箱的背部，通常有两个 6 针的圆形 PS/2 接口（如图 1-18 所示），紫色的为键盘接口，绿色的为鼠标接口。键盘插头上有向上的标记，连接时按照这个方向对准紫色圆形的插孔插好；鼠标就插在键盘插孔旁的绿色的鼠标插孔中。

图 1-18　连接键盘、鼠标

步骤 2　连接显示器

显示器接口是一个 15 针 D 形 VGA 接口，通常为蓝色，用于连接显示器或投影仪等显示设备（如图 1-19 所示）。

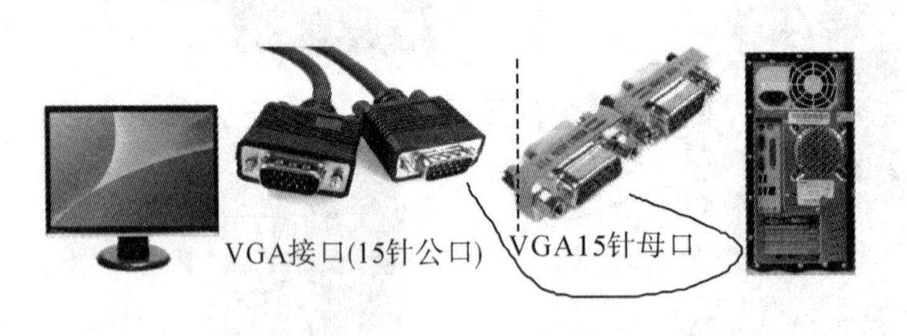

图 1-19　连接显示器

> **提示**
> 
> 显示器
>
> 显示器应避免强光长时间直射；防止灰尘，经常清洁；避免电磁场的干扰。
>
> 显示器的分辨率越高显示效果越好，目前显示器的分辨率普遍达到1 024×768像素以上。

步骤 3　连接打印机

打印机接口是一个 25 针 D 形接口，通常为紫红色，用于连接打印机或扫描仪。现在也有不少厂家生产的打印机或扫描仪使用 USB 接口（如图 1-20 所示）。

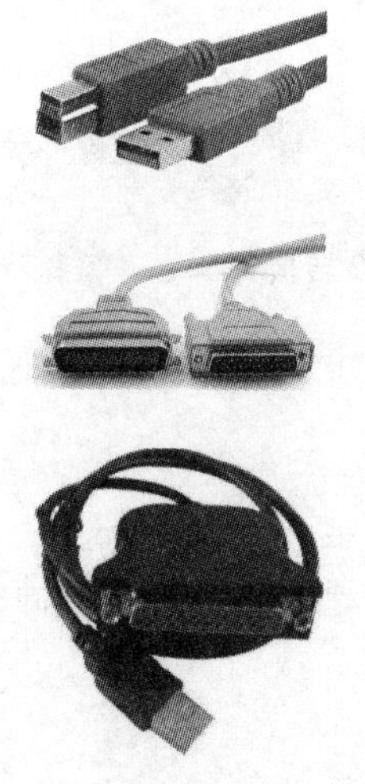

图 1-20　打印机连接线

提示

打印机使用技巧

(1)要正确安装打印机的驱动程序。

(2)不要带电插拔计算机与打印机连接接口上的电缆(LPT1接口的电缆）。

(3)喷墨打印机不使用时，拔掉电源线插头比关闭打印机控制面板上的开关更安全。

(4)喷墨打印机和针式打印机不管是带电正常工作，或带电暂停，甚至不工作时，都不要用手强行移动打印头。

(5)不要随意为喷墨打印机添加墨水。

(6)打印机正常工作时，应尽量多使用控制键完成进纸、出纸等任务，少使用卷轴旋钮进纸和出纸。

(7)更换喷墨打印机墨盒时，一定要按照说明书操作步骤进行，不要试图移动打印头。

(8)如果打印两份以上文件且间隔时间不长，打印完第一份文件后不要急于关掉打印机电源，因为喷墨打印机开关一次电源用掉的墨水可能比打印机1小时待机的耗电量成本更高。

步骤 4　连接耳麦

音频接口是小圆口形的接口，通常是三色口。粉红色用于连接话筒；草绿色用于连接音箱或耳机；浅蓝色是音频输入接口，用于连接外部音源进行录音，如图 1-21 所示。

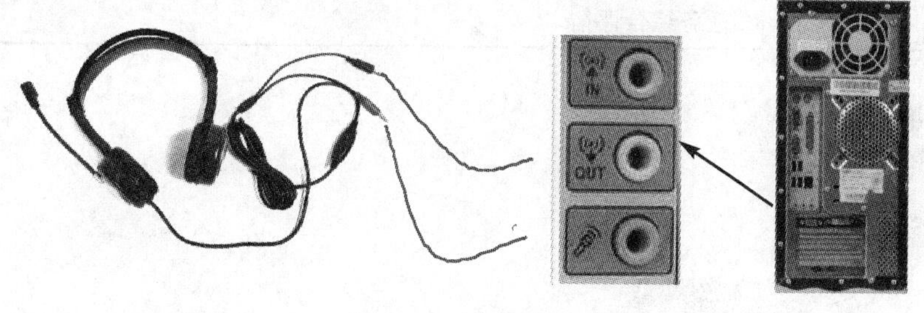

图 1-21　音频接口

步骤 5　连接其他常用外部设备

移动硬盘、U 盘、数码相机等外部设备通常通过 USB 接口连接主机。

USB 接口是一个小扁平形的接口，如图 1-22 所示。几乎所有的计算机外部设备都可以采用 USB 接口，其特点是支持多个设备接入，即插即用，接插方便，用途极为广泛。主机箱背面有 USB 接口，为了方便连接，目前的计算机在机箱正面也配有 USB 接口。

图 1-22　USB 接口及其转接口

归纳提高

在连接计算机的外部设备时一定要断电操作，连接各接口时一定要对准，轻插轻拔，如果未对准接口又用力过猛，会对接口造成损坏。

任务评估

任务三评估细则		自评	教师评
1	键盘、设备连接是否正确		
2	显示器连接是否正确		
3	打印机连接是否正确		
4	打印机的驱动安装是否正确		
5	耳麦、U 盘是否连接正确		
任务综合评估			

讨论与练习

交流讨论：

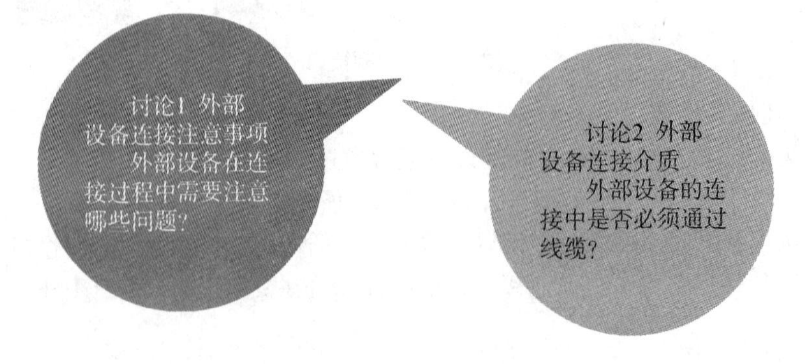

思考与练习：

一、填空题

1. 在组装计算机前，必须先消除身上的________，以防损坏电器元件。

2. 连接显示器的信号线时，要把________针的信号线接在显示卡上，电源接在主机________或连接在________，注意插拔时用力要适度。

二、讨论题

1. 以下是某品牌计算机的硬件配置广告，请对广告中列出的各项参数做简单解释。

"Intel 酷睿 2 双核 T6400（2 000 MHz）/1 GB /250 GB /100 Mbps /52×DVD COMBO/17 LCD"。

2. 根据实物，识别各种接口，尝试并练习将外部设备与主机连接。

任务拓展

一、其他常用外部设备

其他常用外部设备有摄像头、读卡器、扫描仪、投影仪等（如图 1-23 所示）。

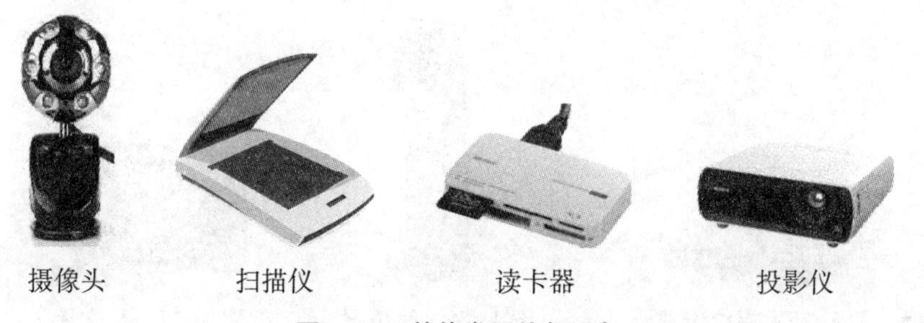

图 1-23　其他常用外部设备

常用外部设备如摄像头、读卡器等通常使用 USB 接口。

扫描仪使用 USB 接口或并行接口，它用于把文字、图片等以图像形式扫描存储到计算机中。

投影仪的连接是将投影仪的视频输入信号电缆（15 针 D 形 VGA 公接口）接至计算机的外部视频输入端口（蓝色 15 针 D 形 VGA 母接口），如图 1-24 所示。

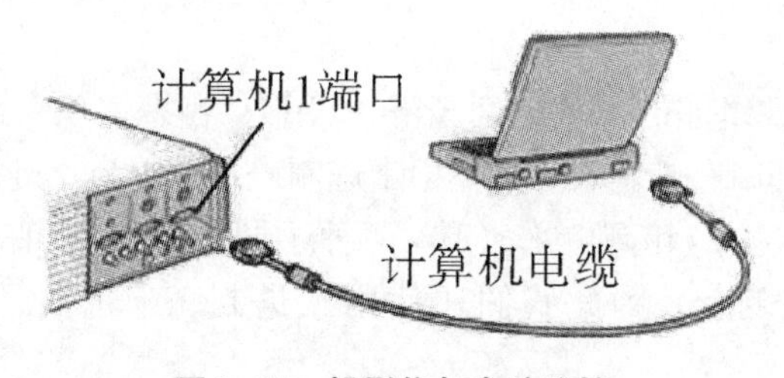

图 1-24　投影仪与电脑连接

> 提示
>
> 投影仪的使用
>
> 要想让笔记本电脑将信号同时输出到投影屏幕和笔记本电脑屏幕中，我们可以在按下笔记本电脑中的Fn功能键的同时，按下带有显示器图标的按键，这样笔记本电脑的信号输出方式就会自动改变成只输出到投影屏幕中，或者同时输出到笔记本电脑屏幕中和投影屏幕中。重复按下上面的组合键，就能让笔记本电脑信号输出方式在上面的三种方式中轮流切换。
>
> 便携式投影仪在关闭电源后，要冷却片刻再移动，以保护灯泡。

二、指纹识别器、触摸屏和手写板

指纹识别器通常利用USB接口连接，在一些笔记本电脑中已广泛使用，它是一种用于身份验证的理想设备（如图1-25所示）。

触摸屏一般通过串行接口连接，少数通过USB接口连接。触摸屏使用十分广泛，一些智能手机和数码相机都配有触摸屏，在银行和其他一些公共服务场所，也有各种触摸屏式终端可提供自助服务，如排队取票、航班查询等（如图1-26所示）。

写字板是一种用于手写输入的设备，结合汉字识别软件，可以方便地输入汉字（如图1-27所示）。

图1-25　指纹识别器

图1-26　触摸屏

图1-27　写字板

任务四　计算机中常用数制及编码

任务背景

计算机是由电子器件组成的，考虑到经济、可靠、容易实现、运算简便、节省器件等因素，在计算机中的数都用二进制表示而不用十进制表示，因为二进制数只包含数字0和1，在电路中只需用低电平（0）和高电平（1）两种不同的状态就可表示，运算电路较容易实现。但二进制书写太复杂，因此我们还使用八进制、十进制、十六进制等方式书写编码。

任务分析

我们首先要理解不同数制的表示方法，并记住它们之间的转换规律，才能顺利地完成本任务。此外，我们还要通过举例子来了解编码的含义。通过完成本任务，你将学到以下知识：

（1）了解几种常用数制。

（2）会进行不同数制的相互转换。

任务学习准备

在日常生活中，我们习惯用十进制来计数，但我们也经常听到一双鞋，一打铅笔，一天……这样的说法。这种逢几进一的计数法，称为进位计数制，也叫数制。这是一种科学的计数方法，以累计和进位的方法进行计数，达到了以很少的符号表示大范围数字的目的。

进位计数制的数可以用位权来表示。位权就是在一个数中同一个数字在不同的位置上代表不同基数的次幂（如下面例子中所示）。计算机中常用的数制有十进制、二进制、八进制和十六进制。

提示

十进制、二进制、八进制、十六进制的数值说明表

进位制	十进制	二进制	八进制	十六进制
数码	0,1,2,…,9	0,1	0,1,2,…,7	0,1,…,9,A,B,C,D,E,F
规则	逢十进一	逢二进一	逢八进一	逢十六进一
基数R	10	2	8	16
位权	10^i	2^i	8^i	16^i
表示形式	D	B	Q或O	H

1. 十进制数

十进制用数字符号 0，1，…，9 表示，基数为 10，特点是“逢十进一，借一当十”。例如，十进制数 123.45 的位权表示为：

$123.45=1\times10^2+2\times10^1+3\times10^0+4\times10^{-1}+5\times10^{-2}$

十进制是人们最习惯使用的数制，在计算机中一般把十进制作为输入/输出的数据形式。为了区分，人们将十进制数表示为 $(N)_{10}$或 $(N)_D$或直接表示为 N。

2. 二进制数

二进制计数用 0、1 两个数码表示，基数为 2，特点是“逢二进一，借一当二”。例如，二进制数 1101.11 的位权表示为：

$(1101.11)_2=1\times2^3+1\times2^2+0\times2^1+1\times2^0+1\times2^{-1}+1\times2^{-2}$

我们将二进制数表示为 $(N)_2$或 $(N)_B$。

3. 八进制数

八进制数采用 0~7 共 8 个数字符号表示，按“逢八进一，借一当八”规则进行计数。例如，八进制数 345.64 的位权表示为：

$(345.64)_8=3\times8^2+4\times8^1+5\times8^0+6\times8^{-1}+4\times8^{-2}$

我们将八进制数表示为 $(N)_8$或 $(N)_O$。

4. 十六进制数

十六进制数采用 0~9、A~F 共 16 个符号表示，其中符号 A、B、C、D、E、F 分别代表十进制数值 10、11、12、13、14、15，按“逢十六进一，借一当十六”的进位原则计数。例如，十六进制数 2AB.6 的位权表示为：

$(2AB.6)_{16}=2\times16^2+10\times16^1+11\times16^0+6\times16^{-1}$

我们将十六进制数表示为 $(N)_{16}$或 $(N)_H$。

任务实施

一、实施说明

在计算机内部，一切信息的存储、处理与传送均采用二进制的形式。二进制的阅读与书写很不方便，所以我们在阅读与书写时，经常采用八进制和十六进制来表示。因此我们还要学习这些数制之间的转换。

二、实施步骤

步骤 1　十进制数制转换成二进制、八进制和十六进制数

十进制数转换成其他进制数的方法是：整数部分采用除“基”取余法，即反复除以“基”直到商为 0，取余数，倒着写下来；小数部分采用乘“基”取整法，即反复乘以“基”取整数，直到小数部分为 0 或取到足够位数，正着写下来。

例如，$(241.43)_{10}=(?)_2$，小数取 4 位。

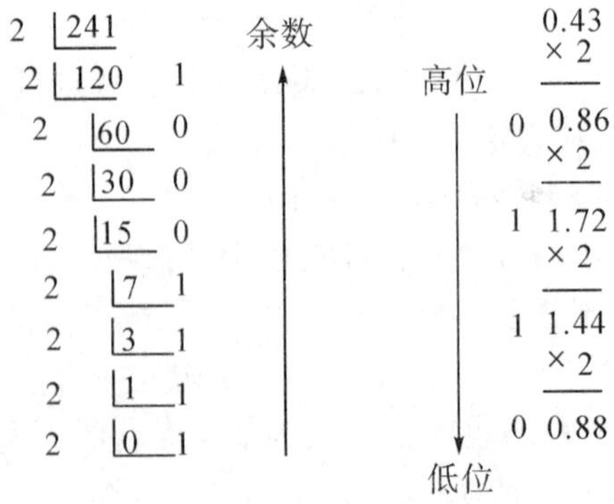

```
2 |241          余数              0.43
 2 |120    1     ↑       高位    × 2
  2 |60    0     |        |     ------
  2 |30    0     |        |   0  0.86
  2 |15    0     |        |      × 2
  2 |7     1     |        |     ------
  2 |3     1     |        |   1  1.72
  2 |1     1     |        |      × 2
  2 |0     1     |        |     ------
                          |   1  1.44
                          |      × 2
                          |     ------
                          ↓   0  0.88
                         低位
```

计算结果：$(241.43)_{10}=(11110001.0110)_2$

步骤2　二进制、八进制、十六进制数转换成十进制数

其他三种进制数转换成十进制数的方法是：按权相加法。把每一位二（八、十六）进制数所在的权值相加，即可得到对应的十进制数。例如：

$(1101.011)_2=1\times2^3+1\times2^2+0\times2^1+1\times2^0+0\times2^{-1}+1\times2^{-2}+1\times2^{-3}=(13.375)_{10}$

$(345.64)_8=3\times8^2+4\times8^1+5\times8^0+6\times8^{-1}+4\times8^{-2}=(229.8125)_{10}$

$(2AB.68)_{16}=2\times16^2+10\times16^1+11\times16^0+6\times16^{-1}+8\times16^{-2}=(683.40625)_{10}$

步骤3　二进制数与八进制数、十六进制数的相互转换

由于二、八、十六进制之间存在这样一种关系：$2^3=8$，$2^4=16$。所以，每位八进制数相当于3位二进制数，每位十六进制数相当于4位二进制数，在转换时，位组划分是以小数点为中心向左右两边延伸，中间的0不能省略，两头位数不足时可补0。

例如：$(24.53)_8=(?)_2$

$$\underbrace{\overset{2}{010}}\ \underbrace{\overset{4}{100}}.\ \underbrace{\overset{5}{101}}\ \underbrace{\overset{3}{011}}$$

计算结果：$(24.53)_8=(10100.101011)_2$

又例，$(11010010110)_2=(\ ?\ )_{16}$

$$\underbrace{0\ 1\ 1\ 0}_{6}\ \underbrace{1\ 0\ 0\ 1}_{9}\ \underbrace{0\ 1\ 1\ 0}_{6}$$

计算结果：$(11010010110)_2=(696)_{16}$

归纳提高

不同数制的转换归纳起来可以分为以下五类：

（1）十进制数转换为其他进制数：整数部分“除基数取余，逆序排列”；小数部分“乘基取整，顺序排列”。

（2）其他进制数转换为十进制数：按权相加法。

（3）二进制数转换为八进制、十六进制数：从小数点开始向左、向右三位或四位二进制数换一位八进制、十六进制数。

（4）八进制、十六进制数转换为二进制数：一位八进制数换三位二进制数，一位十六进制数换四位二进制数。

（5）八进制数和十六进制数之间没有直接的转换方法，须以二进制或十进制数为桥梁进行间接转换。

任务评估

任务四评估细则		自评	教师评
1	几种常见数制		
2	十进制转换成二、八、十六进制		
3	二、八、十六进制转换成十进制		
4	二进制与八、十六进制的相互转换		
任务综合评估			

讨论与练习

交流讨论：

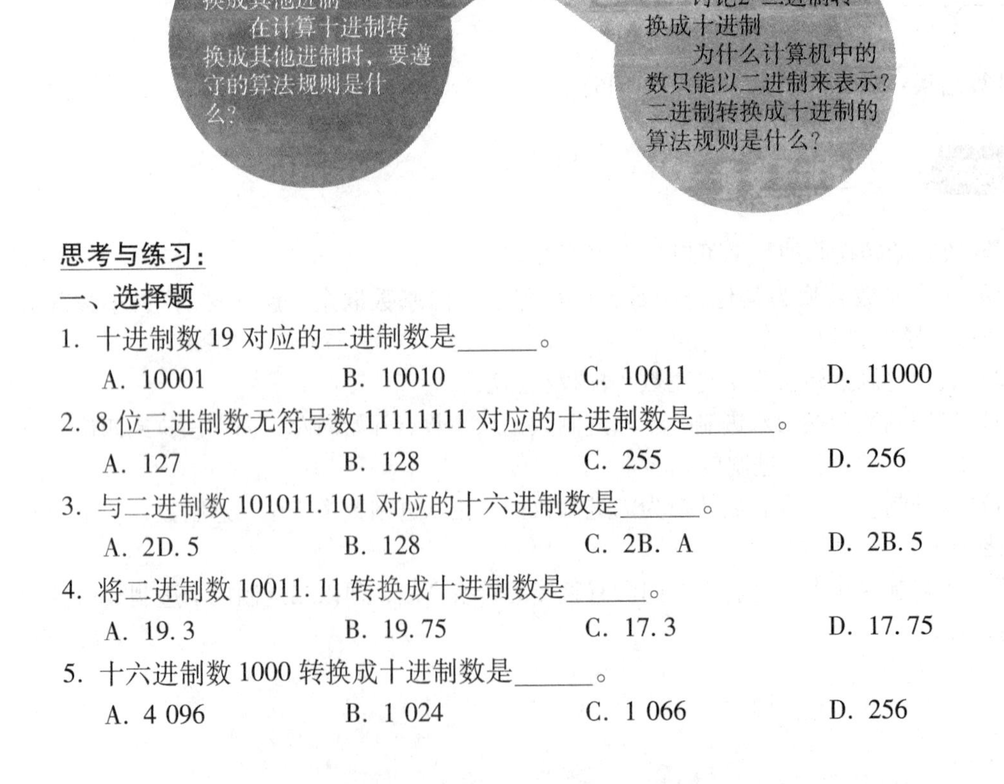

思考与练习：

一、选择题

1. 十进制数 19 对应的二进制数是______。
   A. 10001　　B. 10010　　C. 10011　　D. 11000
2. 8 位二进制数无符号数 11111111 对应的十进制数是______。
   A. 127　　B. 128　　C. 255　　D. 256
3. 与二进制数 101011.101 对应的十六进制数是______。
   A. 2D.5　　B. 128　　C. 2B.A　　D. 2B.5
4. 将二进制数 10011.11 转换成十进制数是______。
   A. 19.3　　B. 19.75　　C. 17.3　　D. 17.75
5. 十六进制数 1000 转换成十进制数是______。
   A. 4 096　　B. 1 024　　C. 1 066　　D. 256

6. 十进制数 271 转换成十六进制数是______。

A. 10B　　B. 10C　　C. 10F　　D. 111

7. 汉字的机内码高位内码和低位内码最高位分别是______。

A. 1 1　　B. 1 0　　C. 0 1　　D. 0 0

二、填空题

1. 已知英文字母符号 A 的 ASCII 码值为 65，那么英文字母 F 的 ASCII 码值为________；已知数字字符 9 的 ASCII 码值为 57，那么数字符号 5 的 ASCII 码为________。

2. 二进制数的基数为__________。

3. 汉字的机内码用__________表示，且它们的最高位是__________。

4. 根据汉字的各种构字规律，输入码共有__________、__________、__________和音形编码四种。

5. 写出下列字符的 ASCII 码值。

D：__________　　h：__________　　6：__________

@：__________　　?：__________　　K：__________

任务拓展

字符编码（ASCII 码）

计算机除了用于数值计算外，还应用于其他许多方面，另外还要处理大量符号，如汉字、英文字母等非数值的信息。通常，计算机中的数据可以分为数值型数据和非数值型数据。其中数值型数据就是我们平常所说的“数”，必须按约定的规则用二进制编码表示才能在计算机中存放。非数值型数据通常不表示数值的大小，只表示字符或图形等信息。这些非数值型数据也用二进制形式在计算机中表示，通常称为字符的二进制编码。目前，国际上使用最为广泛的是美国标准信息交换码（American standard code for information interchange），简称 ASCII 码。通用的 ASCII 码有 128 个元素，它包含 0~9 共 10 个数字、52 个英文大小写字母、32 个各种标点符号和运算符号、34 个通用控制码。

任务五 中英文录入

任务背景

我们通常在使用计算机时会进行文字录入，无论是中文的还是英文的，只要我们掌握了中英文录入的方法，就可以给我们提供便利，也可以帮助我们完成大量的工作。

任务分析

本任务主要学习键盘和鼠标的基本操作方法，了解常用的输入法并掌握智能 ABC 及五笔字型输入法，熟练掌握键盘打字技术。

任务学习准备

一、键盘知识

键盘是计算机中最常用、最基本的输入设备。

键盘可分为 5 个区：主键盘区、功能键区、控制键区、指示灯区和数字键区（如图 1-28 所示）。

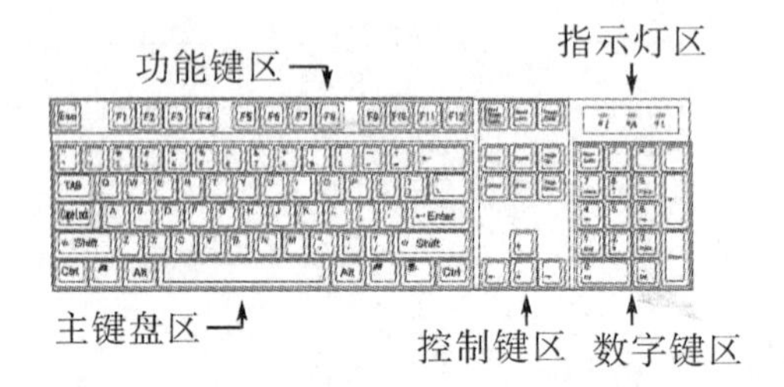

图 1-28　键盘

（1）主键盘区包括数字键、字母键、符号键、Space 键（空格键）、Enter 键（回车键）、Shift 键（上档键）、Ctrl 键（控制键）、Alt 键（转换键）、Caps Lock 键（大小写锁定键）、Backspace 键（退格键）等。

（2）功能键区包括 F1—F12 键和 Esc 键。

（3）数字键区上的数字与光标的状态转换由数字锁定键（Num Lock 键）控制。

（4）控制键区包括光标移动键、编辑控制键、屏幕复制键、暂停键和屏幕滚动锁定键。

（5）指示灯区包括 Num Lock 指示灯、Caps 指示灯和 Scroll Lock 指示灯。

二、鼠标知识

在使用图形界面的计算机系统中，鼠标是必不可少的外部设备。常见的鼠标由一个左键、一个右键和一个滑轮组成。

鼠标的常见操作有：

（1）指向：移动鼠标直到鼠标指针指向屏幕上的特定位置。

（2）单击：将鼠标指针指向某一目标，然后快速按一下鼠标左键。

（3）双击：将鼠标指针指向某一目标，快速连续按两下鼠标左键。

（4）右击：将鼠标指针指向某一目标，然后按一下鼠标右键。

（5）拖拽（动）：将鼠标指针指向某一目标，然后按住鼠标左键，移动鼠标，鼠标指针移到某个特定位置才松开。

（6）释放：松开按下的鼠标按键。

鼠标在不同的窗口进行操作时，会有不同的形状。

三、输入法

在 Windows 7 中，系统自带智能 ABC 输入法等中文输入法，用户还可以安装其他输入法，如五笔字型输入法。

单击任务栏右边的语言栏按钮，在弹出的输入法菜单里可以选择输入法。

（1）智能 ABC 输入法。

智能 ABC 输入法使用简单、操作方便、容易掌握，为许多非计算机专业人员所使用。

智能 ABC 输入法是一种以拼音为基础的音码输入法，它具有自动分词、人工造词、记忆等功能。智能 ABC 输入法包括标准和双打两种输入法，全拼、简拼和混拼三种输入模式。

右击输入法状态栏，在弹出的快捷菜单中单击“属性设置”命令，打开“智能 ABC 输入法设置”对话框，设置属性，操作如图 1-29 所示。

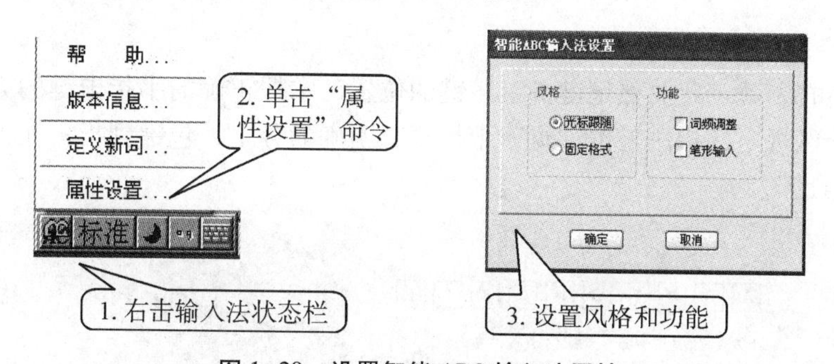

图 1-29 设置智能 ABC 输入法属性

> **提示** 输入法状态设置
> (1)按Ctrl+Shift组合键可在英文及各种中文输入法之间进行切换。
> (2)按Ctrl+空格键可进行中文输入法与英文输入法之间的切换。
> (3)按Shift+空格键可进行字符全角与半角的切换。
> (4)按Ctrl+. 快捷键可进行标点符号全角与半角的切换。

（2）五笔字型输入法。

五笔字型输入法是一种形码输入法，在五笔字型输入法中，汉字被划分成笔画、字根和单字。由笔画组成字根，由字根构成汉字，字根是构成汉字的最重要部分。右击五笔字型输入法的状态栏，在弹出的快捷菜单中单击“帮助”命令，从输入法自带的帮助系统中可以学习五笔字型输入法。

任务实施

一、实施说明

使用计算机时通常都需要将文字输入计算机并对文字进行处理。对于中文用户来说，掌握计算机汉字输入法是学习使用计算机进行文字处理的第一步。

二、实施步骤

步骤 1　键盘的基本操作

在操作键盘的时候，一定要养成良好的习惯：①正确的打字姿势。②正确的指法。

这两个习惯对初学者来说非常重要。不正确的操作姿势不但会影响输入的速度，还会影响使用者的健康。

提示

正确的打字姿势：

(1)身体保持端正，双脚放平，椅子的高度以小臂可平放在桌上为准，身体与键盘的距离为 20 ~ 30cm。

(2)双臂自然下垂。

(3)手指弯曲并轻放在基准键上，左右手大拇指放在空格键上。

(4)打字文稿放在键盘的左边，或用专业夹夹在显示器旁。

(5)要求“盲打”，即打字的时候不看键盘。

（1）键位分工（如图 1-30 所示）。

要实现盲打，就一定要熟记键盘上各键的位置，掌握正确的手指击键的方法。严格按照键盘指法分区规定的指法敲击键盘，十指要有明确的分工，包键到指，在击键时各手指不要“互相帮助”。

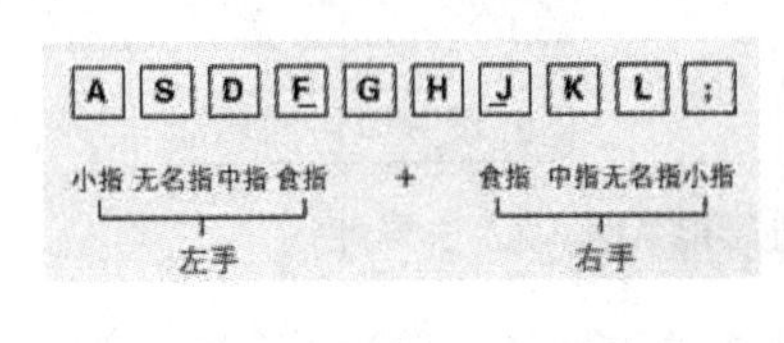

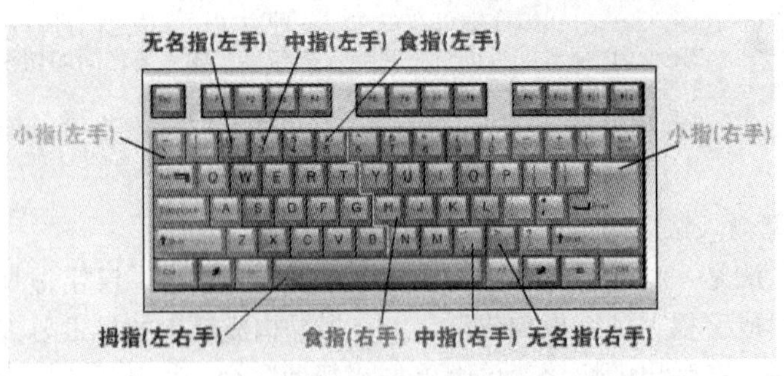

图 1-30　键位指法分区图

（2）指法练习。

指法练习的目的在于通过反复的练习逐步熟悉键盘各个键位的分布。在练习的过程中，最后使用专业的软件，如金山打字通等。

> 提示　击键要领：
> (1)手腕要平直，手臂要保持静止，全部动作仅限于手指部分。
> (2)手指要保持弯曲，稍微提起，指尖后的第一关节微成弧形，分别轻放在字键的中央。
> (3)输入时手抬起，只有要击键的手指才可以伸出击键，击键后立即缩回至基准键位，不可停留在已击过的键上。
> (4)输入过程中，要用相同的节奏轻轻地击键，用力要适度。

步骤2　掌握五笔字型输入法

（1）汉字的五种笔画。

五笔字型输入法把汉字的笔画分为横、竖、撇、捺、折五类。笔画代码如表 1-2 所示。

表 1-2　笔画代码表

笔画代码	笔画名称	笔画走向	笔画及其变形	说明
1	横	左一右	一 ㇀	提笔均视为横
2	竖	上一下	丨 亅	左竖钩视为竖
3	撇	右上一左下	丿	—
4	捺	左上一右下	㇏ 、	点均视为捺
5	折	带转折	乙 ㇇ ㄥ ㇌	左竖钩除外

（2）汉字的三种字形。

五笔字型输入法把汉字字形分成三类。

①左右形（字形代码 1）：左右结构的汉字，如：明、响、构。虽然“构”字的右边“勾”是两个基本字根按内外形组合成的，但整字仍属于左右形，这种分类主要是根据汉字的偏旁部首位置来进行的。

②上下形（字形代码 2）：上下结构的汉字，如：昌、感、委、巍。同左右形一样，像“巍”这类字虽然下面的“魏”是按照左右形组合的，但整字仍是上下形。

③杂合形（字形代码 3）：包括单体字和内外结构的汉字，也就是没有明显左右或上下结构特点的汉字，如困、这、乘、重、半等。

（3）汉字的基本字根。

字根的分布和字根助记词，如图 1-31 所示。

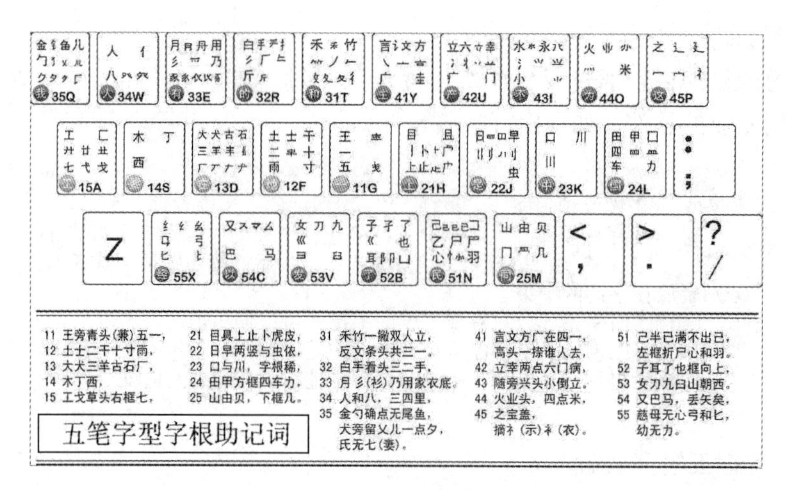

图 1-31　五笔字型字根分布图

五笔基本字根有 130 种，加上一些基本字根的变形，共有 200 个左右。这些字根对应在键盘中 25 个英文字母键上，便于记忆，也便于操作。

每个键平均有 2~6 个基本字根，有一个代表性的字根称为键名。为便于记忆起见，编了个“键名谱”。

（横）区：王、土、大、木、工（G F D S A）

（竖）区：目、日、口、田、山（ H J K L M）

（撇）区：禾、白、月、人、金（T R E W Q）

（捺）区：言、立、水、火、之（Y U I O P）

（折）区：已、子、女、又、纟（N B V C X）

字根放置原则是：

①字根放置的区号由字根每一笔画决定：横起笔的字根放在一区，竖起笔的字放在二区，撇、捺、折起笔的字根分别放在三区、四区、五区。

例：一、二、三、本，第一笔都是横起笔的字根，那么它们就放在一区。

②很多字根按它的第二笔画代号决定位号。

例：土，第一笔是横，横的代号是一，放在一区，第二笔是竖，竖的代号是二，第二笔画代号决定位号，所以，土，就放在了一区二位 F 键。

③由同一笔画组成的字根，如：三、氵、彡，等等，放置的位号与笔画数相同。横竖撇捺折分别放在各区的第一位上。

例：三，第一笔是横，横的代号是一，放在一区，它的三笔都是横，根据由同一笔画组成的字根放置的位号与笔画数同的原则，给“三”这个字根的位号就是三，放在一区三位 D 键上。

④有些形态意义相近的字根放在同一区位上。

例：耳和阝都放在 B 键；手和扌都放在 R 键。

以上四个原则只与大部分字根相对应，还有一少部分的字根就需要在平常练习时注意，学会灵活运用，例如“车”字。

（4）汉字的四种结构及拆分原则。

五笔字型输入法将汉字归纳为四种结构。

①单字根的汉字。这种汉字本身是一个独立的汉字，也是可组成其他汉字的基本字根，又称为“成字字根”。这类汉字不用再做拆分，如乙。

②散结构的汉字。由于组成这种汉字的字根各部分相对独立，所以拆分时我们只需简单地将这些字根独立出来，如：只的字根是口和八。

③连结构的汉字。连结构的汉字有两类，一类是单笔画与某一字根相连，另一类是带点结构，即点与某一字根可连可不连。这类汉字如果一个字只是由单笔画与基本字根相连组成，那么就可以将这个汉字直接拆分成单笔画和基本字根，如：千、不、主、太、斗等。

④交结构的汉字。交结构的汉字由两个及以上的字根套叠而成，结构较复杂。组成这类汉字的字根之间存在相连、包含或嵌套关系，没有很明显的界限。

汉字拆分时要按“取大优先、兼顾直观、能连不交、能散不连”的原则进行。

（5）五笔字型输入法编码规则。

五笔字型输入法编码是将一个完整的汉字拆分成若干个基本字根后编码的过程。

①键名输入。各个键上的第一个字根，输入法是连击 4 次键。如：王（GGGG）、禾（TTTT）、立（UUUU）

②成字字根输入。除去 25 个键名汉字外，其余 97 个是成字字根。输入方法是键名码+首笔码+次笔码+末笔码；不足四码时输入键名码+首笔码+末笔码+空格键。如，九：九 丿 乙（VTN）；西：西 一 丨 一（SGHG）。

③合体字输入。由两个或者两个以上字根组成的汉字，称为合体字。将合体字拆成若干个字根，当超过四字根或刚好四字根取“1、2、3、末”字根编码，不足四字根补“末笔字形交叉识别码”（见表 1-3）。

表 1-3　末笔字形交叉识别码

笔画（区）	字型（位）		
	左右型 1	上下型 2	中型 3
横 1	11G	12F	13D
竖 2	21H	22J	23K
撇 3	31T	32R	33E
捺 4	41Y	42U	43I
折 5	51N	52B	53V

如："旮（VJF）""旭（VJD）"用识别码予以区别。

总之，五笔字型的编码过程是"五笔字型均直观，依照笔顺把码编；键名汉字打四下，基本字根请照搬；一二三末取四码，顺序拆分大优先；不足四码要注意，交叉识别补后边。"

归纳提高

通过完成本任务，我们掌握了文字录入的基础知识，学会了使用正确的指法操作键盘，掌握了五笔字型输入法。但要提高文字输入的速度，还需要通过大量的练习。顺利完成这个任务，可为以后使用计算机工作和学习打下良好的基础。

任务评估

任务五评估细则		自评	教师评
1	打字姿势		
2	键盘指法及英文盲打		
3	键盘中文盲打		
4	五笔字型输入汉字		
任务综合评估			

讨论与练习

交流讨论：

思考与练习：

1. 输入下列英文字符，共输入10行。

AaBbCcDdEeFfGgHhIiJjKkLlMmNnOoPpQqRrSsTtUuVvWwXxYyZz

2. 输入下列符号，各符号之间加一个空格，共输入 10 行。

– ‘ ’ “ ” , . ; : ? / ~ ! @ # $ % ^ & * ( ) _ + \ = { } [ ]

3. 输入下列单字，各字之间加空格。

或 熄 鑫 同 渐 湘 想 国 赢 大 村 炙 众 盗 筑 责 还 桦 颍 装 家 砖

4. 输入以下词组。

节省 节目 茅屋 苦难 欺骗 基础 茂盛 基地 项目 其中 基因 生命力 物价局 自信心 生产力 物资局 自尊心 备忘录 凝聚力 永垂不朽 高等学校 计算中心 语重心长 夜长梦多 言而有信 叶公好龙 中华人民共和国 唯物主义 百尺竿头更进一步 麻痹大意 亡羊补牢 喜马拉雅山 程门立雪 方方正正

任务拓展

1. 手写板与手写输入法

在对输入速度要求不高的场合，手写输入也逐渐被人们接受。

虽然现在的识别系统识别率都很高，但我们还是应当养成正确的书写习惯，注意以下几点：

（1）书写规范。

（2）书写注意手眼协调，用眼睛看屏幕的同时在手写板上进行书写。

（3）笔与书写板接触即可，落笔后立即开始书写，一气呵成，不要脱节。

（4）在书写过程中尽量按正确的笔画顺序写，这样汉字的识别率会更高。

（5）确保字符垂直而不倾斜，字符之间要留有间距。

（6）多使用软件提供的联想词、同音字功能，这样能提高输入速度。

2. 汉字的编码

前面讲的汉字输入时所使用的编码，无论是拼音码还是五笔字型码都属于外码。计算机首先根据外码找到相应的国标码。国标码是国家标准信息交换汉字编码，也就是说，汉字的录入、输入、数据传输必须使用国标码。计算机内部处理中采用的编码称为内码，一个汉字占用两个字节。外码、国标码、内码的关系，如图 1–32 所示。

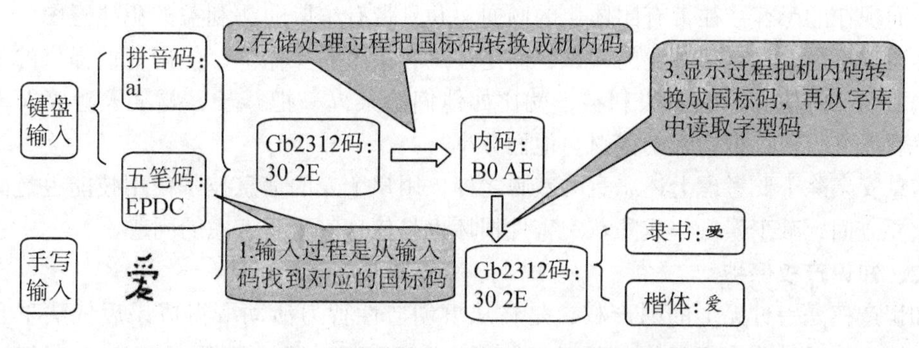

图 1–32　汉字的输入、存储与显示过程示意图

任务六 安全使用计算机

任务背景

信息社会中的信息安全和道德规范越来越引起人们的关注，一个文明的信息社会需要每一个公民都有良好的信息使用素养和道德情操。

任务分析

计算机的安全涉及多个方面，主要有设备安全、数据安全和计算机病毒的防治几个方面。通过完成本任务，你将学习到以下知识：

（1）了解计算机硬件的安全使用。

（2）掌握计算机病毒的防治。

任务学习准备

一、信息安全的主要挑战

自从 1988 年 11 月 2 日罗伯特·莫里斯制作了第一个计算机蠕虫病毒，病毒这种信息时代中的黑色幽灵就一直虎视眈眈地盯着善良的人们。

随着因特网的普及，木马已逐渐成为信息安全的头号敌人。木马是黑客用来盗取其他用户的个人信息，甚至是远程控制对方的计算机而编制的程序，然后通过各种手段传播或者骗取目标用户执行该程序，以达到盗取密码等各种数据资料的目的。

黑客是指在未经许可的情况下通过技术手段登录到他人的网络系统或计算机系统，并进行违法操作的人员。早期的黑客通常是为了炫耀自己的技术水平，很少存在主观犯罪的倾向。而现在的黑客往往带有团体化的倾向，并且带有牟取非法利益的犯罪意图。一些初级黑客通常不需要具有很专业的知识，而是在黑客集团的操作下，使用他们提供的软件从事非法活动，替他人牟取非法利益，就比如他们给某人一把斧子，要某人砸碎人家的窗户，然后入室行窃，把偷来的钱财与他们分享。

信息安全除了要考虑上述恶意的威胁之外，用户个人的信息技术使用技能也是必须注意的重要方面，减少误操作或防范灾害性损坏也是信息安全要考虑的问题。

二、知识产权保护

知识产权是一种无形的财产权，是在从事创造性智力活动取得成果后依法享有的权利。知识产权通常分为两部分，即“工业产权”和“版权”。根据 1967 年在斯德哥尔摩签订的《建立世界知识产权组织公约》的规定，知识产权包括对下列各项知识财产的权利：文学、艺术和科学作品；表演艺术家的表演及唱片和广播节目；人类一切活动领域的发明；科学发现；工业品外观设计；商标、服务标记以及商业名称和标志；制止不正当竞争以及在工业、科学、文学或艺术领域内由于智力活动而产生的一切其他权利。总之，知识产权涉及人类一切智力创造的成果。

从法律上讲，知识产权具有三种特征：一是地域性，即除签有国际公约或双边、多边协定外，依一国法律取得的权利只在该国境内有效，受该国法律保护；二是独占性或专有性，即只有权利人才能享有，他人未经权利人许可不得行使其权利；三是时间性，各国法律对知识产权分别规定了一定期限，期满后则权利自动终止。

为了保护智力劳动成果，促进发明创新，早在一百多年前，国际上已开始建立保护知识产权制度。

三、我国相关的法律法规

（1）2000 年 1 月 1 日，由国家保密局发布的《计算机信息系统国际联网保密管理规定》。

（2）国务院于 2000 年 9 月颁布了《中华人民共和国电信条例》和《互联网信息服务管理办法》。

（3）教育部于 2000 年 6 月颁布了《教育网站和网校暂行管理办法》。

（4）原信息产业部于 2000 年 11 月发布了《互联网电子公告服务管理规定》。

（5）2000 年 12 月出台《全国人民代表大会常务委员会关于维护互联网安全的决定》。

（6）中国证券监督管理委员会于 2000 年 3 月发布了《网上证券委托暂行管理办法》。

（7）2004 年 8 月 28 日，第十届全国人民代表大会常务委员会第十一次会议通过《中华人民共和国电子签名法》。

（8）《中华人民共和国保守国家秘密法实施条例》是根据《中华人民共和国保守国家秘密法》的规定制定。由国务院于 2014 年 1 月 17 日发布，自 2014 年 3 月 1 日起施行。

（9）全国人民代表大会常务委员会于 2016 年 11 月 7 日发布了《中华人民共和国网络安全法》。

四、全国青少年网络文明公约

丰富多彩的网络世界，为广大青少年开阔眼界提供了前所未有的便利条件。不过面对良莠不齐的网上资讯，青少年的辨别和自律能力就显得尤其重要。为增强青少年自觉抵御网上不良信息的意识，共青团中央、教育部、文化部、国务院新闻办公室、全国青联、全国学联、全国少工委、中国青少年网络协会向全社会发布了《全国青少年网络文明公约》，内容如下：

要善于网上学习，不浏览不良信息；要诚实友好交流，不侮辱欺诈他人；要增强自护意识，不随意约会网友；要维护网络安全，不破坏网络秩序；要有益身心健康，不沉溺虚拟时空。

任务实施

一、实施说明

通过前面的学习准备，我们已认识到各种信息安全威胁的存在，为了提高自己的防护意识，本任务将通过实际的硬件安全和病毒防治来保证和提高计算机的使用安全。

二、实施步骤

步骤 1　计算机使用中的电源安全

电源应安全接地。计算机电源在 180V～260V 均可正常工作，由于稳压电源在调整过程中将出现高频干扰，反而会造成电脑出错或死机，因此无须外加稳压电源。若所在地区经常断电，可配备不间断电源 UPS，使机器能不间断地得到供电。

步骤 2　计算机使用中的环境安全

良好的环境是计算机正常运行的基础。

现在的电脑虽和日常使用的家用电器一样耐用，但是电脑工作的环境温度在 10^0C～30^0C 为宜，过冷或过热对机器使用寿命、正常工作均有影响。

要注意防潮和干燥。周围湿度太大会影响计算机正常工作，甚至腐蚀元件；湿度太小则易发生静电干扰。

一定要保持清洁的环境。灰尘和污垢会使机器发生故障或者受到损坏，要经常用软布和中性清洗剂（或清水）擦净机器表面。

步骤 3　计算机使用安全

开机和关机。由于系统在开机和关机的瞬间会有较大的冲击电流，因此开机时一般要先开显示器，后开主机，打印机可在需要时再开。关机时务必先退出所有运行的程序，然后再关主机，最后关闭外部设备，断开电源。机器要经常使用，不要长期闲置。但在使用时必须防止频繁开关机器，尤其要防止刚刚关机又立即打开，或者刚刚开机又立即关机。开机和关机之间，宜间隔 10 秒以上。

开机加电后，机器各种设备不要随意搬运，不要插拔各种接口卡，不要连接或断开主机和外部设备之间的电缆。这些操作都应该在断电的情况下进行。

当磁盘驱动器处于读写状态时，相应的指示灯亮，此时不要抽出盘片，否则会将盘上的数据破坏，甚至毁坏贵重的磁头。当系统处于加电状态时，驱动器中最好不要放置盘片，以保护盘片上的数据。

步骤 4　计算机病毒的防治

（1）计算机病毒。

计算机病毒（computer virus）是一种人为的、特制的程序，不独立以文件形式存在，通过非授权入侵而隐藏在可执行程序或数据文件中，具有自我复制能力，可通过移动存储介质或网络传播到其他机器上，并造成计算机系统运行失常或导致整个系统瘫痪的灾难性后果。因为它就像病毒在生物体内部繁殖导致生物患病一样，所以人们形象地把这种程序称为“计算机病毒”。当然，这种病毒并不影响人体的健康。

（2）计算机病毒的特征。

计算机病毒具有隐蔽性、传染性、可激活性和破坏性等特点。所有病毒均具有以下两个特征：

①能将自身复制到其他程序中。

②不独立以文件形式存在，需依附于别的程序上，当调用该程序时，此病毒首先运行。

（3）计算机中毒的一般症状。

①显示器出现莫名其妙的信息或异常显示（如白斑、小球、雪花、提示语句等）。

②内存空间变小，访问磁盘或装入程序时间比平时长，运行异常或结果不合理。

③在使用写保护的软盘时，出现未经授意的写操作。

④死机现象增多，又在无外界介入下自行启动，系统不承认磁盘，或硬盘不能引导系统，异常要求用户输入口令。

⑤打印机不能正常打印，汉字库不能正常调用或不能打印汉字。

（4）计算机病毒的危害。

病毒程序被运行后，其危害主要是：

①减少存储器的可用空间，使用无效的指令串与正常的运行程序争夺 CPU 时间。

②破坏存储器中的数据信息，破坏网络中的各项资源。

③破坏系统 I/O 功能，构成系统死循环。

④破坏系统文件，彻底毁坏系统软件，甚至是软件系统等。

（5）计算机病毒的防治。

目前计算机网络安全问题越来越突出，病毒、木马、间谍软件、流氓软件等时刻威胁着我们的计算机。但是如果掌握一些安全常识，危险系数就会相对小得多。

①良好的上网习惯和安全意识。

不该登录的网站不要登录，一般只上知名的网站，下载的任何文件都要用杀毒软件扫描。

拿别人的 U 盘到自己的计算机上使用，第一件事情就应该是查毒。不要乱安装软件和插件，不需要的软件不要装，上网时网站提示需要安装的插件，若不清楚其安全性就不要安装。

②使用正版杀毒软件和防火墙。

杀毒软件要及时升级、更新，要定时杀毒。目前，可靠且使用方便的杀毒软件主要有：国外杀毒软件卡巴斯基、诺顿、Antivir（小红伞）等；国产杀毒软件 360 杀毒、腾讯电脑管家、金山毒霸等。

另外，杀毒软件和防火墙是两个东西，不要将两者弄混了。防火墙一定要有，有些杀毒软件是和防火墙集合在一起的，如卡巴斯基互联网安全套装、金山毒霸安全组合等，都是带防火墙的。如果安装单独的杀毒软件，推荐使用天网或风云防火墙，或者至少把

Windows 7 自带的防火墙打开。

③使用安全助手。

安全助手对于处理流氓软件、恶意插件、保护 IE 浏览器、诊断系统等方面的作用还是不小的。推荐使用的安全助手有 360 安全卫士、QQ 电脑管家、瑞星安全助手等。

④及时升级系统，打补丁。

计算机系统总会存在各种漏洞，这些漏洞就给了病毒乘虚而入的机会，打补丁可降低被病毒攻击的可能性。

归纳提高

通过完成本任务我们初步了解了信息安全及相关知识，掌握了计算机硬件的安全使用以及计算机病毒的防治。完成这个任务，可以帮助我们更好地维护计算机，保障计算机安全、有效地工作。

任务评估

任务六评估细则		自评	教师评
1	计算机硬件的安全使用		
2	计算机中毒的一般症状		
3	计算机病毒的防治		
任务综合评估			

讨论与练习

交流讨论：

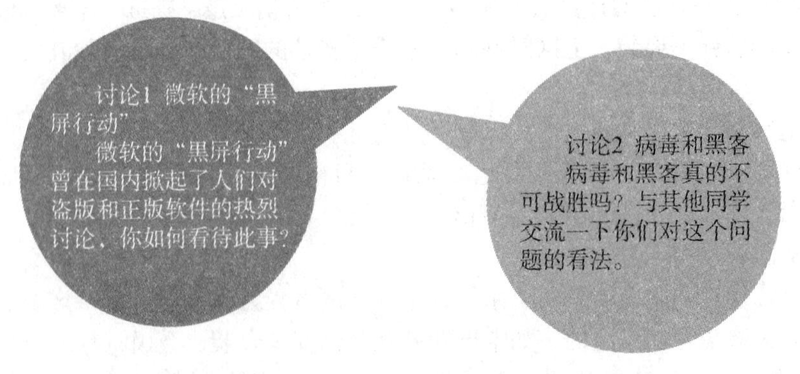

思考与练习：

一、选择题

1. 如果在一张软盘上发现了病毒，但又无法清除，则________。

   A. 删除该软盘上的所有文件　　B. 立即将该软盘销毁

   C. 将该软盘格式化　　D. 将该软盘上的文件复制到另一张盘上

2. 计算机病毒是指________。

   A. 生物病毒的一种　　B. 计算机自动生成的小程序

   C. 被损坏的程序　　D. 特制的具有破坏性的小程序

3. 下面列出的计算机病毒传播途径，不正确的说法是________。

   A. 使用来路不明的软件

   B. 借他人的软盘

   C. 通过非法的软件复制

   D. 将正常的软盘与带病毒的软盘叠放在一起

4. 计算机病毒最直接的危害是________。

   A. 程序和数据的损坏　　B. 对计算机用户的伤害

   C. CPU 的损坏　　D. 磁盘损坏

5. 计算机病毒会造成计算机________的损坏。

   A. 硬件、软件和数据　　B. 硬件和软件

   C. 软件和数据　　D. 硬件和数据

6. 某 U 盘上已染有病毒，为防止该病毒传染计算机系统，恰当的措施是________。

   A. 用杀毒软件清除 U 盘上所有病毒　　B. 给该 U 盘加上写保护

   C. 将该 U 盘放一段时间后再用　　D. 将 U 盘格式化

7. 防止 U 盘感染病毒可用________的方法。

   A. 不要把正常的 U 盘和带病毒的 U 盘放在一起

   B. 给该 U 盘加上写保护

   C. 保持机房清洁

   D. 定期对 U 盘进行格式化

8. 发现计算机病毒后，比较彻底的清除方式是________。

   A. 用查毒软件处理　　B. 删除磁盘文件

   C. 用杀毒软件处理　　D. 格式化磁盘

9. 目前使用的杀毒软件的作用是________。

   A. 检查计算机是否感染病毒，清除已感染的任何病毒

   B. 杜绝病毒对计算机的危害

   C. 检查计算机是否感染病毒，清除已感染的部分病毒

   D. 查出已感染的任何病毒，清除部分已感染病毒

二、判断题

1. 计算机病毒可通过网络、软盘、光盘等各种媒介传染，有的病毒还会自行复制。 （　　）

2. 当软盘驱动器正在读写软盘时，不可以从驱动器中取出软盘。 （　　）

任务拓展

一、病毒和黑客

随着网络的发展，病毒变得越来越隐蔽，这对杀毒软件而言是一种严峻的挑战。黑客的技术手段也越来越高明，让人们防不胜防。像“熊猫烧香”“冲击波”等病毒和木马带给人们的震撼，也给信息社会敲响了安全的警钟！

同学们可以通过小组合作全面了解关于病毒和黑客知识。

二、数据与信息

信息是事物的固有属性，数据是信息属性的量化表示。比如今天股票涨了是信息，而涨幅 100 点则是对“股票涨”这个信息的数据化表示。同一个信息可以用不同的载体来表达，如“2008 年北京奥运会”，用文字、图像、声音、视频等均可以表达。信息的传递也有不同方式，想想你要把一个好消息告诉在外地的父母亲，你可以用哪几种方式呢？

小　结

本项目让学生学习了计算机的发展简史及其应用领域，学习了计算机基础知识、计算机硬件系统和软件系统、计算机的硬件组成及其主要功能；掌握了常用外部设备的安装连接及使用方法；理解了数据存储基本单位（位、字节、字及 KB、MB、GB）的基本概念，计算机系统的主要技术指标，以及计算机数制的转换；掌握了文字录入的基础知识，学会了使用正确指法操作键盘，掌握了五笔字型输入法；了解了信息安全及相关知识。

项目二　使用和管理计算机——Windows 7 的应用

职业情景描述

操作系统的普遍应用为计算机走进人们的日常工作、学习和生活奠定了基础，特别是图形界面操作系统的出现，更使得人们可以非常方便地使用计算机。Windows 7 是微软公司发布的一款视窗操作系统，功能非常强大，界面华丽，使用方便，是目前广泛使用的操作系统。本项目以 Windows 7 为例，介绍计算机的基本操作与使用方法。通过本项目的学习，你将收获以下知识：

（1）掌握 Windows 7 的基本操作。

（2）掌握 Windows 7 操作系统的文件管理方法。

（3）理解 Windows 7 控制面板的含义，会用它对系统进行设置。

（4）了解 Windows 7 操作系统附带的应用程序的使用方法。

学习时要注意操作过程中的屏幕提示及变化。

任务一　操作系统的基本操作

任务背景

操作系统（operating system，OS）是最重要的系统软件，它控制和管理着计算机系统的软硬件资源，提供人对计算机进行操作的界面，提供软件开发和应用环境的接口。下面让我们一起来学习操作系统吧。

任务分析

现在，我们要帮助小朱来学习操作系统的基本操作。经过分析以后，该任务要从以下几方面入手：

（1）设置桌面的主题、背景、屏幕保护程序和外观。

（2）任务栏和“「开始」”菜单的相关设置。

任务学习准备

操作系统的功能与分类

从专业技术的角度看，操作系统具有五大核心功能，即处理器管理、存储管理、设备管理、文件管理和作业管理。操作系统通过这五大功能统一管理计算机的软硬件资源。从用户的角度看，操作系统提供了交互操作界面（文本或图形界面），方便用户向计算机发出操作指令，并把操作的结果以易于用户理解的方式呈现出来。从软件开发的角度看，操作系统提供了调用接口，方便专业人员在操作系统的基础上开发应用软件。目前，个人计算机中常用的操作系统大多为多任务多用户操作系统，如微软公司的 Windows 系列（Windows 7、Windows 10 等）；基于 Linux 平台的操作系统（如 Red Hat Linux、Ubuntu、红旗 Linux 等）；苹果公司的 Mac OS 系列。各种操作系统均有各自不同的特色，均能基本满足日常工作、学习、娱乐的需要。

任务实施

一、实施说明

接下来主要学习 Windows 系统的启动、使用和关闭流程，通过使用“写字板”程序初步学会 Windows 应用程序的窗口、菜单、工具栏、对话框的使用方法。在使用“写字板”程序的功能菜单和对话框过程中，留意记录状态栏提示，并完成以下题目。

（1）“写字板”程序，共有__________个一级菜单选项卡，__________个二级菜单选项卡，与“写字板”程序相关的对话框有__________个，能打开的对话框菜单项的共同特点是______________________。

（2）工具栏是否一定需要，设置的目的是什么？

二、实施步骤

步骤 1　认识 Windows 7 桌面和“开始”菜单

启动计算机系统，登录到 Windows 7 系统，界面如图 2-1 所示，认识桌面和“「开始」”菜单。

Windows 7 的桌面是电脑的控制台，从启动 Windows 7 操作系统开始工作到工作结束关闭操作系统的全部过程，都离不开桌面上的“任务栏”“「开始」”菜单和快捷方式等。

桌面排列的图标称为“桌面快捷方式”，每个图标都与对应的应用软件关联，双击图标可以快速启动对应的软件。桌面上除了默认图标之外，还可以创建图标或删除现有图标。

图 2-1　Windows 7 桌面和“「开始」”菜单

1. 创建新图标

用鼠标右键单击桌面空白处，在弹出的快捷菜单中选择“新建”菜单项，即可创建一个新的程序项图标。

2. 删除图标

用鼠标右键单击拟删除的图标，在快捷菜单中选取“删除”菜单命令。

3. 重新安排桌面图标的位置

可以用鼠标拖动选定的图标放在桌面上的任意位置，也可以在快捷菜单中选择“排列图标”菜单项，按不同方式对图标进行排列。

步骤 2　桌面背景的设置

（1）在桌面空白处单击鼠标右键，弹出快捷菜单，选择“个性化”命令。

（2）在“个性化”窗口中（如图 2-2 所示）选择位居窗口下部位置的“桌面背景”，打开“桌面背景”窗口，如图 2-3 所示。

图 2-2　“个性化”窗口

图 2-3　“桌面背景”窗口

（3）滚动中部的滚动条，选中某一主题或某张图片。如果选中某一主题，“更改图片时间间隔”的内容为可设置状态，可设置多张图片的放映间隔时间和播放的方式等；如果选中某张图片，“更改图片时间间隔”的内容显示为灰度，处于不可设置状态。此处选中“风景”主题内的img7这张图，最后单击“保存修改”，完成操作，如图2-4所示。此时以img7为背景的桌面效果图，如图2-5所示。

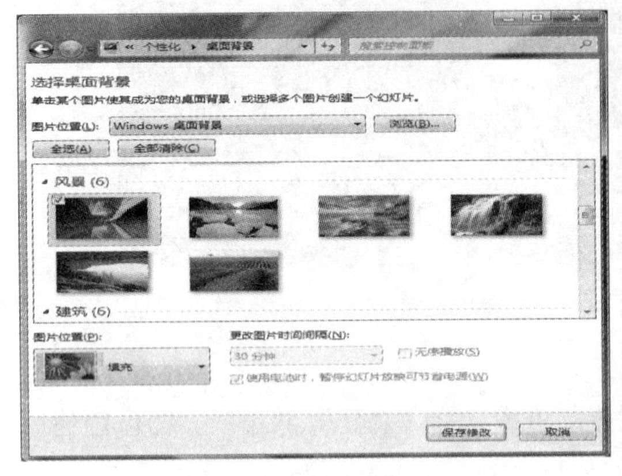

图2-4 “桌面背景”窗口

图2-5 桌面效果图

提示

图片的选择

(1)在“桌面背景”列表框中可选择系统提供的多张图片。

(2)也可以单击“浏览”按钮，在本地磁盘或网络中选择其他图片作为桌面背景。

(3)若用户想用单一的颜色作为桌面背景，可在“图片位置”下拉列表中选择“纯色”选项，在“颜色”下拉列表中选择喜欢的颜色，单击“保存修改”按钮即可。

步骤3 设置“「开始」”菜单中的控制面板以菜单形式显示

单击“「开始」”按钮，屏幕显示如图2-6所示菜单控制面板，使用“「开始」”菜单可打开计算机上所有程序。

图2-6 “「开始」”菜单

（1）在任务栏的空白处单击鼠标右键，在快捷菜单中选择“属性”命令，打开“任务栏和「开始」菜单属性”对话框，选择“「开始」菜单”选项卡，如图 2-7 所示。

（2）在“「开始」菜单”选项卡中，点击“自定义”按钮，打开“自定义「开始」菜单”对话框，如图 2-8 所示，此处找到“计算机”一项，同时选中下面的“显示为菜单”选项。

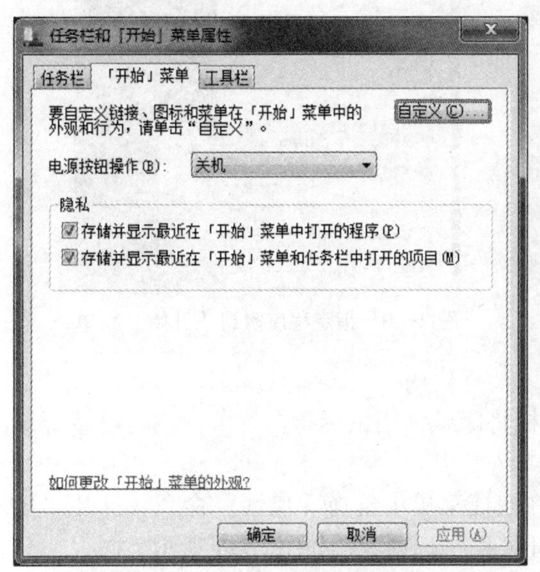

图 2-7 「开始」菜单选项卡属性

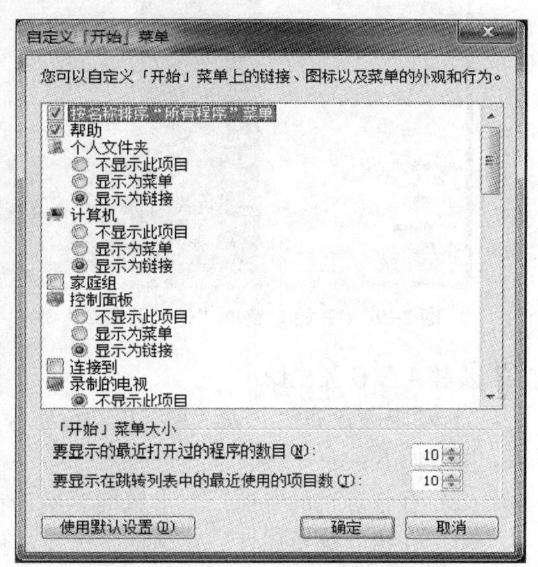

图 2-8 自定义「开始」菜单对话框

（3）单击“确定”，完成操作。

提示

菜单

(1)把“「开始」菜单”项的显示设置为“显示为菜单”方式。

在Windows 7中“「开始」”菜单项显示的默认设置为“显示为链接”方式，按照前面所讲步骤，可设置成“显示为菜单”方式。再点击开始按钮，在弹出的菜单项中，选择计算机，就会在二级菜单中显示出所有的计算机磁盘驱动器和其他硬件选项了，如图2-9所示。

(2)把指定程序附到「开始」菜单。

点击开始按钮，鼠标移动到需要的指定程序上单击右键，弹出快捷菜单，选中“附到「开始」菜单”命令，如图2-10所示，相应程序就附到「开始」菜单上。一旦不需要时，同操作步骤单击右键“从「开始」菜单解锁”即可。

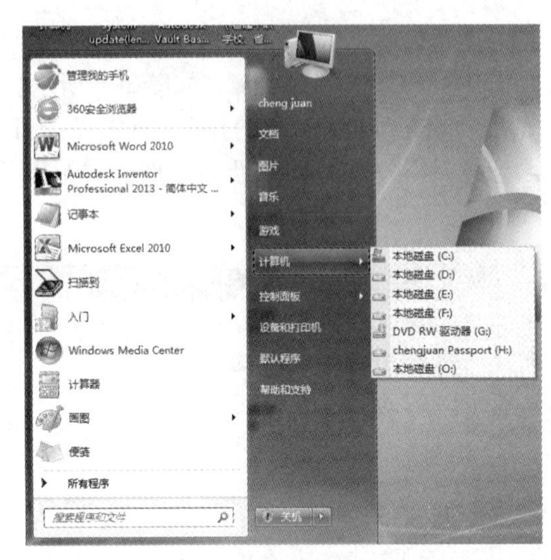

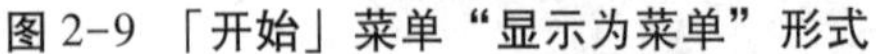
图 2-9 「开始」菜单“显示为菜单”形式

图 2-10 指定程序附到「开始」菜单

步骤 4 任务栏操作

“自动隐藏任务栏”表示系统启动后任务栏将隐藏，用鼠标指向这条白线时可重新显示。操作如下：

（1）在任务栏的空白处单击鼠标右键，在快捷菜单中选择“属性”命令，打开“任务栏和「开始」菜单属性”对话框，选择“任务栏”选项卡，如图 2-11 所示。

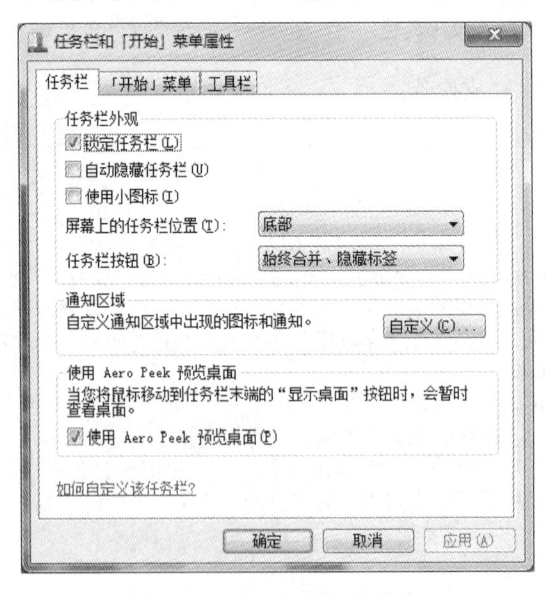

图 2-11 “任务栏”选项卡

（2）在“任务栏”选项卡中选择“自动隐藏任务栏”复选框。

（3）单击“应用”或“确定”，完成设置。

提示

自动隐藏任务栏

隐藏任务栏后，只有把鼠标移动到屏幕的底部，任务栏才会显示出来，除此之处，单击屏幕上其他任何位置，任务栏都将不会显示。若要恢复显示任务栏，直接取消“自动隐藏任务栏”复选框即可。

步骤 5　设置屏幕保护程序

（1）在桌面空白处单击鼠标右键，弹出快捷菜单，选择“个性化”命令。

（2）在“个性化”窗口中，选择位居窗口下部位置的“屏幕保护程序”，打开“屏幕保护程序设置”对话框，如图 2-12 所示。

（3）在“屏幕保护程序设置”对话框的下拉列表框中，选择“照片”，单击“设置”按钮，在打开的“照片屏幕保护程序设置”对话框里进行相关的设置即可，如图 2-13 所示。

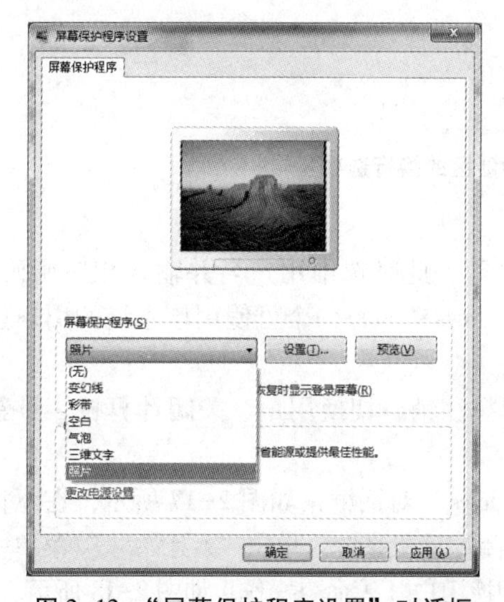

图 2-12　“屏幕保护程序设置”对话框

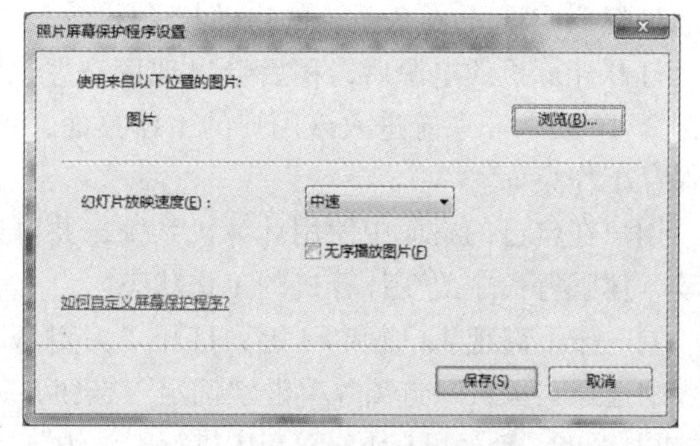

图 2-13　照片屏幕保护程序选项

步骤 6　使用“写字板”程序

（1）从“「开始」”→“所有程序”→“附件”菜单组中单击“写字板”命令，启动 Windows 7 自带的“写字板”程序，如图 2-14 所示。

（2）保存文件。按 Ctrl+S 快捷键，在“保存为”对话框的“文件名”文本框中输入文件名后，单击“保存”按钮，文档自动保存在默认位置“库”→“文档”下。

（3）“写字板”设置功能。如单击“查看”选项卡→“设置”功能区→“自动换行”下拉列表选择“不自动换行”选项如图 2-15 所示。

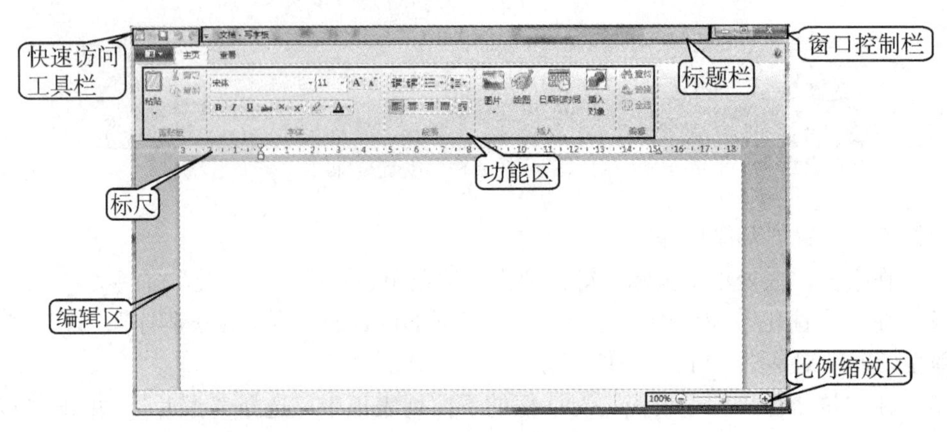

图 2-14 “写字板”程序

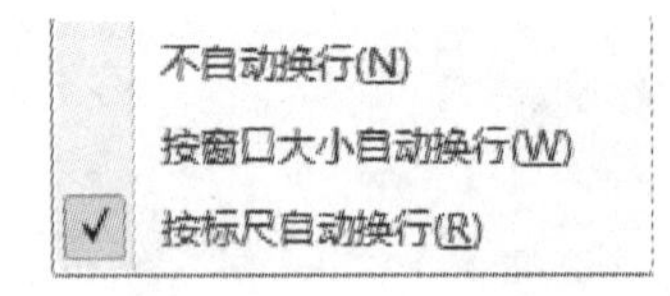

图 2-15 写字板“设置”功能区的换行选项

步骤 7 Windows 7 系统的启动与关闭

打开计算机的电源后，稍后会出现用户登录界面，此时选中用户名并输入相应密码，如图 2-16 所示。系统进入该用户的工作桌面，Windows 7 为每一个可使用该系统的用户独立保存工作桌面。

用户在自己的桌面中使用计算机系统，并可选择注销、切换用户、关闭计算机、重新启动、休眠等命令改变计算机的工作状态。

同时按下键盘 Alt 键和 F4 键，打开“关闭 Windows”对话框，如图 2-17 所示，在下拉列表中选择“关机”选项并单击“确定”按钮，关闭计算机系统。单击“「开始」”菜单中“关机”旁的“▶”可在下级菜单中进行“注销”“切换用户”等命令操作，如图 2-18 所示。

图 2-16 Windows 7 登录界面

图 2-17 关闭 Windows 对话框

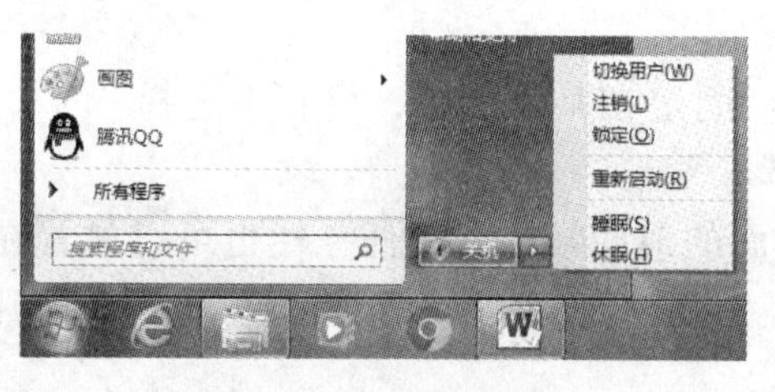

图 2-18　**注销** Windows

提示

注销或关机

"关机"是指关闭计算机。

"注销"是指把当前用户的所有程序关闭，然后可以选择多用户中的另一用户登录或只有一个用户的再次登陆。注销不同于关机。

归纳提高

1. 设置桌面背景的方法

（1）在桌面任意空白处点击鼠标右键，在弹出的快捷菜单中选择"个性化"命令，进行相关的设置。

（2）也可以利用"控制面板"命令，在"控制面板"对话框中单击"外观和个性化"图标，进行相关的设置。其中，在"图片位置"下拉列表中有"填充""适应""拉伸""平铺"和"居中"五种选项，可调整背景图片在桌面上的位置。系统默认的图片位置为"填充"，五种选项的含义如表 2-1 所示。

表 2-1　调整背景图片位置

图片位置	效果
填充	根据桌面的高度大小来等比例放大图片，使图片从桌面中心向外填充
适应	根据桌面的宽度大小来等比例放大图片，使图片和桌面的宽度一致并居中放置
拉伸	根据桌面的大小拉伸图片的高度和宽度，使一张图片全屏幕地显示在桌面上
平铺	将图片重复排列在桌面上
居中	将图片放置在桌面的中央

2. 任务栏

桌面的下方有一个"任务栏"（如图 2-19 所示）。任务栏的最左边是"开始"按钮，紧挨着的是快速启动区，中间是已经打开的程序，右边分别是"语言栏"和"通知区域"。

图 2-19　**任务栏**

（1）任务栏的基本操作。

① 锁定任务栏。“锁定任务栏”表示任务栏固定在某一位置，只有不选择“√”标志，才能实现任务栏的移动和任务栏的尺寸设置。

② 任务栏的移动。系统默认任务栏处于桌面的最底端，其实任务栏也可以放置在桌面的顶部、左侧或右侧。将鼠标指向任务栏的空白处，拖动鼠标移至目标位置时，松开鼠标左键即完成了任务栏的移动。

③ 改变任务栏的尺寸。移动鼠标到任务栏和桌面交界的边缘上，此时鼠标即刻变为双箭头形状，拖动鼠标，就可改变任务栏的宽度。

（2）语言栏。

语言栏是一个浮动的工具条，它显示当前所使用的语言和输入方法（如图 2-20 所示）。

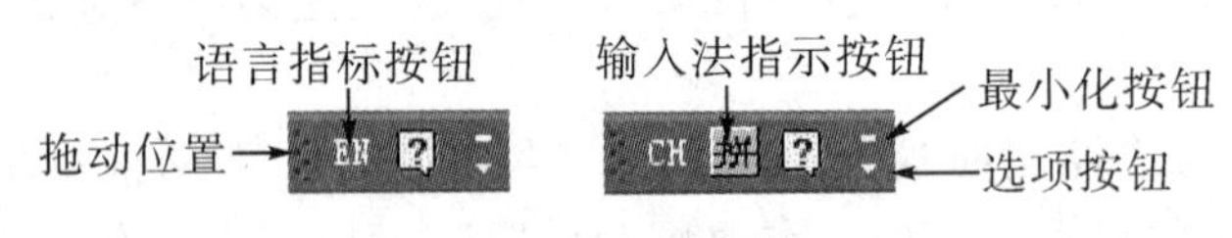

图 2-20　语言栏

语言栏的操作如下：

① 拖动语言栏的停靠把手，可将语言栏移动到屏幕的任何位置；

② 单击语言栏上的最小化按钮，可将其最小化到任务栏上；

③ 单击语言指示按钮，将弹出语言选择菜单，可任意选择一种语言；

④ 单击输入法指示按钮，将弹出输入法选择菜单，可选择一种输入方法。

3. 快捷菜单

在系统窗口中用鼠标右击对象，往往会弹出相应的快捷菜单，方便用户操作。关闭快捷菜单的方法有：单击菜单以外任意处或按 Esc 键、Alt 键。

如菜单项后有省略号“……”，则表示选择该命令会弹出一个相应的对话框。如菜单项前带有“√”，则表示该菜单选项正在起作用。如菜单项后边有一个黑三角标记“▶”，则表示此选项还有下一级菜单。如菜单项前有一个实心的小圆点“●”，则表示该菜单项已经选用。

4. 设置屏幕保护程序

（1）在桌面任意空白处单击鼠标右键，在弹出的快捷菜单中选择“个性化”命令。

（2）可以利用“控制面板”命令，在“控制面板”对话框中单击“外观和个性化”图标，进行相关的设置。在“照片屏幕保护程序设置”对话框中，相应命令的含义如表 2-2 所示。

表 2-2　“图片收藏屏幕保护程序选项”复选框命令

选项	功能
幻灯片放映速度	幻灯片放映速度有慢速、中速、快速三种
无序播放图片	此选项被勾选，就按照随机的无序方式播放图片
浏览	指定存放播放图片的文件夹

5. 对话框

对话框是一类特殊的窗口。一般对话框中提示的任务是用户必须马上处理的，如保存一个写字板文档，这时程序将显示一个“另存为”对话框，提示用户输入保存的文件名，再单击“保存”按钮。

对话框通常由标题栏、选项卡和命令按钮三大部分组成。选项卡根据对话框的功能可有可无、可多可少，往往包含一些列表框、下拉列表框、单选按钮、复选框、文本框等窗口界面元素。单击选项卡标签可以切换到相应的选项卡。单击对话框中的“确定”命令按钮将执行相应的操作，并关闭对话框。

任务评估

任务一评估细则		自评	教师评
1	桌面背景的设置		
2	「开始」菜单的应用		
3	任务栏的显示		
任务综合评估			

讨论与练习

交流讨论：

思考与练习：

一、填空题

1. “写字板”程序，共有________个一级菜单选项卡，________个二级菜单选项卡，与“写字板”程序相关的对话框有________个。

2. 在桌面空白区域单击鼠标右键，在弹出的快捷菜单中选择________命令，在弹出的对话框中选择____________，设置桌面的背景。

3. 使用________________快捷键，可以在 Windows 7 多个窗口之间切换。

二、选择题

1. 默认情况下，桌面的背景的位置为________。

A. 居中　　B. 平铺　　C. 拉伸　　D. 填充

E. 适应

2. 在 Windows 7 操作系统中，________可以用于关闭活动窗口。

A. 按下 Alt+F5　　B. 双击标题栏

C. 单击窗口的控制菜单图标　　D. 单击窗口的“关闭”按钮

三、操作题

1. 用虚拟机安装红旗 Linux 6.0 桌面操作系统。

2. 安装 Windows 10 操作系统。

任务拓展

运行附件中的“漫游 Windows 7”，并与同学交流学习心得

（1）通过漫游 Windows 7，学习 Windows 7 系统的特点、功能和基本知识。

（2）利用 Windows 7 的“帮助和支持中心”，学习快捷方式的有关知识。

任务二　文件夹树的建立、编辑

任务背景

计算机中的各种数据都以文件的形式存储在磁盘上，因此对文件的组织和管理就显得非常重要。计算机所进行的各种操作都要依靠各类文件，如播放音乐就需要音乐文件，运行游戏需要游戏程序文件，如果这些文件毫无规律地存放，将直接影响工作效率。为了让计算机有序地工作，我们需要用管理工具“资源管理器”和“计算机”来管理各个文件夹。使用“资源管理器”可以快速预览文件、文件夹树状的结构；可以移动、复制文件和文件夹，修改文件和文件夹的属性；可以直接运行程序、管理文档或其他外部设备等资源。接下来让我们一起学习如何管理计算机中的各类文件。

任务分析

现在我们要为学校做一项工作，即对照图 2-21（b），将图 2-21（a）补充完整。在任务的完成过程中，会逐步运用到文件和文件夹的建立、复制、移动、删除、重命名等方法，而这些方法和技巧就是我们这一节的知识点，需要同学们掌握。完成本次任务主要有以下步骤：

（1）打开“资源管理器”。

（2）找到 E 盘的“贵州经贸职业技术学院”文件夹。

（3）根据实际情况，完成文件或文件夹的建立、移动、复制、删除等操作。

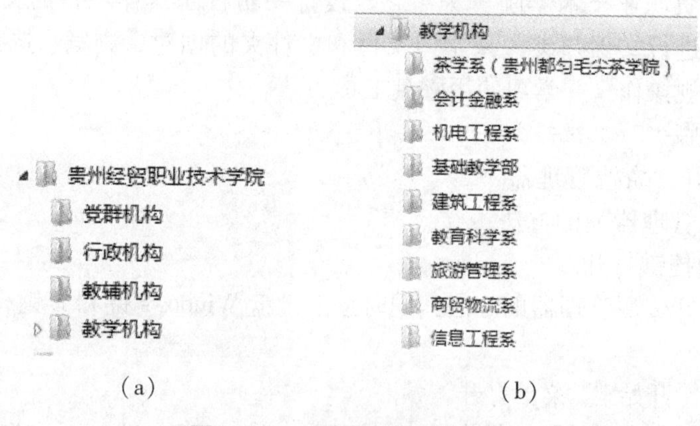

（a）　　（b）

图 2-21　文件夹效果对照图

任务学习准备

文件、文件夹和快捷方式

从专业技术的角度看，文件是一组相关信息的集合，是操作系统管理信息的基本单位。文件夹则是一种特殊的文件，用于存放文件位置信息，其中还可以包含子文件夹。快捷方式也是一种特殊类型的文件，用于快速访问所指向的文件或文件夹，快捷方式文件中存放所指向文件或文件夹的位置等信息。可以看出，只有文件中才存储着真正的数据，文件夹和快捷方式主要是为了有效地组织和管理文件。

为区分不同的文件，每个文件都有自己的文件名。文件名由主文件名和扩展名两部分组成，中间用句点“.”隔开，扩展名用于区分文件类型。文件和文件夹命名规则如表 2-3 所示。

表 2-3　文件和文件夹命名规则

<table>
<tr><th>规则</th><th>说明</th></tr>
<tr><td>长度规则</td><td>文件和文件夹名不能超过 255 个字符（一个汉字相当于 2 个字符）</td></tr>
<tr><td>禁用特殊字符</td><td>名字中禁用以下 9 种英文字符:? */\|:<>"</td></tr>
<tr><td>禁用保留设备名称</td><td>为与早期的 DOS 系统兼容，Windows 保留了诸如 con、aux、com1 等设备名称，当用户使用这些设备名来命名文件或文件夹时，系统会自动忽略该请求。</td></tr>
</table>

任务实施

一、实施说明

以“贵州经贸职业技术学院”为主题，设计一份校园具体项目的文件夹，通过“将各种类型的文件进行文档归类”来学习文件和文件夹的创建、浏览、选择、复制、更名、移动、删除等常规操作，并学习使用磁盘工具。

二、实施步骤

步骤 1　打开“资源管理器”

打开“资源管理器”的方法：

（1）通过快捷键打开。

最简单的打开资源管理器的方法：同时按下键盘 Windows 键和 E 键，就可以打开资源管理器。

（2）通过“「开始」”菜单打开。

右击“「开始」”菜单按钮，在弹出的快捷菜单中单击“打开 Windows 资源管理器”命令。

（3）通过“计算机”图标打开。

在桌面上双击“计算机”图标，打开相应窗口，点击左侧的“库”，就进入资源管理器。

打开的“资源管理器”如图 2-22 所示。

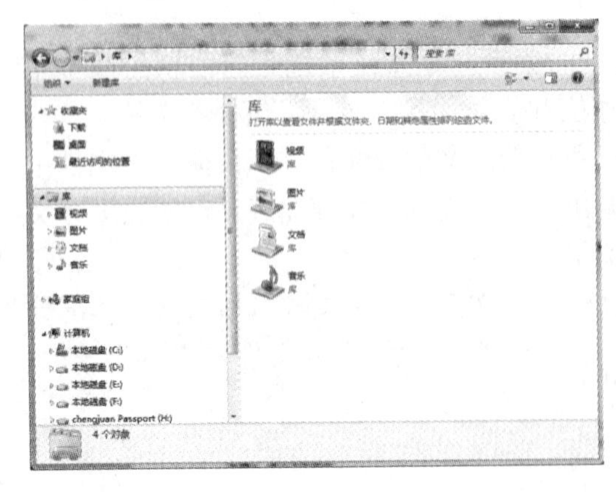

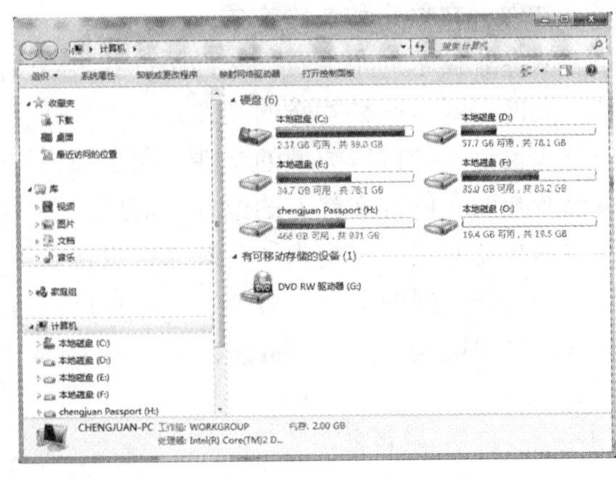

图 2-22　资源管理器

打开“资源管理器”的方法

同学们可以在实践当中探索方法，下面的方法都可以打开“资源管理器”：

(1)单击“「开始」”→“所有程序”→“附件”→“Windows资源管理器”命令。

(2)启动“开始”按钮中的“运行”命令，在弹出菜单的输入框中输入以下命令：“%windir%\explorer.exe”,这是“资源管理器”对应的可执行文件。

(3)双击“计算机”图标，再双击“C：”图标，从下一个窗口中选中“Windows”文件夹，在“Windows”文件夹中双击“explorer.exe”。

步骤 2　打开文件夹

找到 E 盘建立的文件夹：“贵州经贸职业技术学院”文件夹，如图 2-23 所示。

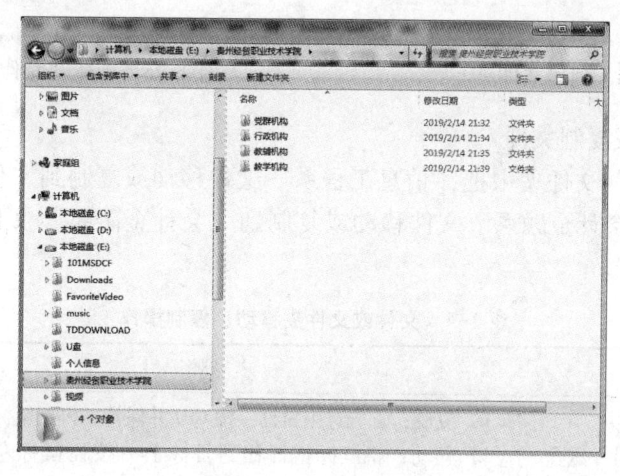

图 2-23　打开文件夹

步骤 3　建立子文件夹

在“贵州经贸职业技术学院”文件夹下建立 4 个子文件夹：“党群机构”“行政机构”“教辅机构”“教学机构”。

建立文件夹的方法如下：

（1）快捷菜单。

在窗口的空白处单击鼠标右键，弹出快捷菜单，选择“新建”命令，弹出下拉菜单，选择“文件夹”命令。

（2）工具栏上“新建文件夹”命令。

选择工具栏上的“新建文件夹”命令。

在“资源管理器”的内容窗口，我们建立了第一个文件夹，它的默认名称是“新建文件夹”，并且以高亮形式的小编辑框显示，如图 2-24 所示。此时，我们在小编辑框内输入“党群机构”即可，第一个文件夹创建成功。

参照以上步骤，可以建立“行政机构”“教辅机构”“教学机构”文件夹，如图 2-25 所示。

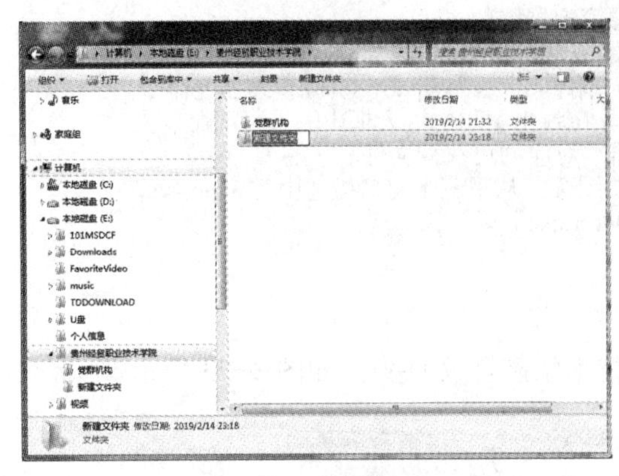

图 2-24　创建文件夹

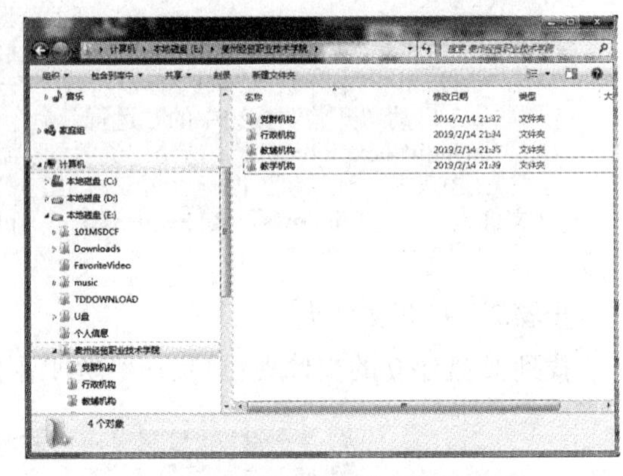

图 2-25　创建“文件夹”效果图

步骤 4　移动或复制文件

从“教学机构”文件夹中把“信息工程系”文件移动或复制到“信息工程系”文件夹中；同理，把“会计金融系”文件移动或复制到“会计金融系”文件夹中，如表 2-4 所示。

表 2-4　文件或文件夹移动、复制操作

<table>
<tr><th colspan="2">方　法</th><th colspan="2">步　骤</th></tr>
<tr><td rowspan="3">鼠标法</td><td rowspan="2">鼠标左键法</td><td>同一磁盘</td><td>（1）复制：首先选中目标→按 Ctrl 并保持→再用鼠标拖到目标位置即可
（2）移动：将鼠标指针移到目标上→按住鼠标左键拖向目标位置→目标高亮显示→放开鼠标左键</td></tr>
<tr><td>不同磁盘</td><td>（1）复制：将被选中的文件和文件夹→拖到目标位置
（2）移动：按住 Shift 并保持→鼠标移到目标上→按住鼠标左键拖向目标位置→目标呈高亮显示→放开鼠标左键</td></tr>
<tr><td>鼠标右键法</td><td colspan="2">把鼠标移到目标上→单击鼠标右键→出现快捷菜单，根据需求进行选择即可</td></tr>
<tr><td colspan="2">菜单法</td><td colspan="2">（1）菜单栏：“编辑”菜单中的“剪切”/“复制”→“粘贴”命令
（2）右键快捷菜单：“剪切”/“复制”→“粘贴”命令</td></tr>
</table>

"选定"的操作方法

在对文件和文件夹进行操作之前，应首先选定文件或文件夹，"选定"的操作方法：

1.选择一个文件或文件夹

方法：鼠标单击要选中的文件或文件夹的名字，使其成为高亮显示。

2.选择多个文件或文件夹

方法：

(1)连续：单击要选定的第一个文件或文件夹，按住 Shift 键，再选择最后一个文件或文件夹；

(2)不连续：单击要选定的第一个文件或文件夹，按住Ctrl键，再依次单击其他想要选中的文件或文件夹；

(3)局部连续、总体不连续：用鼠标选择第一个局部连接组，然后按住Ctrl键，单击第二个局部连续组的第1个文件或文件夹，再按住Ctrl+Shift组合键，单击第二个局部连续组的最后一个文件或文件夹。

3.选择全部

方法：同时按下Ctrl+A键则完成"全部选定"。

4.反向选择

"编辑"→"反向选择"

掌握了"选定"操作，我们就可以对文件或文件夹进行移动和复制等操作，如表2-4所示。

步骤 5 删除文件

根据实际情况，把"基础教学部"的文件从"教学机构"中删除掉。

删除操作分为送入"回收站"和真正的物理删除两种。送入"回收站"的文件或文件夹还可以在需要时恢复，物理删除的文件或文件夹就不能恢复了。

1. 送入"回收站"的删除

（1）首先选择要删除的文件或文件夹，然后按住键盘上的 Del 键即可，此时出现如图 2-26 的对话框。

图 2-26 "回收站"的删除

（2）单击"是"则执行操作；单击"否"则放弃操作。

2. 物理删除文件或文件夹

物理删除是彻底、永久删除，它不经过回收站而直接删除。文件或文件夹一经物理删除不能再恢复。

（1）选择要删除的文件或文件夹。

（2）在键盘上按住 Shift+Del 组合键，单击“确定”即可。

此外，删除“回收站”中的文件或文件夹，也是一种物理删除。对比图 2–26 与图 2–27 可以发现，对话框提示的内容是不一样的，同学们可以通过实践操作来掌握这两种删除方式。

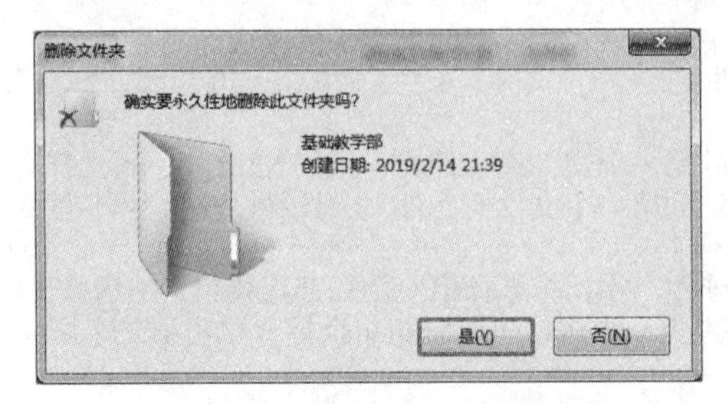

图 2–27　物理删除文件、文件夹

> **提示**
>
> 恢复“回收站”文件、文件夹
>
> 如果要恢复放入“回收站”中的文件或文件夹，怎么办？如图2–28所示。
>
> (1)在“回收站”窗口中，选择需要恢复的文件或文件夹。
>
> (2)单击工具栏上的“还原此项目”命令。

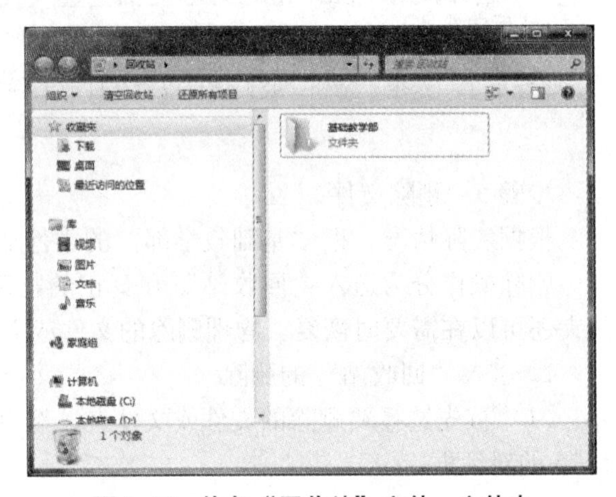

图 2–28　恢复“回收站”文件、文件夹

归纳提高

1. 文件或文件夹的基本操作

（1）新建文件或文件夹的方法：菜单法。

（2）任何操作都需要先对文件或文件夹进行“选定”。

（3）文件或文件夹的重命名：

①在文件或文件夹上单击鼠标右键，显示“快捷菜单”→“重命名”。

②菜单栏上“文件”→“重命名”。

③在“资源管理器”中选定目标文件或文件夹→按 F2 键→“重命名”。

（4）设置文件或文件夹属性。文件或文件夹的属性有三种：只读、隐藏和存档。用户可根据需要设置文件或文件夹的属性，如将需要保护的文件设置成只读，将涉及个人隐私的文件设置成隐藏等。

（5）资源管理器是管理文件或文件夹的工具，如图 2-29 所示。资源管理器的窗口主要由菜单栏、导航窗格、工具栏、地址栏、库窗格、搜索框、细节窗格、预览窗格、文件列表等组成，各部分的功能如表 2-5 所示。

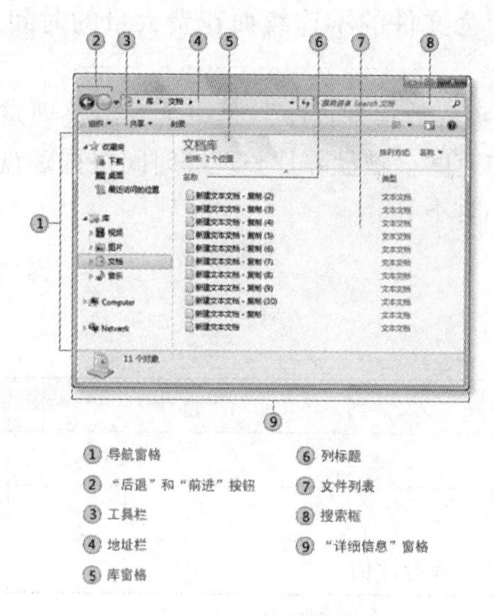

图 2-29　资源管理器

表 2-5　资源管理器

名 称	说　　明
导航窗格	位于窗口左边部分，用于显示以树状结构组织的所有文件夹。使用导航窗格可以访问库、文件夹、保存的搜索结果，甚至可以访问整个硬盘
工具栏	使用工具栏可以执行一些常见任务。工具栏的按钮可更改为仅显示相关的任务
地址栏	资源管理器的地址栏位于窗口的第 1 行，用于显示当前选中的文件或文件夹的绝对路径
文件列表	位于窗口右边部分，用于显示当前文件夹或库内容的位置
搜索框	在搜索框中键入词或短语可查找当前文件夹或库中的项
细节窗格	细节窗格位于窗口的最下部分，用于显示当前选定文件关联的最常见属性

2. 文件备份与还原

为避免因系统崩溃或病毒入侵等原因造成的重要数据丢失，我们应该定期对系统的重要数据进行备份。

在 Windows 7 中，用户可以利用“「开始」”→“所有程序”→“附件”→“维护”中所提供的“备份和还原”工具，对“我的文档”中的数据进行备份，备份文件可保存在 D 盘或其他存储设备中，备份文件名默认为“Backup. bkf”。

为练习还原数据，用户可先彻底删除“我的文档”中的若干文件，再利用附件中的“备份”程序，将刚才删除的文档还原。

3. 整理磁盘碎片

由于磁盘经常执行保存、更改、删除文件等操作，更改后的文件可能会分段保存在磁盘不同的位置，这会导致许多文件在磁盘上不连续存储，久而久之形成大量的磁盘碎片。系统读取这些文件时，会因为文件的不连续而花费大量的时间从磁盘的各个位置读取文件，从而影响了读取速度。

Windows 7 自带的“磁盘碎片整理程序”是一个专门整理磁盘碎片的程序，它可以通过整理磁盘提高读写文件的速度。磁盘碎片整理的时间根据磁盘的大小和磁盘碎片的多少而定，一般由几分钟到几小时不等。

任务评估

任务二评估细则		自评	教师评
1	资源管理器的认识		
2	文件和文件夹的基本操作		
任务综合评估			

讨论与练习

交流讨论：

思考与练习：

一、填空题

1. 在 Windows 7 中，可以利用__________复制屏幕的内容。

2. 在“资源管理器”左窗口显示的文件夹中，文件夹图标前有__________标记时，表示该文件夹有子文件夹，单击该标记可进一步展开。空文件夹图标前有__________标记时，表示该文件夹已经打开。

二、选择题

1. Windows 7 中的“回收站”实际上是________中的一块存储空间。

A. 光盘　　B. 硬盘　　C. 软磁盘　　D. 内存

2. 当选定文件后，下列操作中不能删除文件的是________。

A. 在键盘上按 Del 键

B. 用鼠标右键单击该文件，打开快捷菜单，然后选择“删除”命令

C. 在“文件”菜单中选择“删除”命令

D. 用鼠标双击该文件夹

3. 在桌面上创建一个文件夹，有如下步骤：（a）在桌面空白处单击鼠标右键；（b）输入文件夹名称；（c）选择新建文件夹的选项；（d）按 Enter 键。正确操作的步骤为________。

A. adbc　　B. acdb　　C. abcd　　D. acbd

三、操作题

文件和文件夹的操作：

1. 启动“资源管理器”。
2. 在 D 盘根目录下建立 China 文件夹。
3. 在 China 文件夹下建立 city 文件夹。
4. 复制一些文件到 city 文件夹。
5. 将 city 文件夹移动到 D 盘根目录下。
6. 设置 China 文件夹为隐藏属性。

任务拓展

1. 搜索系统工具

利用 Windows 7 的文件搜索功能（如表 2-6 所示），找出其中几种系统自带的实用程序，并尝试执行，在桌面上建立一个“系统工具”文件夹，并将这些程序的快捷方式存放在该文件夹中。

表 2-6　系统自带实用程序名称、文件名及作用对应表

程序名称	程序文件名	程序作用
聊天	winchat. exe	局域网聊天程序
讲述人	narrator. exe	将输入的字母用标准的英语读出来
磁盘清理	cleanmgr. exe	智能化清理系统产生的垃圾文件
剪贴板查看器	clipbrd. exe	查看剪贴板中的内容，并可保存其中的数据

2. “计算机”和资源管理器

Windows 7 的“计算机”和资源管理器有何区别与联系。

任务三 系统设置

任务背景

“控制面板”是 Windows 7 的一个系统文件夹，是一个放置对 Windows 7 操作系统硬件和软件进行设置的工具的“袋子”。使用这些工具，我们可以方便地安装和设置硬件，安装或卸载应用程序等。例如，我们通过“控制面板”可以对日期和时间、应用程序的安装或卸载等项目进行属性设置和调整。

任务分析

下面，我们要帮助小朱完成这样一个任务：建立多个用户账户，可以自定义计算机环境而不会清除其他用户的个人设置；设置个性化空间，以适合各自的工作习惯；设置输入法，以满足个人喜好；删除电脑上的“Excel 新增工具集”程序，以释放足够的磁盘空间；把系统日期改为 2018 年 10 月 6 日。经过分析以后，完成任务需要以下操作步骤：

（1）建立多个用户账户。

①规划账户；

②创建账户；

③更改账户。

（2）设置个性化空间。

①单击“个性化”窗口里的“桌面背景”任务，打开“桌面背景”窗口；或从“控制面板”的“外观和个性化”类别中单击“更改桌面背景”任务；

②根据喜好，设置个人个性化空间。

（3）设置输入法。

①打开“控制面板”窗口；

②打开“区域可语言选项”对话框进行相关设置。

（4）删除电脑上的“Excel 新增工具集”程序。

①打开“控制面板”窗口，系统默认的模式是类别视图模式；

②找到“添加/删除程序”项目，打开“添加或删除程序”对话框；

③单击左侧的“更改或删除程序”按钮；

④找到列表框中的某个应用程序；

⑤单击“更改/删除”。

（5）对系统日期进行设置。

①在分类的视图模式下：对“系统日期”进行设置，选择“日期、时间、语言和区域”选项；

②在经典视图模式下：对“系统日期”进行设置，选择“日期和时间”选项。

任务学习准备

1. 控制面板

Windows 7 的“控制面板”集中了所有的系统管理工具。在“控制面板”中，我们可以方便地利用各类系统管理工具管理各项任务，如设置默认的输入法、添加/删除应用程序等。

在“「开始」”菜单中单击“控制面板”命令，可以打开“控制面板”窗口，Windows 7 的“控制面板”视图有类别视图和图标视图两种。类别视图以任务为中心分类显示系统任务，图标视图则以应用程序为中心显示程序图标和文件夹。

2.“文件夹选项”对话框

在资源管理中单击工具栏“组织”→“文件夹和搜索选项”命令，或在“控制面板”的“外观和个性化”类别中单击“文件夹选项”图标，可以打开“文件夹选项”对话框，如图 2-30 所示。在此对话框中可以更改资源管理器的工作方式。例如，在“常规”选项卡中可设置通过单击打开项目，设置在不同窗口中打开文件夹，设置在资源管理器的左侧导航窗格不显示与当前项目相关的常见任务；在“查看”选项卡中设置是否查看系统隐藏的文件，设置是否显示文件的扩展名；在“搜索”选项卡中，设置和更改与搜索关联的要求等。

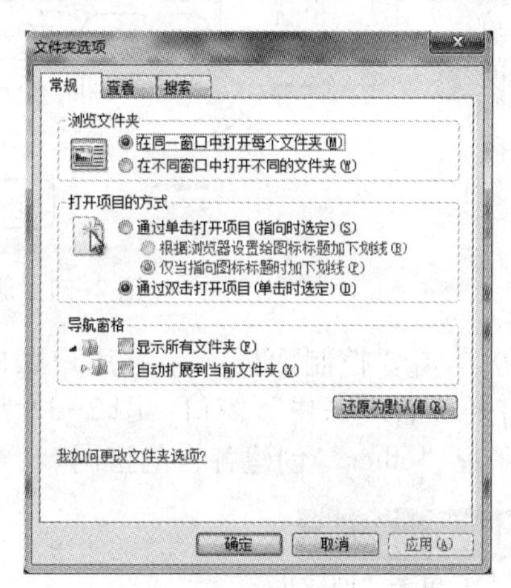

图 2-30 “文件夹选项”对话框

任务实施

一、实施说明

本任务利用一台多用户使用的计算机系统，通过账户规划和个性化工作环境设置来学习设置输入法、更改桌面背景、设置屏幕保护程序、设置文件和文件夹选项等操作。

二、实施步骤

步骤 1　建立多个用户账户

（1）规划账户。规划账户十分重要，根据表 2-7，在系统中新建 2 个账户，把自己作为唯一的计算机管理员，只有自己拥有安装/删除程序、改变系统设置的权限，以免其他用户因误操作不小心破坏系统。

表 2-7　账户规划表

账户名	密码	账户类型	使用对象
admin	gly	管理员	本人
other	syz	标准账户	其他人
Guest	—	来宾账户	其他人

（2）创建账户。单击“控制面板”中的“用户账户和家庭安全”，打开“用户账户和家庭安全”窗口，如图 2-31 所示添加计算机管理员“admin”。以此类推，创建标准账户“other”。

提示

Windows 7的账户类型

Windows 7的账户类型分为管理员账户、标准账户和来宾账户三类。管理员账户允许用户更改所有的计算机设置；标准账户适用于日常计算；来宾账户主要针对需要临时使用计算机的用户。单击“什么是用户账户”可以进一步了解账户类型，如图 2-31“用户账户”对话框所示。

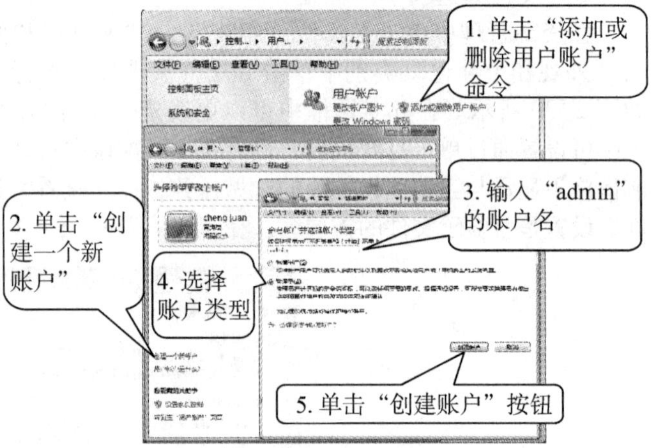

图 2-31　添加用户账户

（3）更改账户。通过依次单击“控制面板”→“用户账户和家庭安全”→“用户账户”→“管理其他账户”，打开“管理账户”窗口，图 2-32 为计算机管理员“admin”创建密码。以此类推，为标准账户“other”创建各自的密码。

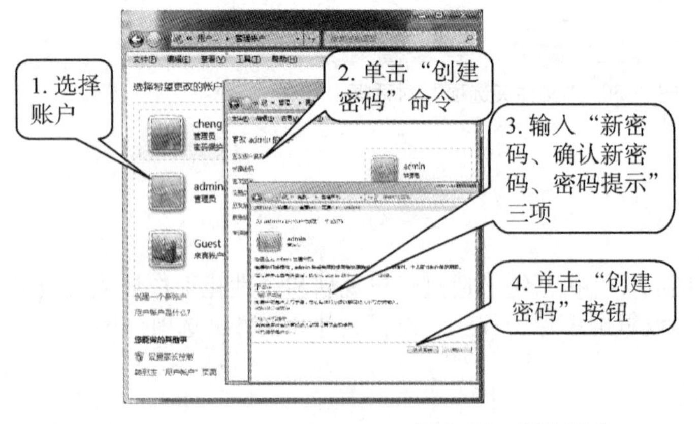

图 2-32　更改账户

提示

登录方式

登录到计算机时，系统将对用户进行验证，以便显示个性化桌面、设置、文件和文件夹。

可在“用户账户”窗口，单击“管理其他账户”命令，选择相应账户，通过“更改图片”命令，来更改登录方式。

步骤 2　设置个性化空间

（1）在桌面空白处单击鼠标右键，在弹出的快捷菜单中单击“个性化”命令，打开“个性化”窗口；或从“控制面板”的“外观和个性化”类别中单击“个性化”任务，如图 2-33 所示，在中部主题区选择“Windows 7”主题，也可以通过单击“桌面背景”任务按钮，再进去选择自己喜爱的图片作为桌面背景。

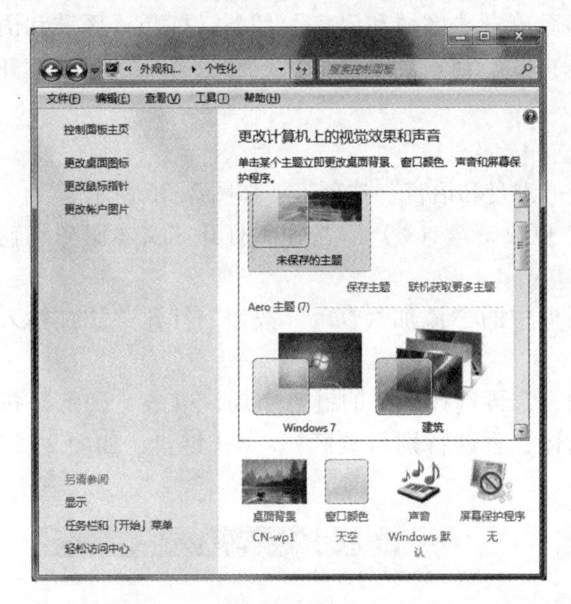

“个性化”窗口

(1)“主题”通过预先定义的一组图标、字体、颜色、鼠标指针、声音、背景图片、屏幕保护程序以及其他窗口元素来确定桌面的整个外观。如果通过更改其任意一方面的特性并修改了预先定义的主题，则该主题会自动变为自定义主题。

(2)在“桌面背景”任务中可以设置桌面背景图片及显示位置。

(3)在“屏幕保护程序”任务中可以设置屏幕保护程序和系统电源节能方案。

(4)在“窗口颜色”任务中可以设置窗口边框、「开始」菜单和任务栏的颜色。

(5)在“显示”任务中可以设置屏幕分辨率和颜色质量。

图 2-33　“个性化”窗口

（2）在“个性化”窗口中选择“屏幕保护程序”任务，选择“变幻线”屏幕保护程序，设置等待 10 分钟。

（3）在“外观和个性化”类别中，单击“任务栏和「开始」菜单”，打开“任务栏和「开始」菜单属性”对话框。在“「开始」菜单”选项卡按“自定义（C）”按钮，打开“自定义「开始」菜单”对话框，不勾选“使用大图标”；在“任务栏”选项卡中选择“自动隐藏任务”。

（4）用鼠标右键单击桌面空白处，在弹出的快捷菜单中单击“查看”打开下级菜单，不勾选“显示桌面图标”，这样就隐藏了桌面图标。

至此，屏幕上只剩下那张沙漠背景图。这样，小朱在计算机上就拥有了一个小小的空间，自己的个性设置再也不会被他人修改，自己存放在用户文档中的文件其他人也没法看见了，以后用计算机写日记也不用担心意外泄密了。

（5）“鼠标 属性”对话框。

在“个性化”窗口中单击“更改鼠标指针”任务，打开“鼠标 属性”对话框。

①在“鼠标键”选项卡中，可以设置鼠标双击速度等。

②在“指针”选项卡中，可以设置不同方案的鼠标指针及效果。

③在“指针选项”选项卡中，可以设置鼠标指针的移动速度及可见性等。

有的鼠标在安装完自带工具后，还会有其他个性选项卡，如无线鼠标。

步骤3　设置输入法

（1）打开“控制面板”窗口。

在打开的窗口中若是“控制面板”类别视图模式，则单击“时钟、语言和区域”任务，打开“时钟、语言和区域”窗口，然后单击“区域和语言”任务，打开“区域和语言”对话框；若是“控制面板”图标视图模式，则直接双击“区域和语言”图标。打开如图2-34所示的“区域和语言”对话框。

（2）安装输入法。

①打开“区域和语言”对话框，选择“键盘和语言”选项卡，如图2-35所示。

②单击“键盘和语言”选项卡中的“更改键盘（C）”按钮，打开“文本服务和输入语言”对话框，如图2-36所示。

③单击“文本服务和输入语言”对话框中的“添加（D）”按钮，打开“添加输入语言”对话框，如图2-37所示。

④在添加的语言下拉列表框里选择语言，再选择想要的键盘布局，单击“确定”按钮，完成输入法的安装。如选择中文（繁体，香港特别行政区）、美式键盘，如图2-38所示。

图2-34　“区域和语言”对话框

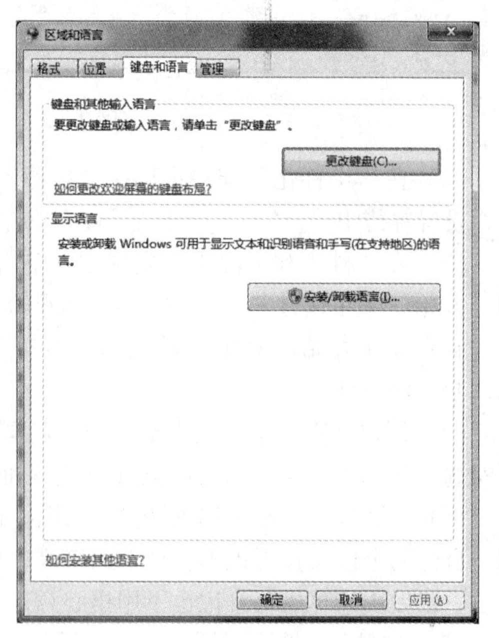

图2-35　“键盘和语言”选项卡

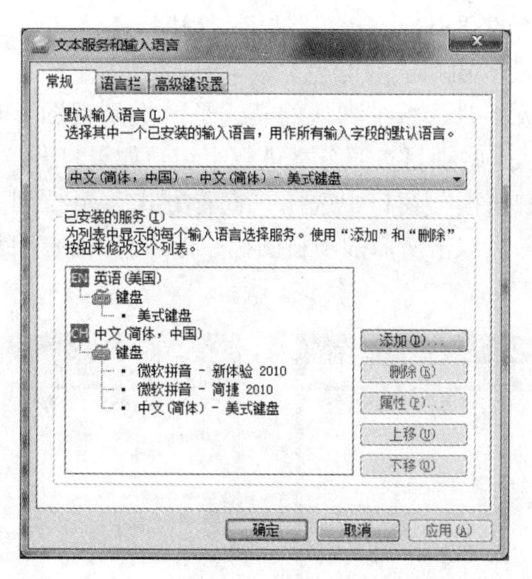

图 2-36　“文本服务和输入语言”对话框

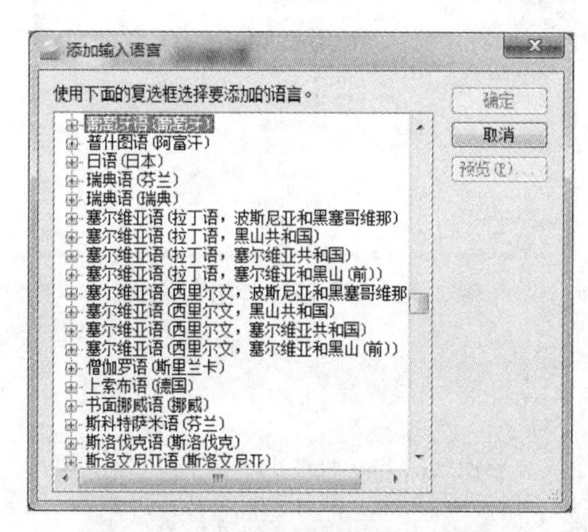

图 2-37　“添加输入语言”对话框

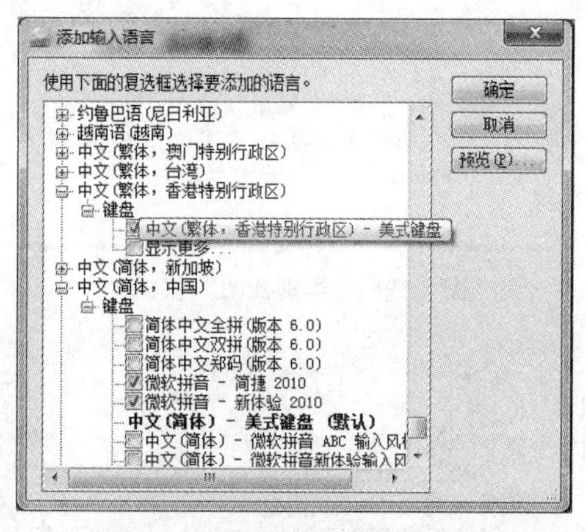

图 2-38　添加中文繁体对话框

（3）删除输入法。

①如果某一种已安装的输入法用户并不使用，可以将它们从任务栏中删除。方法如下：

在“文本服务和输入语言”对话框的“已安装的服务”列表中选择需要删除的输入法，单击“删除（E）”按钮即可。

②用户删除一种输入法后，该输入法对应的文件并没有从硬盘上真正删除，只是从语言栏中删除了该项。

删除的输入法可以再次通过“添加输入语言”对话框进行添加。

输入法的快捷键设置

1.中文输入法之间切换：Ctrl+Shift

2.中/英文输入切换：Ctrl+Space

3.全角/半角字符切换：Shift+Space

4.中/英文标点符号切换：Ctrl+.

步骤 4　删除电脑上的“Excel 新增工具集”程序

（1）打开“控制面板”窗口。

首次打开“控制面板”时，系统默认的模式是“类别视图”模式，如图 2-39 所示，其中只有最常用的项目，这些项目按照分类进行组织。如果打开“控制面板”时没有看到所需的项目，可在“控制面板”窗口中选择“查看方式”下拉列表的“大图标”或“小图标”就切换到图标视图。双击所需的项目图标，即可打开该项目。“控制面板”图标视图如图 2-40 所示。

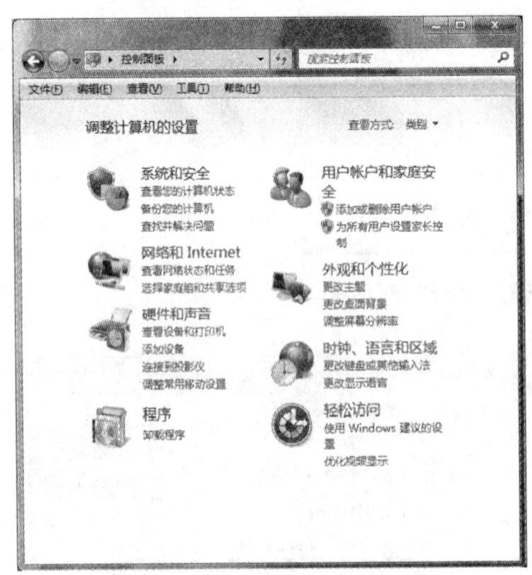

图 2-39　“类别视图”模式

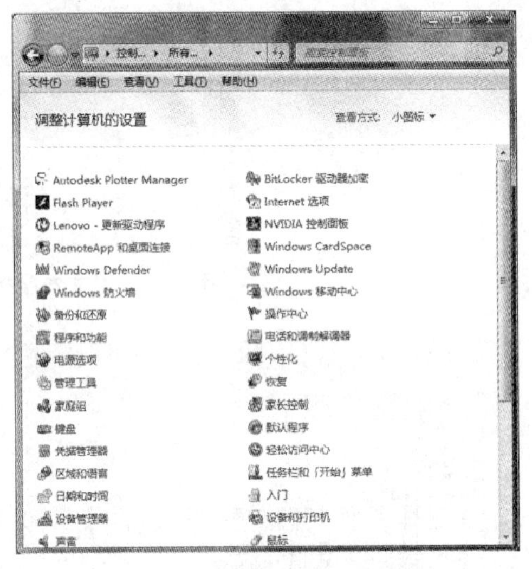

图 2-40　“小图标视图”模式

> **提示**
>
> “类别视图”模式
>
> 在类别视图下，用鼠标指针指向某图标或类别名称，可查看“控制面板”中某一项目的详细信息。单击项目图标或类别名，可打开该项目。部分项目会打开可执行的任务列表和选择的单个“控制面板”项目。例如，单击“外观和个性化”时，将显示与之匹配的任务列表。

（2）打开“程序”窗口。

在“控制面板”类别视图窗口找到“程序”项目，单击该按钮，打开“程序”窗口，如图 2-41 所示。

（3）打开“程序和功能”窗口。

在“程序”窗口单击“卸载程序”任务按钮，打开“程序和功能”窗口，如图 2-42 所示。

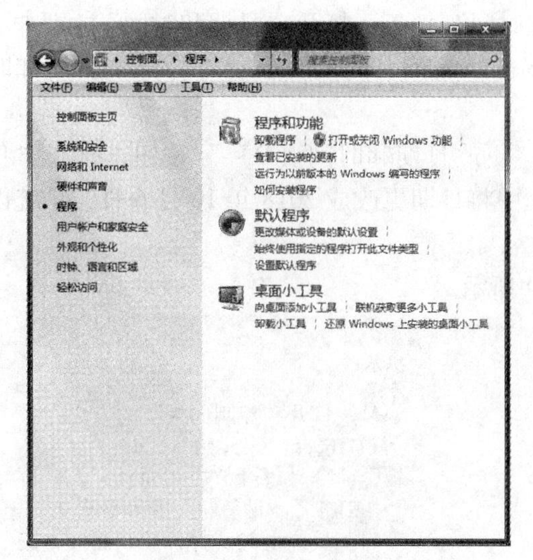

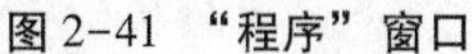
图 2-41　“程序”窗口

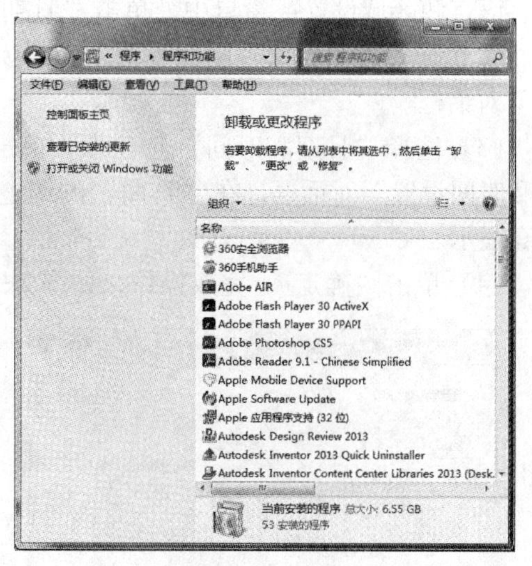

图 2-42　“程序和功能”窗口

（4）卸载程序。

在“程序和功能”窗口，单击选中需要删除的程序“Excel 新增工具集”，此时在程序列表上方会出现“卸载”按钮，如图 2-43 所示，单击“卸载”按钮，完成操作。

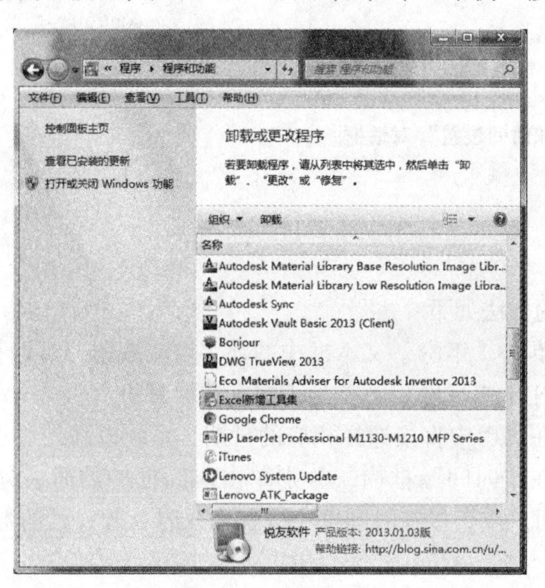

图 2-43　卸载程序

步骤 5　把系统日期改为 2018 年 10 月 6 日

同样，在“控制面板”里进行设置，打开“控制面板”窗口。

（1）在“控制面板”类别视图中，单击“时钟、语言和区域设置”任务，打开“时钟、语言和区域设置”窗口中，单击“日期和时间”任务，打开“日期和时间”对话框。

（2）在“控制面板”图标视图中，直接双击“日期和时间”图标，打开“日期和时间”对话框。

（3）选择“日期和时间”选项卡，单击“更改日期和时间（D）”按钮，打开“日期和时间设置”对话框，在“日期”的调整框中将日期更改成2018年10月6日，系统以高亮显示。

（4）单击“确定”，完成操作，如图2-44所示。

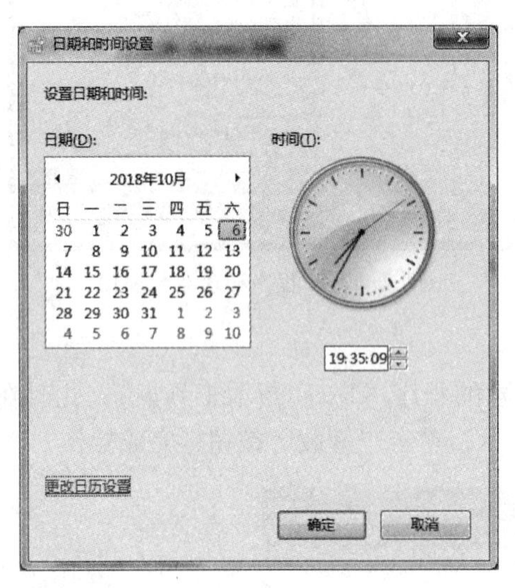

图2-44 “日期和时间设置”对话框

提示

打开“控制面板”的方法：

(1)选择“「开始」”→“控制面板”命令，打开“控制面板”。

(2)打开“计算机”窗口，单击窗口工具栏上的“打开控制面板”按钮。

(3)右键单击桌面上的“计算机”图标，选择“属性”命令，点击“控制面板主页”。

(4)选择“「开始」”→“所以程序”→“附件”→“运行”→输入：control.exe。

归纳提高

更改日期和时间的方法如下：

（1）更改年份：单击“年份”文本框中的数字增减按钮，可调整年份数值。

（2）更改月份：打开“月份”下拉列表框，选取月份。

（3）更改日期：在日历中直接选择相应的日期，系统以高亮显示。

（4）更改时间：在“时间”框内，分别单击时间框中的时、分、秒数值，然后按数字增减按钮来调整时间，或直接在时间框中分别输入时、分、秒的数值。

任务评估

任务三评估细则		自评	教师评
1	Windows 7 操作系统的硬件相关设置		
2	应用程序的安装或卸载		
任务综合评估			

讨论与练习

交流讨论：

思考与练习：

一、选择题

1. Windows 7 中，如果要删除某个应用程序，可以打开____________窗口，然后双击其中的“程序和功能”图标。

2. Windows 7 操作系统提供的系统设置工具，都可以在____________找到。

二、选择题

1. 双击任务栏中的________，弹出________对话框，设置日期为 2012 年。

　A. 工具栏；“日期和时间”　　B. 时间；“日期和时间设置”

　C. 快速启动栏；“日期和时间”　　D. 语言栏；“日期和时间”

2. 大部分程序的安装文件均为________类型。

　A. *.bmp　　B. *.txt　　C. *.exe　　D. *.jpg

三、操作题

1. 检查你所使用的计算机的当前日期和时间是否准确，如果不准确，请调整。

2. 把受限用户“other”的登录图片换成足球的图片。

3. 把输入法“全拼”的切换键设置成“Ctrl+1”。

任务拓展

1. 安装打印机

（1）如图2-45所示，单击“控制面板”中的“设备和打印机”图标，单击工具栏上的“添加打印机”按钮。

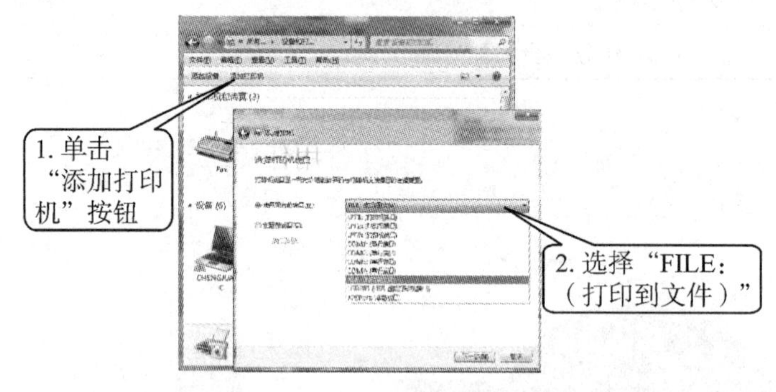

图2-45　添加打印机

（2）在“添加打印机”向导中选择相应类型的打印机，单击“下一步”按钮，出现“选择打印机端口”时选择“FILE：（打印到文件）”，再依据向导提示安装一台名为“Canon Inkjet iP1700”的打印机。

知识链接

驱动程序

驱动程序是操作系统和外部设备之间通信的专用接口软件，如打印机驱动程序将计算机发送的信息翻译为打印机可以理解的命令。驱动程序通常不能跨平台使用。

Windows 7系统集成了大量的常用驱动程序，如用户的U盘首次插入计算机的USB接口时，系统会自动安装相应的驱动程序。当系统找不到连接的新设备的驱动程序时，往往会提示用户从光盘、网络或其他位置寻找合适的驱动程序。

2. 计算机的时间设置

把计算机的时间设置成自动与Internet时间服务器同步。

任务四　“玫瑰”文档的输入和编辑

任务背景

Windows 7 操作系统提供了大量的实用程序，包括用于计算机管理的系统工具和辅助工具以及资源管理器、画图、记事本、写字板、计算器等程序，可以帮助用户完成简单的文字处理、图像编辑、数字计算、游戏、娱乐等常用任务。本任务我们就要学习 Windows 7 中三个比较常用的附带程序：记事本、画图和计算器。

任务分析

帮助小朱完成这样一个任务：排版“玫瑰”这篇文章。

（1）在记事本中输入如下文字：

• 假如没有风，空气又不潮湿，那么，这座没有暖气设备的城市冷到零下 6℃还是可以忍受的，但是太阳必须要好。

• 太阳在秋天很女性，妩媚，多曦，尤其到了晚秋，嫣红柔软的光线，仿佛伤感的红酒，一滴一滴都要醉人。栅栏中慢慢移动的光斑，屋檐下渐渐拉长的树影，菊丛怒放那无畏无怨的颜，它从很深远的高空敞开它的光焰，坚定地穿透冰寒的大气，锐利地切过云层。

• 傲慢地照在万物之上。天是这样蓝，明净坚挺，像钢一样仿佛可以敲出声响来。城郊的峰峦，落叶乔木历历可数，淡黑色的枝杈，耸立着冬之平静和严厉。然而太阳很好，把冬神的阴寒屏退了。这么说，它倒不是冷漠了。但又是什么呢?

（2）将输入的全部字体设置为楷体、四号。

（3）将第一段移到最后，成为最后一段。

（4）以“玫瑰”为文件名保存该文件。

任务学习准备

“记事本”程序

“记事本”是 Windows 7 附带的文字处理程序，是一个创建简单文档的文本编辑器，它操作方便，适用于对小型文本文件的处理。虽然在实际工作中也可以使用专门的应用软件来进行文字处理，但是程序运行要占用大量的系统资源，而“记事本”是非常小的程序，运行速度比较快，这样用户可以节省时间和系统资源，从而提高工作效率。通过任务栏上“开始”按钮→“程序”命令→“附件”，可以看到“附件”中包含的、安装在系统中的相关实用程序，“记事本”就是其中之一。

（1）打开“「开始」”菜单，执行“程序”→“附件”→“记事本”命令，可启动“记事本”应用程序。

（2）“记事本”窗口由标题栏、菜单栏、工作区组成。

（3）启动“记事本”后，选择一种汉字输入法，即可输入汉字。

（4）在“记事本”中，同样可进行文档的复制、剪切、粘贴和删除等操作，还可以通过“搜索”菜单提供的“查找”命令，查找指令的字符。

（5）“记事本”提供了自动换行功能，使输入的文档能适应窗口的大小自动换行显示，以便用户查看，但文档的打印格式并不因此而发生变化。若要实现在“记事本”窗口中文字的自动换行，可打开“格式”菜单，单击选中“自动换行”项。如没有设置为“自动换行”，文档以通行方式排列。

（6）“记事本”文档的保存。

①打开“文件”菜单，执行“另存为”或“保存”命令。

②在弹出的“另存为”对话框中，选择文档要保存的磁盘及文件夹，输入文档要保存的名称。

③单击“保存”按钮将文档保存到指定位置。

任务实施

一、实施说明

本任务主要学习 Windows 7 中三个比较常用的附带程序：记事本、画图和计算器的使用方法。

二、实施步骤

步骤 1　启动“记事本”程序

单击“「开始」”按钮，选择“所有程序”→“附件”→“记事本”，启动记事本程序，如图 2-46 所示。

步骤 2　录入文字

在“记事本”中录入“玫瑰”这篇文档，如图 2-47 所示。

步骤 3　根据题目要求，进行操作

（1）把字体设置为楷体、四号。单击“菜单栏”的“格式”菜单，在下拉菜单里选择“字体”命令。打开“字体”对话框，在“字体”列表框里选择“楷体”，在“大小”列表框里选择“四号”，如图 2-48 所示。

图 2-46 “记事本”程序

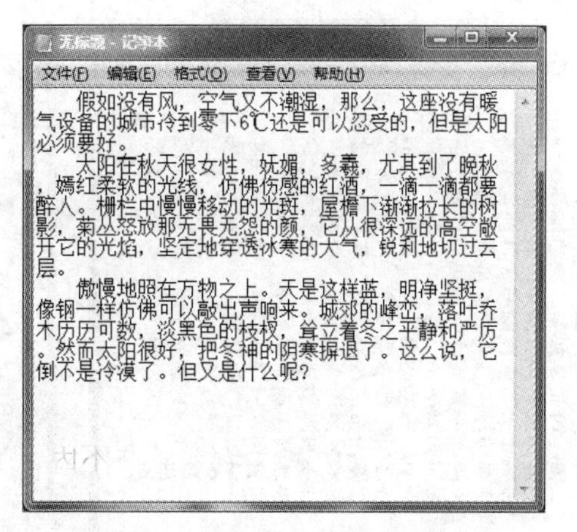

图 2-47 录入文字后的“记事本”

（2）格式化以后的效果，如图 2-49 所示。

（3）将第一段移动到最后一段，即“剪切”→“粘贴”操作（Ctrl+X→Ctrl+V）。

（4）操作完成，效果如图 2-50 所示。

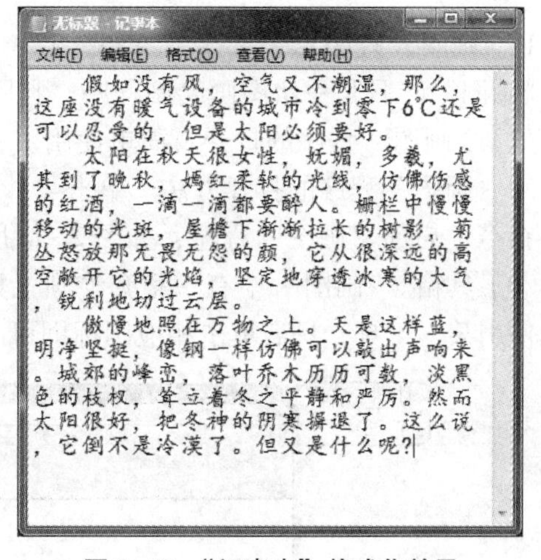

图 2-48 “字体”对话框

图 2-49 “记事本”格式化效果

（5）以“玫瑰”为文件名保存文件，选择记事本“文件”菜单中的“另存为”，在“文件名”栏中输入“玫瑰”，点击“保存”按钮，完成任务，如图 2-51 所示。

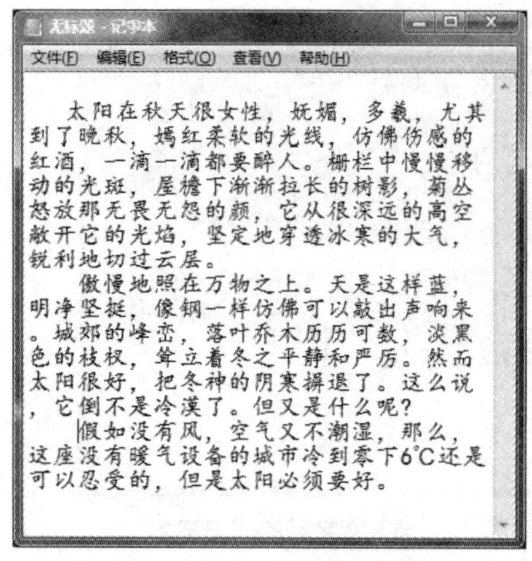

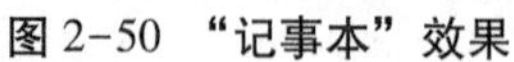
图 2-50 “记事本”效果

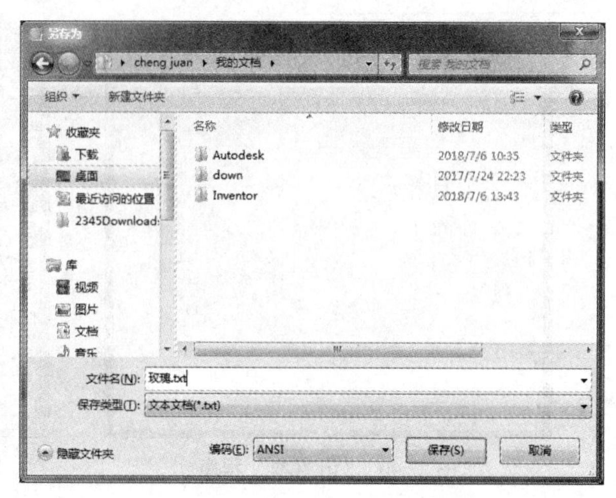

图 2-51 “记事本”文件的保存

归纳提高

1.“画图”程序

“画图”工具是一个图画绘制程序，利用这一工具可以创建一些简单的图形、图标。

（1）“画图”程序的打开及简单使用。

①“画图”程序的打开方法。单击“「开始」”→“所有程序”→“附件”→“画图”命令，启动“画图”程序，如图 2-52 所示。

②工具箱。“画图”中有一整套绘画工具，称为“工具箱”。“工具箱”在功能区内。需要使用某一工具，只需单击相应图标即可。

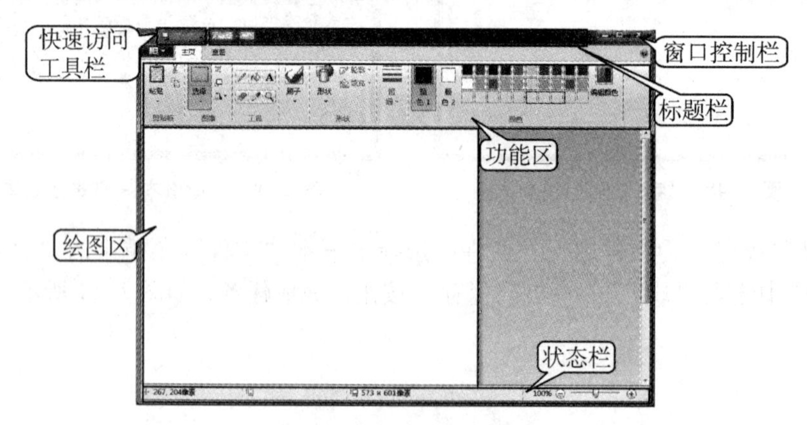

图 2-52 “画图”程序

③状态栏。“状态栏”位于画图窗口的底部，用于显示一些提示信息，如告诉用户正进行的操作、鼠标指针在画面中的坐标位置、拖动鼠标绘制图形时的高度等信息。

（2）“工具箱”中工具的使用。

①绘制“直线”和“曲线”的方法。

（a）单击“主页”选项卡内“形状”工具组上的“形状”下拉列表里的直线工具按钮。

（b）在工具箱下方的选择框中选择一种合适的线宽。

（c）在画面上按住鼠标左键拖动到满意位置。

（d）松开鼠标左键，一条直线就画好了。

（e）若在按住 Shift 键的同时按住鼠标左键并拖动，可画出水平、垂直或 45°方向的直线。

②使用填充工具和取色工具的方法。

如果要给画好的图形填充颜色，选择“用颜色填充”工具即可对选择的区域或整个画面填充颜色。

③选择工具的使用方法。

第一个是“矩形选择”按钮，通过在画布上直接绘制一个矩形来选择区域。使用方法：单击“矩形选择”按钮，鼠标变成“+”的形状，将鼠标指针移动到画图区域，按住鼠标左键，沿着需要选定区域的对角线方向拖动，选定后释放鼠标，可以看到选定区域被套在矩形框中。

第二个是“自由图形选择”按钮，通过在画布上绘制来选择一个矩形区域。使用方法：单击“任意型选择”按钮，鼠标变成“+”的形状，将鼠标指针移到画图区域，按住左键，沿着需要选定的区域拖动，把将要选定的区域边界勾勒出来后，释放鼠标即可。

④输入文字的方法。

（a）单击“工具箱”中的文本工具。

（b）在画面中拖动鼠标拉出一个文字框，此时窗口上自动弹出一个“文本”选项卡的功能区来，在“字体”工具组中选择字体、字号等，在“颜色”工具组中选择颜色。

（c）单击文字框内的任意位置确定插入点，输入文字。

（d）如果要在彩色背景上插入文字，但不想被现有的背景覆盖，则单击“背景”工具组中的“透明”工具按钮。

（e）输入完成后，单击文字框外的任意区域，文字就固定在画面上了。

2. 计算器

单击“「开始」”→“所有程序”→“附件”→“计算器”命令，则打开如图 2-53 左图所示的计算器对话框。计算器有四种类型：标准型、科学型、程序员、统计信息计算器。标准型计算器用于简单的算术运算；科学型计算器可进行各种较为复杂的数学运算，如指数运算、三角函数运算、数制间的转换等。在计算器窗口中单击“查看”→“科学型”，即可进入“科学计算器”模式，如图 2-53 右图所示。

图 2-53 计算器

任务评估

任务四评估细则		自评	教师评
1	“记事本”应用		
2	“画图”程序的应用		
3	“计算器”程序的应用		
任务综合评估			

讨论与练习

交流讨论：

思考与练习：

一、填空题

1. 单击“「开始」”菜单，选择__________→__________→__________命令，将打开

"计算器"。

2. 单击"开「开始」"菜单，选择__________→__________→__________命令，即可打开"画图"窗口。

3. 在"画图"程序窗口中，画出一个正方形，应选择__________按钮，并按钮__________键。

二、操作题

1. 使用一种中文输入法在"记事本"中输入下列文字。

春日融融，手执好书一本，默坐于河边凹凸不平的草地，细读不倦，幡然憬悟，无心观赏桃红柳绿，鱼跃鸢飞，鸟语花香；只觉天长地远，神思难寄，逸兴壮怀，与书相连。于是爱不忍释，乐而忘返。不亦快哉！盛夏燠热，喜得新书，不及等待，匆匆翻看，似有清风一缕，徐徐沁沁；也不闻蝉鸣绿树，声噪小楼，不亦快哉！

2. 以文件名"实训"保存该文件。

任务拓展

一、Windows 7 系统还原

通过"帮助"系统学习 Windows 7 的系统还原功能。

二、Windows 7 休眠唤醒

通过"帮助"系统学习 Windows 7 的休眠唤醒功能。

小 结

本项目学习 Windows 7 操作系统，如如何设置桌面的主题和背景，如何设置屏幕保护程序以及外观的设置等基本操作；学习如何创建文件和文件夹以及文件和文件夹的浏览、选择、复制、更名、移动、删除等常规操作；学习如何设置系统，如怎样建立多个用户账户，如何设置个性化空间，如何设置输入法以及如何对系统日期进行设置等操作；学习 Windows 7 操作系统所提供的实用程序操作，如记事本、画图和计算器等程序的操作。

项目三 笔随人意的好秘书
——Word 2010 的应用

职业情景描述

Word 2010 文件处理软件是微软公司开发的 Microsoft Office 办公软件之一，它是一种专门对文字进行录入、浏览、编辑、排版和打印等操作的应用软件。人们使用文字处理软件可以很方便地制作各式各样的文档，极大地提高工作和学习的效率。通过本项目的学习，你将学习到如下知识：

（1）了解 Word 2010 窗口界面、窗口操作和视图模式。

（2）掌握 Word 2010 文档的基本操作。

（3）掌握字符编辑的基本方法。

（4）掌握字符格式化和段落格式化。

（5）掌握表格制作的基本方法。

（6）掌握页面设置、预览及文档打印。

任务一 “自荐书” 文本的输入和编辑

任务背景

作为一个学生，你要随时做好毕业求职的准备。而写好自荐书对你找到理想的工作非常重要。自荐书，是指由求职者向用人单位提交的一种信函。文凭是对你的学历的冷冰冰的证明；自荐书则是可以个性化和略带感性化的个人陈述。所以在应聘时，你最好先亮出你的自荐书。

任务分析

编辑“自荐书”文本，需要通过 Word 2010 进行字符的编辑以及页面的设置。本任务需要了解的理论内容如下：

（1）Word 2010 窗口的操作。

（2）字符的输入及编辑方法。

任务学习准备

1. Word 2010 简介

Word 2010 是微软公司开发的 Office 2010 办公组件之一，主要用于文字处理工作。经过近 20 年的发展，Word 2010 于 2010 年 6 月 18 日上市。该版本的设计比早期版本更完善、更能提高工作效率，界面以选项卡和功能区全新形式显示，给人以赏心悦目的感觉（如图 3-1 所示）。

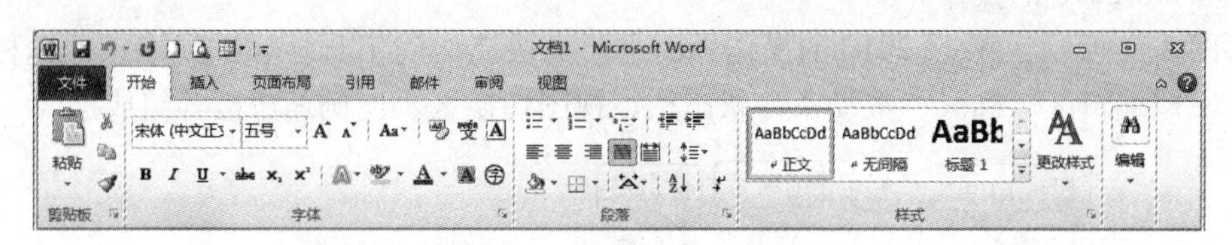

图 3-1　Word 2010 新界面

人性智能界面，选项卡和功能区中会动态显示与当前操作相关联的功能按钮。例如，当用户在 Word 文档中编辑图像时，会自动出现“图片工具”的“格式”选项卡，用户单击此选项卡后，功能区就会出现各种图片编辑选项，如图 3-2 所示；又如，当用户在 Word 文档中编辑表格时，在选项卡栏中会自动显示“表格工具”的“设计”和“布局”选项卡，用户单击“设计”选项卡后，功能区就会出现各种表格设计选项，如图 3-3 所示。

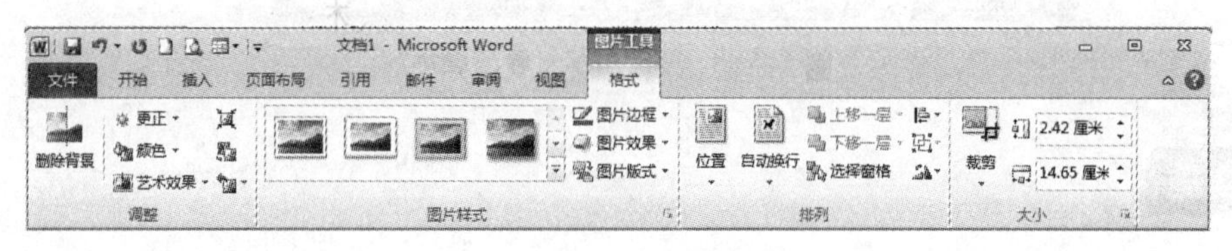

图 3-2　图片工具

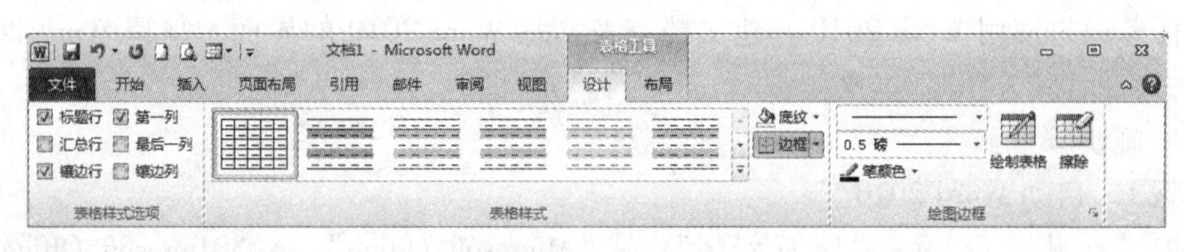

图 3-3　表格工具

知识链接

Office 2010 的文档格式与 Office 2007 以下版本格式的兼容

Microsoft Office 97—2003 版本格式默认的是.doc、.ppt 和.xls 等形式的文件扩展名。而 Microsoft Office 2007 及以上版本在文件格式上默认的是.docx、.pptx 和.xlsx 等形式的文件扩展名。使用 Office 2010 格式建立保存的文档，将无法在 Office 2003 版本下打开，为了解决这个问题，可用下列方法解决：

方法一：在 Word 2010 中，另存为文档类型为“Word 97—2003 文档”。

方法二：到微软官方网站上下 Microsoft Office 兼容包。

2. Word 2010 的操作界面

如图 3-4 所示，Word 2010 的操作界面主要由快捷访问工具栏、选项卡、标题栏、功能区、文档编辑区、标尺、滚动条、状态栏、视图切换区、比例缩放区等组成。

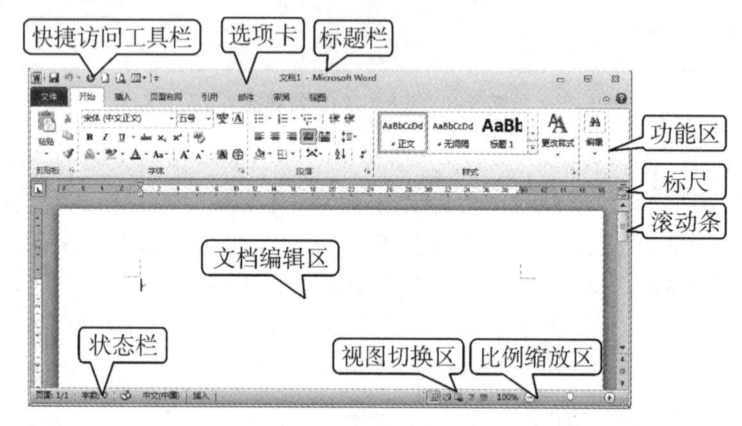

图 3-4　Word 2010 的操作界面

任务实施

1. 实施说明

本任务通过使用 Word 2010 新建文档，来熟悉 Word 2010 的界面，掌握 Word 2010 新建、编辑、保存文档等基本操作，完成“自荐书”的编辑。

2. 实施步骤

步骤 1　启动 Word 2010

单击“「开始」”→“所有程序”→“Microsoft Office”→“Microsoft Office Word 2010”命令，启动 Word 2010。启动后，将新建一个空白 Word 文档。

步骤2 输入“自荐书”文本

自荐书

尊敬的领导:

你好!

首先向你致以诚挚的问候，衷心感谢你在百忙之中阅读我的自荐书!

我叫张三，是＊＊中职＊＊文秘专业毕业生。欣闻贵单位正蓬勃发展，事业蒸蒸日上，故冒昧前来毛遂自荐，诚盼能成为贵单位的一员。作为一名文秘专业学生，我不仅学好了文秘专业全部课程，而且对计算机软硬件有一定的了解，能熟练操作各类办公软件和绘图软件。三年里，我始终以“天道酬勤”自励，积极进取，对专业求广度求深度。在学好每门功课的同时，我更注重专业理论与实践相结合，以优异成绩完成学业，获得了校技能鉴定文字录入中级、校技能鉴定图文混排高级、校技能鉴定应用文写作高级证书。同时，我还积极参与各类文体活动和各类社会实践活动，多次被学校评为社团活动积极分子。参加这些活动，让我变得日益成熟、稳重，拥有良好的分析处理问题的能力，也铸就了我坚毅的性格和强烈的责任心，我坚信:“天生我材必有用”。

尊敬的领导，我想应聘你公司的办公文员，相信你伯乐的慧眼，能给我一个机会，蓄势而发的我会还你们一个惊喜!

此致

敬礼!

自荐人：张三

20××年××月××日

步骤3 保存文档

单击“文件”菜单→“保存”命令，如果是第一次保存文档，会弹出“另存为”对话框，在“保存位置”下拉列表中选择文档的保存位置，然后在“保存类型”下拉列表框中选择文档的保存类型，最后在“文件名”文本框中输入文档的文件名称文档名为“自荐书”，完成以上操作后单击“保存”按钮即可对该文档进行保存。如果不是第一次保存文档，选择“保存”命令将直接保存文档。

提示

Office文档的保存方法

保存文档除了用任务中的方法外，还可通过以下的方法保存文档。

方法1：单击“快捷访问工具栏”中的“保存”按钮。

方法2：使用Ctrl + S快捷键。

方法3：单击“文件”菜单中的“另存为”命令。

步骤4 编辑文本

（1）选择第二段文本。将光标定位于第二段开头处，按住鼠标键拖动至第二段末尾，松开鼠标。

（2）移动第二段文本至第三段之后。在已经选中的段落处按住鼠标左键，拖动段落至第四段开头处，松开鼠标。

（3）将第一段文本复制到最后一段。选中第一段文本，单击鼠标右键选择“复制”，光标移至最后一段结尾处，单击“粘贴”按钮。

（4）删除最后一段。选中最后一段，按 Del 键删除。

归纳提高

1. 选择文本的方法（如表 3-1 所示）

表 3-1　选择文本的方法

选择文本范围	操作方法
任意数量的文本	鼠标从开始点拖动至结束点
选择一行	将鼠标指针移至要选定行的左侧，直到指针变为指向右边的箭头，然后“单击”
选择一段	将鼠标指针移至要选定行的左侧，直到指针变为指向右边的箭头，然后“双击”。或者在该段中的任意位置单击鼠标三次
选择全文	将鼠标指针移至要选定行的左侧，直到指针变为指向右边的箭头，然后“三击”。或 Ctrl + A
选择一个单词	双击该单词
选择一个句子	按住 Ctrl 键，然后单击该句子中的任意位置

2. 常用的快捷键（如表 3-2 所示）

表 3-2　常用的快捷键

操作	快捷键
全选	Ctrl + A
复制	Ctrl + C
粘贴	Ctrl + V
剪切	Ctrl + X
撤销	Ctrl + Z

3. 文本的常用操作（如表 3-3 所示）

表 3-3　文本的常用操作

操作类别	操作方法
移动文本	方法 1：选中要移动的文本，将鼠标放到选中文本上方，此时鼠标指针变成形状，按住鼠标左键不放拖动文本到指定的位置； 方法 2：选中文本，单击“开始”→“剪贴板”→“剪切”命令，然后将光标定位到目标位置，再单击“粘贴”按钮
复制文本	方法 1：选中要复制的文本，将鼠标放到选中文本上方，此时鼠标指针变成形状，按住 Ctrl 键的同时按住鼠标左键不放，拖动文本到指定的位置； 方法 2：选中要复制的文本，单击“复制”按钮，将复制的内容复制到“剪贴板”中，然后将光标定位到目标位置，再单击“粘贴”按钮
删除文本	方法 1：删除单一字符，按 Backspace 键删除光标前一字符，按 Del 键删除光标后一个字符； 方法 2：删除选取字符，选取所要删除的文本，按 Backspace 键或 Del 键
插入文本	将光标定位到插入文本的位置，直接输入文本即可；如果当前编辑状态是“插入”状态，那么插入文本时，光标后面的文字会随着插入的文本往后移；如果是“改写”状态，那么插入的文本会把光标后面的文字覆盖掉；通过键盘的 Ins 键可以在“插入”和“改写”状态之间切换
查找文本	将光标定位到要开始查找的位置，通常是文档的起始位置。单击“开始”→“编辑”→“查找”命令，弹出“查找和替换”对话框，默认打开“查找”选项卡，在“查找内容”下拉列表中输入要查找的内容，单击“查找下一处”按钮，即可从光标位置开始查找符合要求的文本内容，并将查找到的第一处文本以蓝底突出显示
替换文本	与查找文本方法类似，不同的是使用替换功能时，系统在查找到符合要求的文本内容后会用新的文本内容对其进行替换
撤销、恢复和重复操作	如果在文档中进行了错误的操作，可以使用快速访问工具栏中的“撤销”按钮取消错误的操作；如果要将撤销的操作恢复，可以使用快速访问工具栏中的“恢复”按钮恢复；如果要重复刚才的操作，则可以使用快速访问工具栏中的“重复”按钮重复刚才的操作

任务评估

任务一评估细则		自评	教师评
1	Word 文档的创建和保存		
2	文本的输入和编辑		
任务综合评估			

讨论与练习

交流讨论：

讨论1 关闭文档
你平常是怎样关闭应用程序窗口的？Word文档有几种关闭方法？

讨论2 怎样打开Word文档
前面我们新建了“自荐书”文档，现在怎样打开它，最多有多少种方法？

思考与练习：

一、填空题

1. 新建空白文档的方法是在单击“文件”按钮后弹出的下拉菜单中选择________菜单项，然后在打开的“新建文档”窗口中选择________选项。

2. 保存文档，单击“文件”按钮，然后从弹出的下拉菜单中选择命令，或者按下____+____组合键，也可以单击“快速访问工具栏”中的______按钮。

3. 当文本被选取后，被选中的文本以________方式显示。

二、选择题

1. 第一次在 Word 2010 中保存文档时，默认的文件名是（　　）。

A. Book. docx　　B. Doc1. doc　　C. Doc1. docx　　D. 以上都不对

2. 新建文档可以使用（　　）。

A.“插入”　　B.“文件”“新建”　　C. Ctrl+S　　D.“打开”命令

3. 按住（　　）键不放，同时单击要选定文本的开头和结尾，可以选定整块区域。

A. Shift　　B. Ctrl　　C. Alt　　D. Enter

4. 按住（　　）键不放，拖动鼠标，可以选择矩形区域。

A. Shift　　B. Ctrl　　C. Alt　　D. Enter

5. 文件名位于（　　）。

A. 标题栏　　B. 状态栏　　C. 选项卡　　D. 文本区

任务拓展

设置文档保护

Word 2010 是可以通过给指定的 Word 文档设置密码，不允许其他人阅读，或者允许其他人阅读但不能修改的。请你尝试给编辑好的文档设置一个密码，从而保护文档不被其他人修改。

任务二 美化文档“自荐书”

任务背景

当我们输入编辑完成“自荐书”的文档后，为了达到更好的自荐效果，我们需要对文档进行字体、段落、页面等的美化。

任务分析

要完成对文档“自荐书”的美化，我们不仅需要处理文本的字体、字号、字形等文字效果，还需要设置文本的对齐方式、段间距等，另外还要注意文本颜色的搭配，从而突出重点。所以我们需要学会以下内容：

（1）字符格式化设置方法。

（2）段落格式化设置方法。

（3）页面格式的设置方法。

任务学习准备

1. 字符格式化

每个字符都可以通过设置它的字体、字号、字形、颜色和效果来确定它的显示形式，如表 3-4 所示。用户可以通过“开始”选项卡的“字体”组进行相应设置，如图 3-5 所示。

表 3-4 字体、字号、字形、效果

名称	功能介绍
字体	分中文字体和西文字体，常用的中文字体是宋体、楷体、黑体、仿宋体、隶书等，常用的西文字体是 Times New Roman
字号	设置字符的大小，分中文字号和数字字号，中文字号中的“初号”表示较大，“八号”表示较小；数字字号中最大可达到 1 638 磅，最小为 1 磅
字形	常规、倾斜、加粗、加粗倾斜
颜色	字符颜色和字符背景颜色
效果	下划线、删除线、上标、下标、底纹、字符边框等

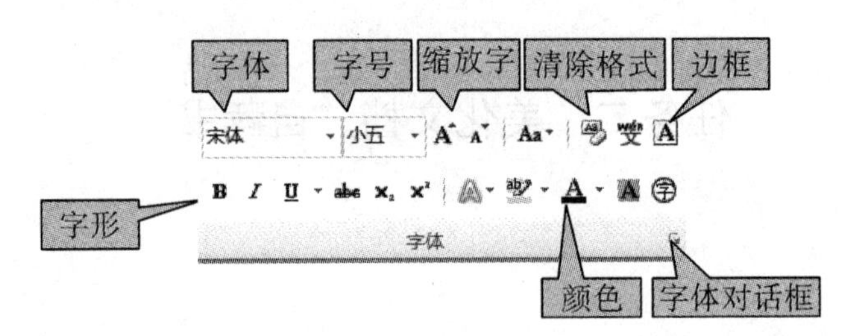

图 3-5 “字体”组

设置字符格式的另一种常用方法是通过“字体”对话框的“字体”选项卡。

2. 字符间距

单击“字体”对话框启动器按钮，会弹出“字体”对话框，单击“高级”选项卡，可以设置缩放百分比、间距和位置，如图 3-6 所示。

缩放是指按其当前尺寸的百分比横向扩展或压缩文字，缩放范围从 1%到 600%；间距有标准、加宽、紧缩三种类型，也可在磅值文本框中输入间距的磅值；位置是指相对标准基准线提升或降低所选文字，有标准、提升、降低三种类型，也可在磅值文本框中输入位置的磅值。如表 3-5 所示，显示的是各字符间距的实例。

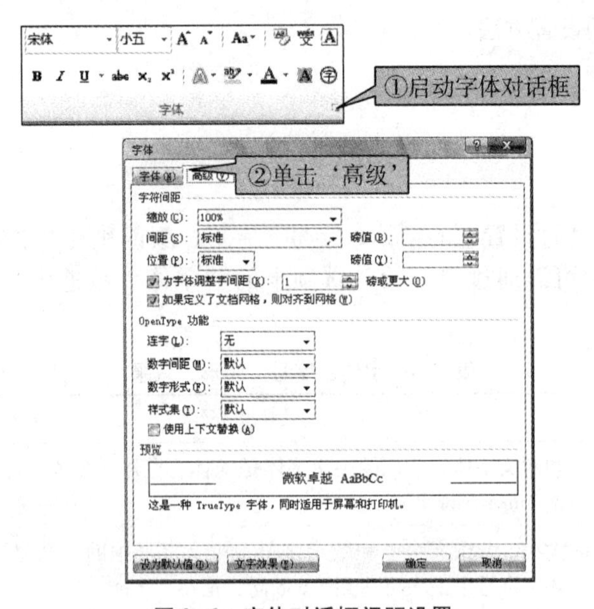

图 3-6 字体对话框间距设置

表 3-5　字符间距实例

名称	实例
缩放	字符缩放 50%　字符缩放 100%　字符缩放 200%
间距	加 宽 间 距 5 磅　标准间距紧缩间距 1 磅
位置	提升字符位置 10 磅 标准位置 降低字符位置 10 磅

3. 段落格式化

段落的格式包括段落的行间距、段间距和段落缩进。用户可通过“开始”选项卡的“段落”组进行相应设置，如图 3-7 所示。单击“段落”对话框启动器按钮可以打开“段落”对话框，在对话框中可以完成段落的格式设置。

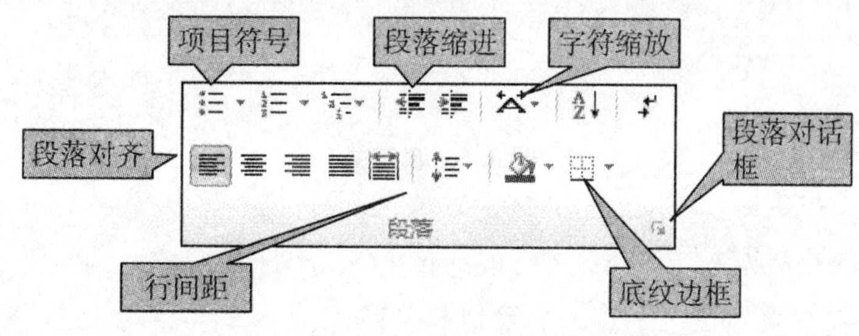

图 3-7　“段落”组

行间距是指从上一行文字的底部到下一行文字顶部的间距，可以设置单倍行距、1.5 倍行距、多倍行距等，也可以选择“固定值”设置具体的数值。

段落间距指的是段落上下的空白距离，可以在“段落”对话框中为每一段落设置段前距和段后距；段落缩进是指文档边缘距页边两侧的距离，可分别设置左侧缩进和右侧缩进，还可以设置特殊格式，为首行缩进或悬挂缩进。

任务实施

1. 实施说明

本任务主要学习字符格式化和段落格式化设置的基本操作，自荐书完成效果如图 3-8 所示。

2. 实施步骤

步骤 1　打开文档

启动 Word 2010，打开“自荐书.docx”。

步骤 2　查找和替换

单击“「开始」”→“编辑”→“替换”命令，弹出“查找和替换”对话框，将文本中所有的“你”替换为“您”，如图 3-9 所示。

尊敬的领导：

您好！

首先向您致以诚挚的问候，衷心感谢您在百忙之中阅读我的自荐书！

我叫张三，是··中职··文秘专业毕业生。欣闻贵单位正蓬勃发展，事业蒸蒸日上，故冒昧前来毛遂自荐，诚盼能成为贵单位的一员。作为一名文秘专业学生，我不仅学好了文秘专业全部课程，而且对计算机软硬件有一定了解。能熟练操作各类办公软件和绘图软件。三年里，我始终以“天道酬勤”自励，积极进取，立足扎实的基础，对专业求广度求深度。在学好每门功课的同时，更注重专业理论与实践相结合，以优异成绩完成学业，获得了校技能鉴定文字录入中级、校技能鉴定图文混排高级、校技能鉴定应用文写作高级证书。同时，我还积极参与各类文体活动和各类社会实践活动，多次被学校评为社团活动积极分子。参加这些活动，让我变得日益成熟、稳重，拥有良好的分析处理问题的能力，也铸就了我坚毅的性格和强烈责任心，我坚信：“天生我材必有用”。

尊敬的领导，我想应聘您公司的办公文员，相信您伯乐的慧眼，能给我一个机会，蓄势而发的我会还你们一个惊喜！

此致

敬礼！

自荐人：张三

20xx年xx月xx日

图 3-8 自荐书

知识链接

查找和替换

通过“搜索”下拉表框可以指定是从光标位置向上、向下或整个文档全部替换。

除了查找替换文本内容外，还可利用对话框中“格式”按钮查找替换指定的格式；利用“特殊格式”按钮可以查找替换段落标记、分页符等特殊格式。

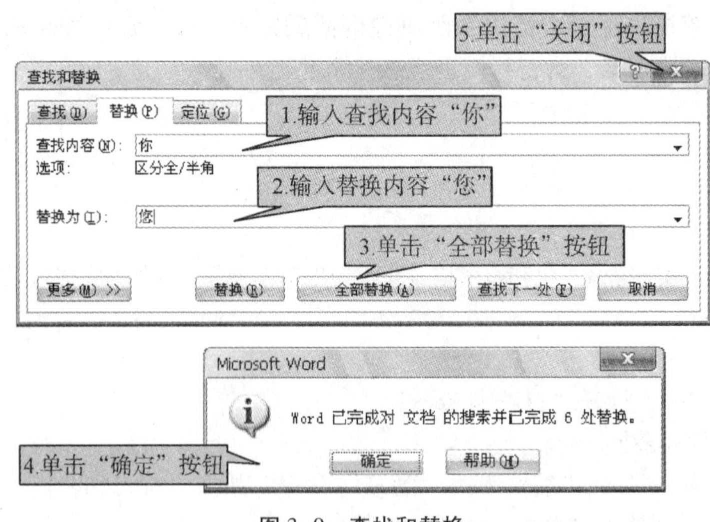

图 3-9 查找和替换

步骤 3　设置标题格式

如图 3-10 所示，将第一行文字“自荐书”的字体设置为“华文琥珀”，“字号”设置为“二号”，段落设置为“居中”，颜色设置为“红色”，底纹设置为“紫色”。

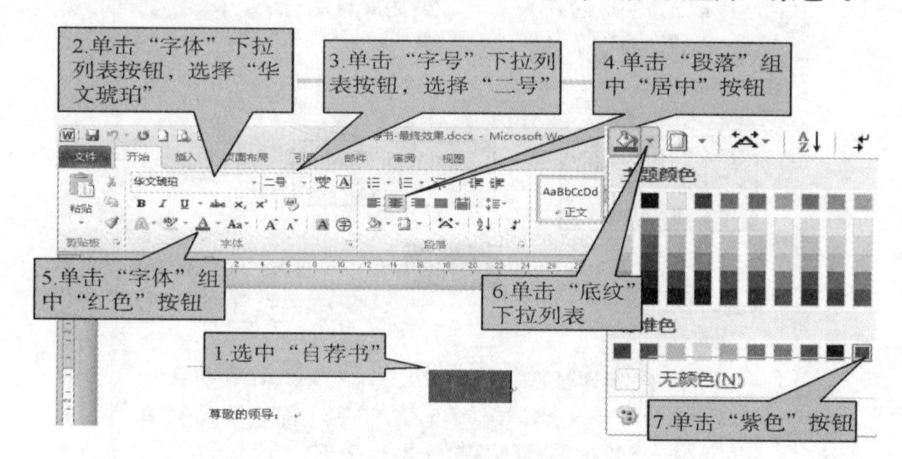

图 3-10　设置标题格式

步骤 4　设置正文格式

如图 3-11 所示，将第三段至倒数第三段文本段前空两格；如图 3-12 所示，将正文字体设置为“宋体”，字号设置为“小四”，行距设置为“1.5 倍行距”。

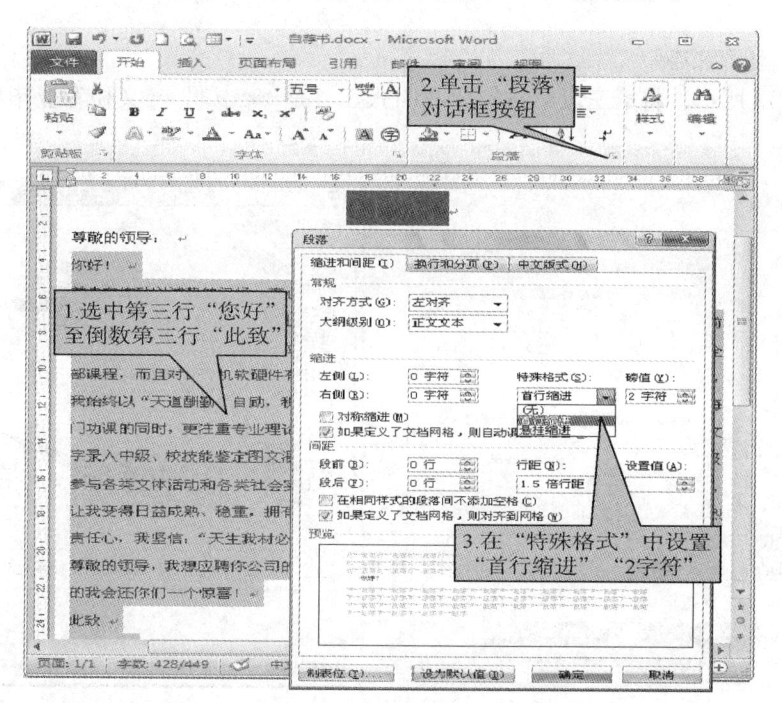

图 3-11　正文格式设置

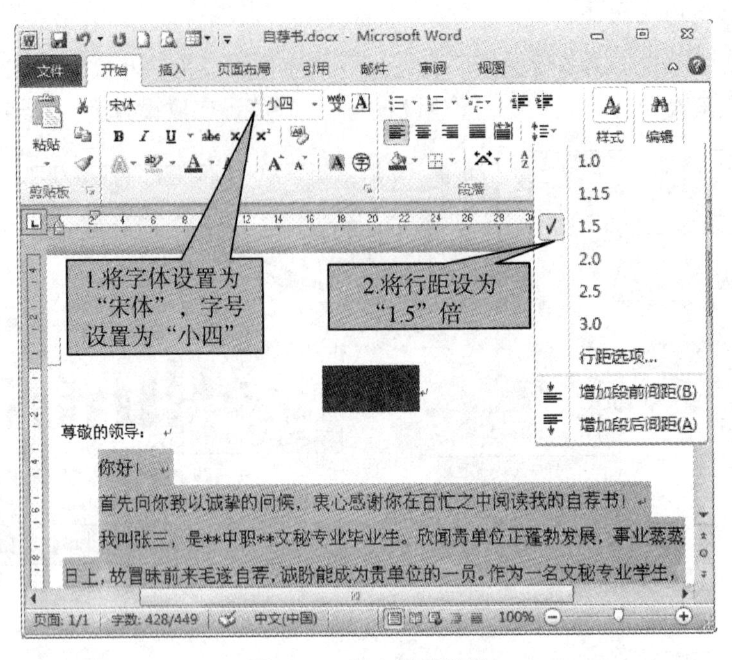

图 3-12 正文格式设置

选中最后一段文字“自荐人：张三”，单击“开始”→“段落”→“右对齐”，将该文字右对齐。

步骤 5 修饰文本

如图 3-13 所示，将第三段第一句“我叫张三，是 ** 中职 ** 文秘专业毕业生”加上“着重号”。

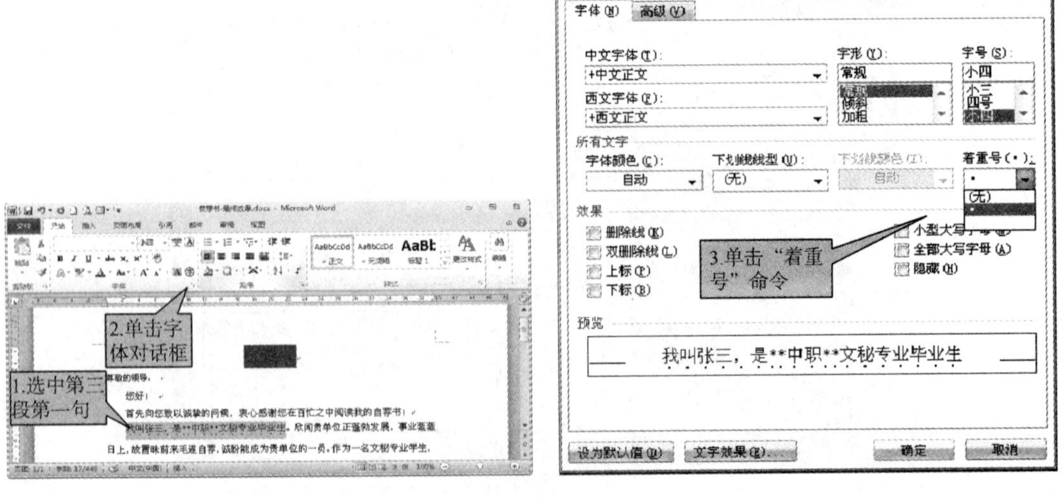

图 3-13 修饰文本 1

如图 3-14 所示，将第三段中“校技能鉴定文字录入中级”“校技能鉴定图文混排高级”“校技能鉴定应用文写作高级证书”文字加上边框。

如图 3-15 所示，选中“我想应聘你公司的办公文员”文本，单击“开始”→“字体”→“红色”，为文字颜色设置为红色。

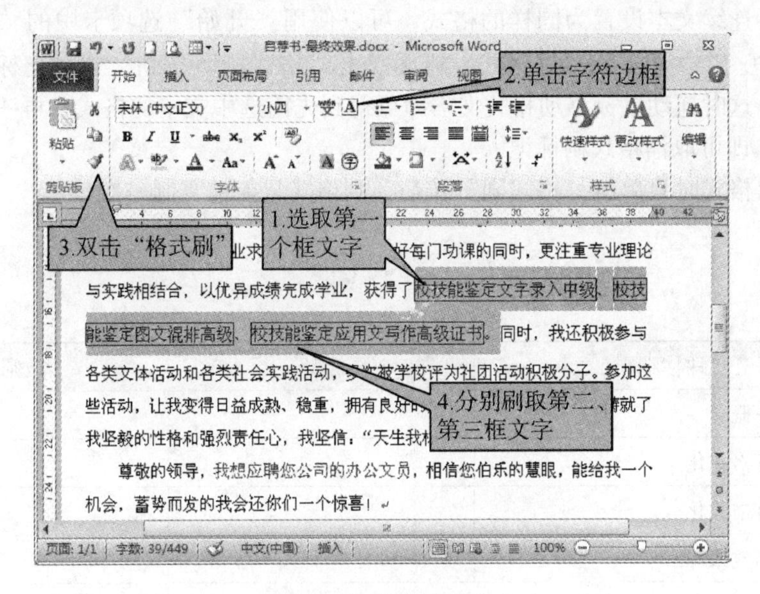

图 3-14　修饰文本 2

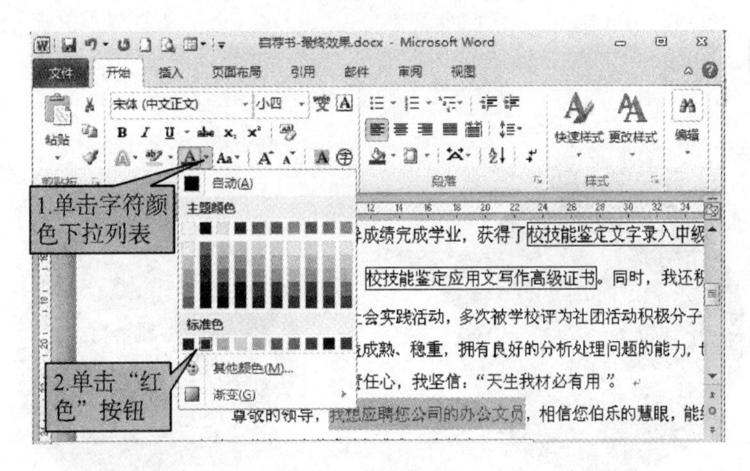

图 3-15　修饰文本 3

归纳提高

格式刷的用法：

将多个不连续文本设置为同样的格式，可以使用“开始”选项卡中的“格式刷”按钮；先选中一个文本，设置好格式，然后双击“格式刷”按钮，这时光标箭头上会有格式刷标记，这时拖动鼠标移动相关文本即可得到先前选中文本的格式。再一次单击“格式刷”按钮，即可取消格式刷标记。

如果选取格式时只单击“格式刷”按钮，则格式只能被复制一次。

任务评估

任务二评估细则		自评	教师评
1	相关概念		
2	字符格式化		
3	段落格式化		
4	文档效果		
任务综合评估			

讨论与练习

交流讨论：

思考与练习：

一、填空题

1. 磅数越大，显示字符越______；字号越大，显示字符越________。
2. Word 2010 中默认的中文字体是________，默认的字号是________。

3. 在 Word 中，切换“插入”和“改写”编辑状态，可以按________键。

4. 段落的缩进分为________和________两种。

二、选择题

1. 若要设置单倍行距，可以按（　　）组合键。

A. Ctrl + 1　　B. Ctrl + 2　　C. Ctrl + 4　　D. Ctrl + 5

2. 下面关于 Word 中“格式刷”工具的说法，不正确的是（　　）。

A.“格式刷”工具可以用来复制文字

B.“格式刷”工具可以用来快速设置文字格式

C.“格式刷”工具可以用来快速设置段落格式

D. 双击“格式刷”按钮，可以多次复制同一格式

3. 快速访问工具栏中 按钮的功能是（　　）。

A. 加粗　　B. 设置下划线

C. 重复上次的操作　　D. 撤销上次的操作

任务拓展

1. 制作书法字帖

步骤 1　启动 Word 2010

步骤 2　从模板中建立新文档

单击“文件”，从弹出的下拉菜单中选择“新建”命令，在“可用模板”中选择“书法字帖”选项，然后单击“创建”按钮，如图 3-16 所示。

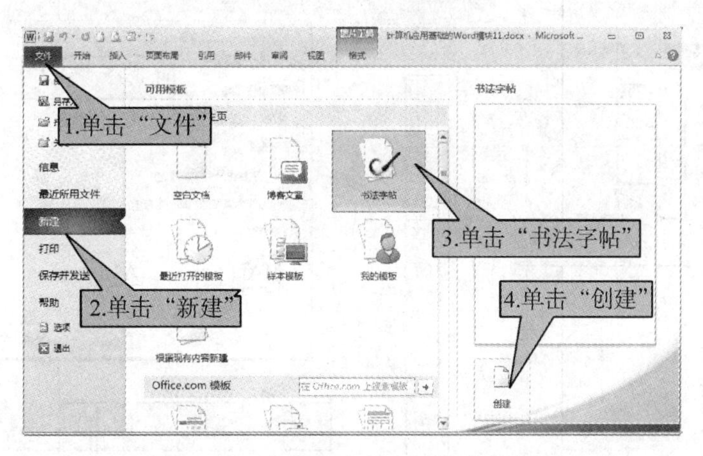

图 3-16　从模板中创建“书法字帖”

步骤 3　设置书法字帖

书法字帖创建后，Word 2010 会自动打开“增减字符”对话框，如图 3-17 所示。

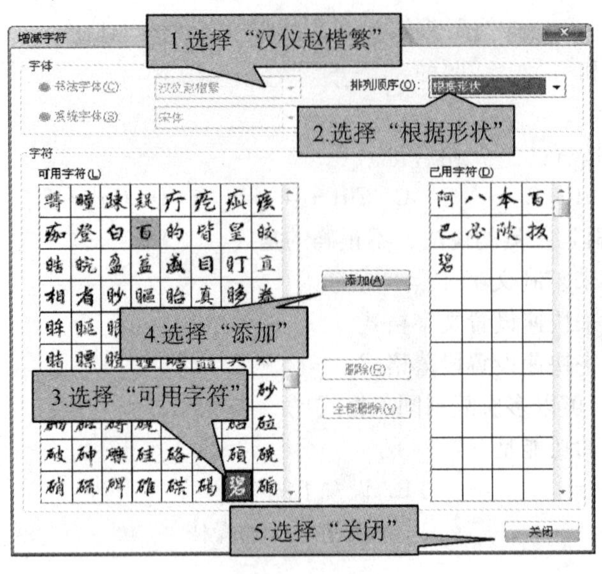

提示

选取字符的方法

(1)按住Shift键可以选择多个连续的字符。

(2)按住Ctrl键可以选择多个不连续的字符。

(3)用鼠标拖动可以选择拖动区域同的字符。

图 3-17 选择字符

步骤 4 调整书法字帖

在新建的字帖文档中可看到所选的字符，同时会出现“书法”选项卡，可以设置网格样式和文字排列样式。如图 3-18 所示，设置书法字帖。

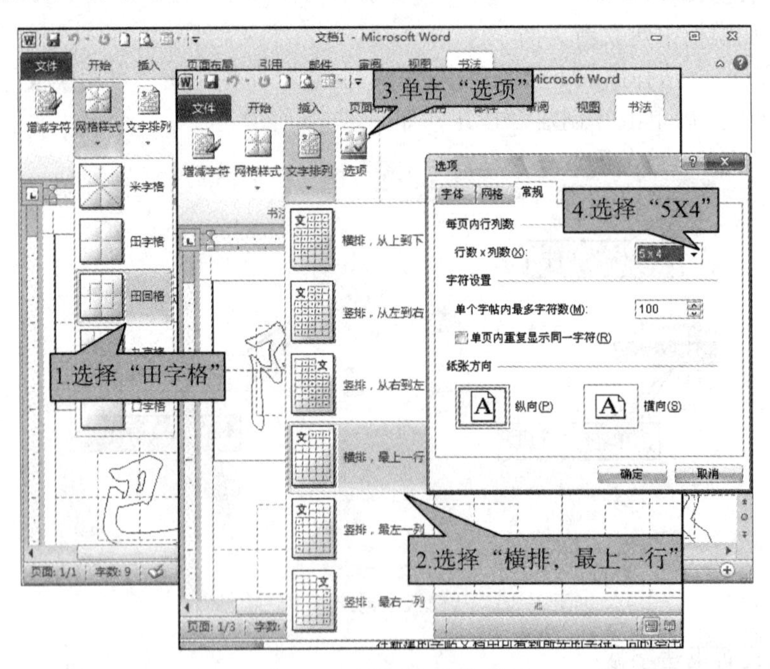

图 3-18 设置“书法”选项

步骤 5 保存字帖

2. 使用项目符号和编号

选中相应文本，单击“开始”→“段落”→“项目符号”或“编号”按钮，可给选中文本增加项目符号或编号。

更改项目的起始编号值，可将光标定位在需要更改编号所在行，单击鼠标右键，在弹出的快捷菜单中选择“设置编号值”命令，效果如图3-19所示。

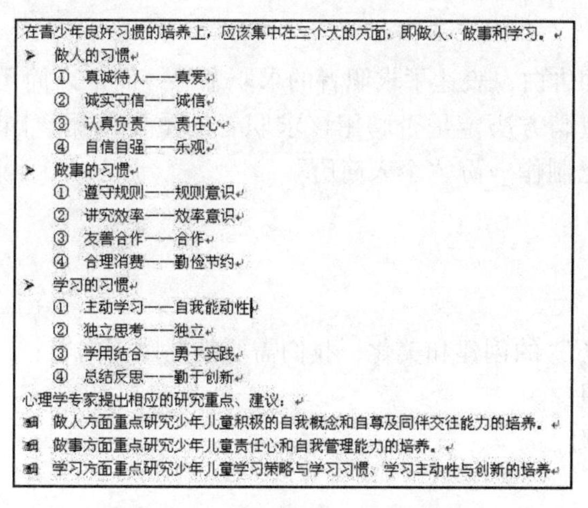

在青少年良好习惯的培养上，应该集中在三个大的方面，即做人、做事和学习。

- 做人的习惯
  1. 真诚待人——真爱
  2. 诚实守信——诚信
  3. 认真负责——责任心
  4. 自信自强——乐观
- 做事的习惯
  1. 遵守规则——规则意识
  2. 讲究效率——效率意识
  3. 友善合作——合作
  4. 合理消费——勤俭节约
- 学习的习惯
  1. 主动学习——自我能动性
  2. 独立思考——独立
  3. 学用结合——勇于实践
  4. 总结反思——勤于创新

心理学专家提出相应的研究重点、建议：

- 做人方面重点研究少年儿童积极的自我概念和自尊及同伴交往能力的培养。
- 做事方面重点研究少年儿童责任心和自我管理能力的培养。
- 学习方面重点研究少年儿童学习策略与学习习惯、学习主动性与创新的培养。

图3-19　项目符号和编号效果图

3. 首字下沉和分栏的运用

（1）首字下沉。单击“插入”→“文本”→“首字下沉”命令，可从列表中选择下沉效果。

（2）分栏。单击“页面布局”→“页面设置”→“分栏”命令，可从列表中为当前光标插入点所在节选择、设置分栏效果。分栏通常结合文档的分节。效果样式如图3-20所示。

学雷锋树新风

三月是一个春光明媚、生机勃勃的季节，三月更是一个讲文明、树新风，让雷锋精神吹遍校园每一个角落的季节。刚刚过去的三月，是我校的学雷锋活动月。我看了许多关于雷锋的书籍。其中，令我最难忘的是《雷锋日记》。这本书记下了雷锋在每一天的工作中的感悟。

“世界上最光荣的事——劳动，世界上最体面的人——劳动者”。这句话使我更难忘。这短短的一句话却写出雷锋对工作的热情，对劳动的热爱。他觉得自己为人民做事是最光荣的，是最骄傲的事。雷锋个人的人格魅力是他进步的动力。还有就是他对党、对人民的纯朴的感情。雷锋给人们的一个印象，就是他永远有着儿童般年轻的面颜和欢乐纯真的笑容，以及他无时无刻想为人民服务，想着去做好人好事…

雷锋提倡的“钉子”精神，他说得对，学习的时间是挤出来的。我对这句话有很大的体会。我经常觉得在自己的每一天里，都无法把一点点时间拿来看课外书。但当我看了这本书里的“钉子”精神后，便想，其实在我的每一天中都有许多时间来看课外书，只是在于我想不想看，愿不愿看，罢了。比如，我可以在座车时拿出书来看；回家后，可以用看电视的时间来看书；也可以在下课后看；还可以在星期六、日……这么一来，我不是有许多时间看书了吗？只要我每天积累一点，天长日久，不出一个月，我就可以有更丰富的知识了，有更多的收获。

图3-20　首字下沉和分栏设置效果样式

任务三　制作“个人简历”

任务背景

自荐书是求职者的告白，表达了求职者的求职意愿，而个人简历则是反映求职人员的基本情况和能力，是应聘方决定是否聘用该求职者的重要依据。因此在我们完成“自荐书”后，还必须为自己制作一份“个人简历”。

任务分析

要完成“个人简历”的创建和美化，我们需要掌握以下内容：

（1）创建表格方法。

（2）调整表格结构。

（3）美化表格。

任务学习准备

1. 认识表格

表格最基本的单位是单元格，若干个单元格构成了表格的行和列。每个单元格可以输入文字、数字，也可以插入图形、图像等对象，还可以在表格中根据列来对齐数据，并对它们计算和排序。合理使用表格可以使文档内容更加整洁、明了。表格的组成如图 3-21 所示。

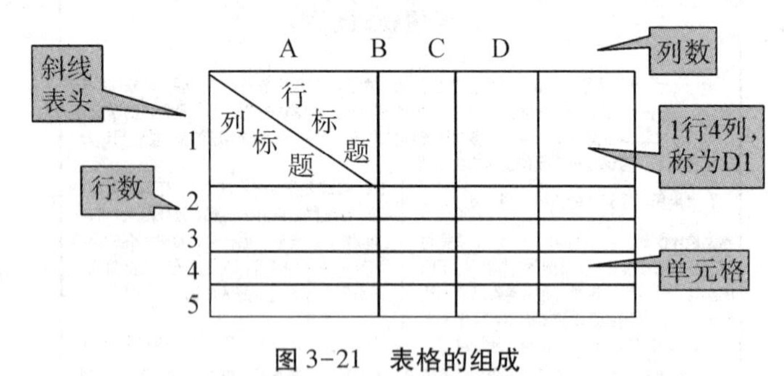

图 3-21　表格的组成

2. 表格的基本操作

（1）表格的“设计”和“布局”选项卡。将光标定位到表格中，功能区上自动出现“表格工具”的“设计”和“布局”选项卡，所有表格相关的操作都在“表格工具”功能区中，如图 3-22 所示。

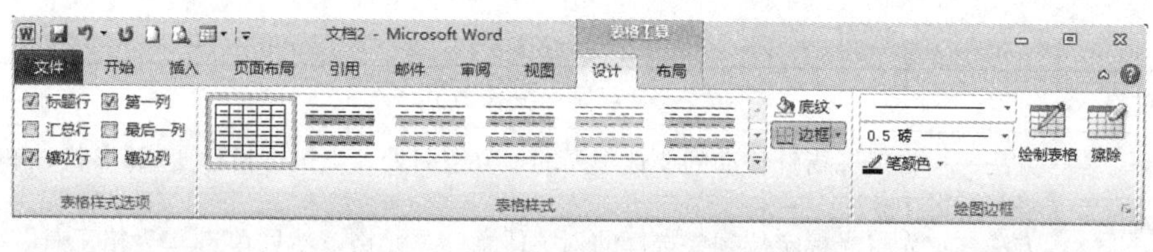

（A）

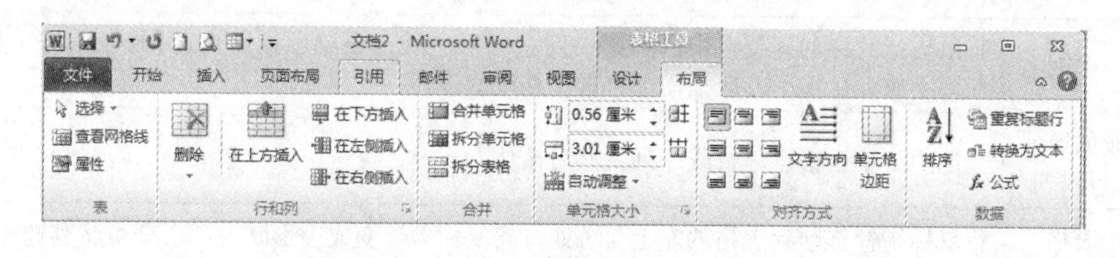

（B）

图 3-22　“表格工具”功能区

“设计”选项卡中包括“表格样式选项”组、“表样式”组和“绘图边框”组。它的功能侧重于对表格的设计与美化，通过该选项卡既可以使用内置的系统预设样式，还可以设置表格的边框和底纹来美化表格，用户只要选择其中一种就可以快速获得一个漂亮的表格。

“布局”选项卡中包括“表”组、“行和列”组、“合并”组、“单元格大小”组、“对齐方式”组和“数据”组。功能侧重于表格的编辑制作，通过该选项卡可以插入、删除单元格、行或列，拆分和合并单元格，设置单元格大小、对齐方式，甚至能对表格中单元格的数据进行计算和排序。

（2）表格的选取。编辑表格前，首先要将表格中要操作的部分选中，具体选取方法如表 3-6 所示。

表 3-6　表格选取的方法

选取对象	操作方式
单个单元格	方法一：将鼠标指针移动到要选择的单元格左侧，当鼠标指针变成形状时单击即可将其选中； 方法二：先将光标定位到要选择的单元格中，然后单击“表格工具”→“布局”→“表”→“选择”→“选择单元格”命令
连续多个单元格	将鼠标指针移动到要选择的单元格左侧，当鼠标指针变成形状时按下鼠标左键不放，在水平方向和垂直方向上拖动
一行	方法一：将鼠标指针移动到要选中行的左侧空白处，当鼠标指针变成形状时单击即可将其选中； 方法二：先将光标定位到要选择的行中任意一单元格，然后单击“表格工具”→“布局”→“表”→“选择”→“选择行”命令
连续多行	将鼠标指针移动到要选中行的第一行左侧空白处，当鼠标指针变成形状时按下鼠标左键不放，在垂直方向拖动即可选中连续的多行

表3-6(续)

选取对象	操作方式
一列	方法一：将鼠标指针移动到要选中列的上方空白处，当鼠标指针变成↓形状时单击即可将其选区中； 方法二：先将光标定位到要选择的列中任意一单元格，然后单击“表格工具”→“布局”→“表”→“选择”→“选择列”命令
连续多列	将鼠标指针移动到要选中行的第一列左侧空白处，当鼠标指针变成↓形状时按下鼠标左键不放，在水平方向拖动即可选中连续的多列
不连续的单元格、行或列	先选中一单元格、一行或一列，然后按住 Ctrl 键，再选中其他单元格、行或列
整个表格	将鼠标指针移动到表格的左上角⊞处，当鼠标指针变成✥形状时单击即可将其选中

任务实施

1. 实施说明

本任务通过制作个人简历掌握 Word 2010 表格的基本操作，如插入或删除表格；插入或删除单元格、行、列；拆分或合并单元格操作。个人简历完成效果如图 3-23 所示。

个人简历

姓名		性　别		年 龄		照片
民族		政治面貌		籍 贯		
联系方式	地址		邮政编码			
	手机		E-mail			
学历		专业				
毕业学校						
个人履历	从何年何月	至何年何月	学习或工作经历			
家庭主要成员	与本人关系	姓名	政治面貌	工作或学习单位	职务	
所获奖励						
求职意向						

图 3-23　个人简历

2. 实施步骤

步骤 1　新建空白文档

启动 Word 2010，新建一个空白文档。

步骤 2　输入标题

在文档第一行中输入标题“个人简历”。

步骤 3　插入空白表格

光标定位在文档第二行中，插入一个 7 列 16 行的表格，具体如图 3-24 所示。

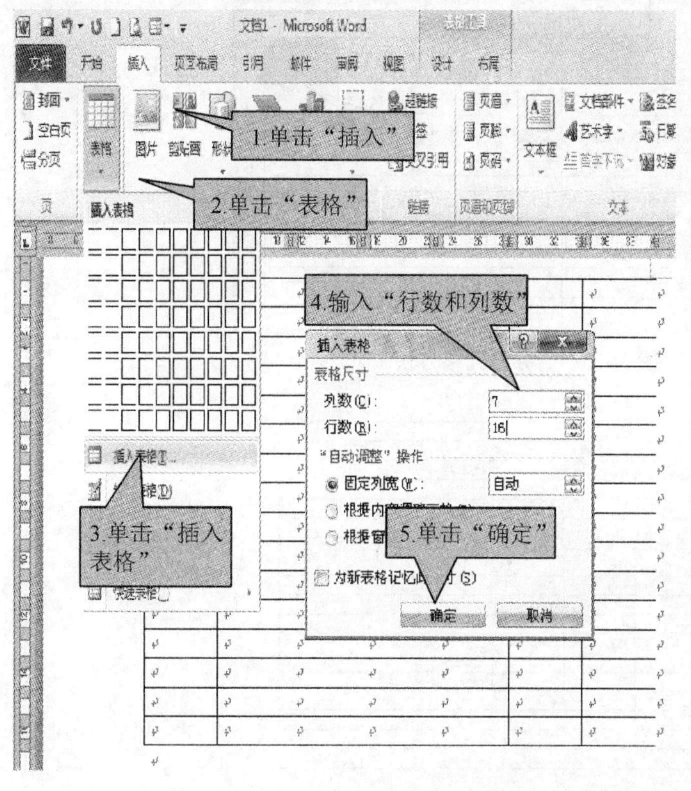

提示

插入表格

(1)除了图3-24所示的方法外，还可以在“插入表格”下拉列表方格中移动鼠标，需要几行几列，就拖出几个方格，然后单击，就会在文档中插入一个相应大小的空白表格。

(2)插入的表格随着列数的改变，列宽也会均匀发生变化，但总列宽即表格的宽度不会发生变化。

(3)插入表格时，要插入目标表格的最大行数和最大列数，目的是方便以后的编辑。

图 3-24　插入空白表格

步骤 4　编辑表格

插入一个空白表格后，接下来就要对表格进行编辑。

（1）输入表格的基本信息。将光标定位到表格指定位置，输入表格的基本信息，包括姓名、性别、年龄、联系方式等，如将光标定位到第 1 行第 1 列，输入文字“姓名”。录入文字的效果如图 3-25 所示。

（2）合并部分单元格。选中“照片”所在第 7 列第 1~4 行单元格，合并选中的单元格，具体操作，如图 3-25 所示。用同样的方法，合并“联系方式”“地址”“学历”“毕业学校”“个人履历”等，行后或列下的单元格，效果如图 3-26 所示。

（3）调整表格的行高和列宽。调整行高，将光标放在需要调整行高的行线上，当光标变成上下前头形状时，按下鼠标不放并拖动鼠标调整表格的行高；调整列宽，将光标放在需要调整列宽的列线上，当光标变成左右前头形状时，按下鼠标不放并拖动鼠标调整表格的列宽。效果如图 3-23 所示。

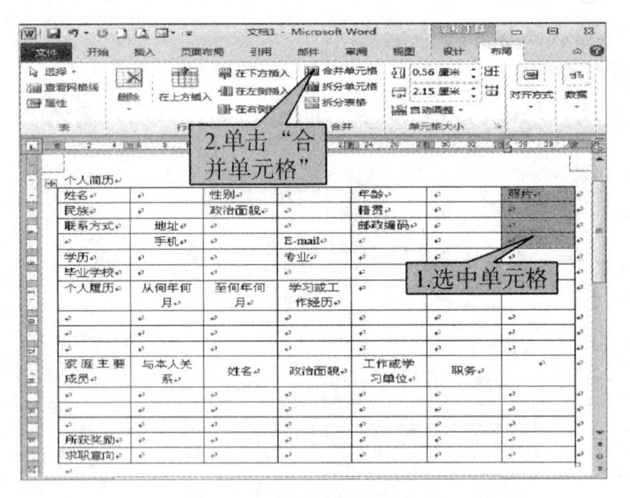

图 3-25　合并单元格方法

个人简历

姓名		性别		年龄		照片
民族		政治面貌		籍贯		
联系方式	地址			邮政编码		
	手机		E-mail			
学历			专业			
毕业学校						
个人履历	从何年何月	至何年何月	学习或工作经历			
家庭主要成员	与本人关系	姓名	政治面貌	工作或学习单位	职务	
所获奖励						
求职意向						

图 3-26　合并单元格效果

（4）调整文字对齐方式。单击表格左上角⊞，选中整个表格，单击“表格工具”→“布局”→“对齐方式”→“水平居中”命令，将所有文字居中。

将光标定位到“照片”单元格内，单击“表格工具”→“布局”→“对齐方式”→“文字方向”命令，将单元格内“照片”文字设为竖排。用同样的方法将“个人履历”“家庭主要成员”“所获奖励”“求职意向”单元格也设置为竖排。效果如图 3-23 所示。

步骤 5　美化表格

通过以上步骤，基本完成表格制作，接下来对表格进行美化。

（1）美化标题。选中标题文本，单击“开始”→“样式”→“标题 1”样式，将标题设置为标题 1；然后单击“居中”按钮，将标题居中；再单击“段落”→“底纹”→

“浅绿”按钮，将标题底纹设为浅绿。

（2）设置表格的文本格式。选中表格所有内容，在“字体”组中将表格内的文字设为“小四”。

（3）使用“表样式”美化表格。Word 2010 提供了很多的表格样式，使用这些表格样式可以快速地美化表格。

将光标定位于表格内，将表格样式设置为“中等深浅网格 1-强调文字颜色 2”，具体操作如图 3-27 所示。

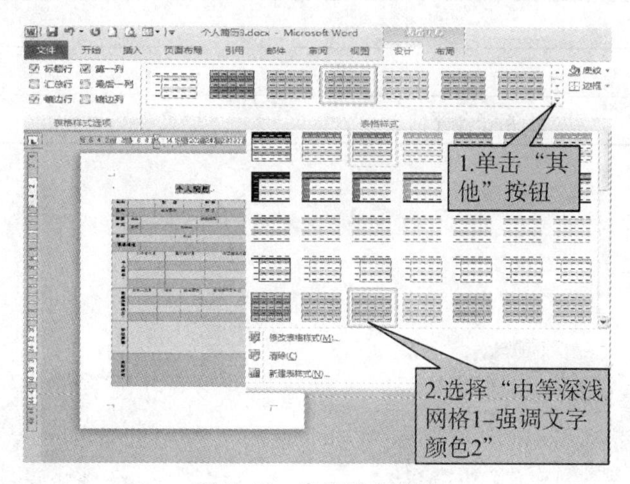

图 3-27　表格样式设置

步骤 6　保存文档

归纳提高

制作美化表格，如图 3-28 所示。

XXX 班课程表

星期 / 节次		一	二	三	四	五
上午	1	语文	英语	计算机	语文	电工
	2	语文	英语	计算机	语文	电工
	3	数学	Office	数学	英语	职业道德
	4	数学	Office	数学	英语	职业道德
中午		休息				
下午	5	组织生活	电工	普通话	Office	计算机
	6	班会	电工	普通话	Office	计算机

图 3-28　美化表格

任务评估

任务三评估细则		自评	教师评
1	相关概念		
2	创建表格		
3	编辑表格		
4	美化表格		
任务综合评估			

讨论与练习

交流讨论：

思考与练习：

一、填空题

1. 若要在表格中插入一行，则插入点应放在________，若要在表格最下方插入一行，则插入点应放在________。

2. 在 Word 中的编辑状态下，选择整个表格，然后按 Del 键，则________。

二、选择题

1. 在 Word 中的编辑状态下，要使表格的行高都平均分布，应单击（　　）按钮。

A. 分布列　　B. 分布行　　C. 自动调整　　D. 单元格边距

2. 在 Word 中的编辑状态下，要删除表格中文本，应按（　　）键。

A. Backspace　　B. Ins　　C. Del　　D. Esc

任务拓展

将文字转换成表格

1. 新建一个文档，将文本转换成表格：

姓名，性别，语文，数学，英语

张三，男，90，95，89

李晓青，女，65，50，70

王二小，男，99，95，91

吴多，男，85，69，75

2. 转换后的效果如下：

姓名	性别	语文	数学	英语
张三	男	90	95	89
李晓青	女	65	50	70
王二小	男	99	95	91
吴多	男	85	69	75

> 提示
>
> 文字转换表格的方法
>
> 文字转换表格功能见“插入”选项卡“表格”组的下拉列表中。
>
> 用特定分割符(半角状态下的逗号、空格等)分割的一行转换为表格中一行中的若干单元格。

任务四　“个人简历”封面制作

任务背景

前面我们刚刚制作完成“自荐书”和“个人简历”，现在再加上一个封面，为我们的个人简历进行包装，使个人简历更具吸引力。

任务分析

要制作一张精美的个人简历封面，除需要掌握本任务所学内容外，还要注意色彩搭配以及文字大小和位置摆放，避免出现喧宾夺主的情况，本任务我们需要学会以下内容：

（1）在文档中绘制和插入图形对象并进行编辑与修饰。

（2）在文档中插入图片并能够合理地对图片进行处理。

（3）艺术字的插入及设置。

（4）合理使用文本框实现图文混排。

任务学习准备

1. 文本框的插入与设置

文本框是一种可以在其中输入文本、插入图表的可随意移动、调整大小的文档对象，有横排、竖排两类文本框。使用文本框可以方便版面布局，综合使用文本框、图形、形状能制作一些复杂的版面。

单击“插入”→“文本”→“文本框”按钮，会弹出一个下拉列表，可以使用“内置”样式快速生成文本框，也可以通过列表下方的“绘制文本框”或“绘制竖排文本框”命令绘制。

在文档内插入文本框后，功能区自动切换到“文本框工具”的“格式”选项卡，该选项卡除了“文本”组用于设置文本框的文字方向、文本链接外，其他组的作用与“绘图工具”的“格式”选项卡功能基本一致，如图 3-29 所示。

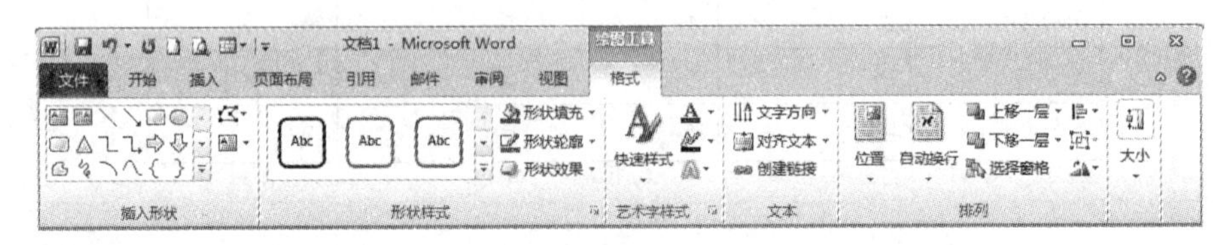

图 3-29 “文本框工具”的“格式”选项卡

2. 图片的插入与设置

在 Word 文档中可以插入各式各样的图片文件，Word 2010 支持插入 23 种不同格式的图片文件，并且提供了编辑处理功能。单击“插入”→“插图”→“图片”按钮，会弹出“插入图片”对话框，通过该对话框查找需要插入的图片。插入图片后，功能区自动切换为“图片工具”的“格式”选项卡，如图 3-30 所示。其中“调整”组可以对图片进行删除、更正、颜色等设置；“图片样式”组提供了很多预设的图片样式，选择某种样式后会把图片迅速设置成该项样式，如果没有找到满意的样式，可通过该组右边的“图片形状”“图片边框”“图片效果”三个选项可以对图片进行个性化调整；“排列”组和“大小”组与“形状”“文本框”选项卡的功能基本一致。

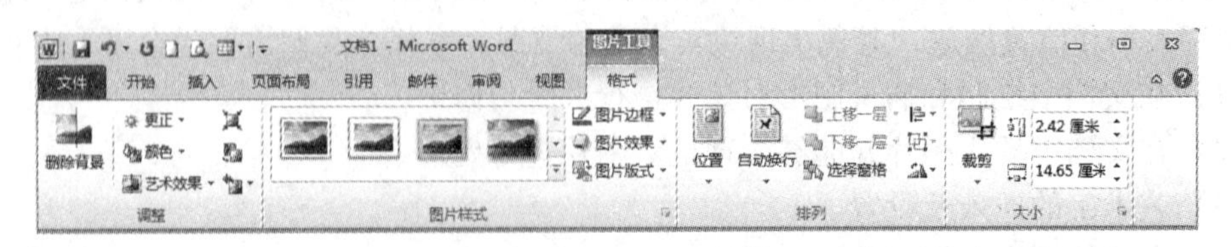

图 3-30 “图片工具”的“格式”选项卡

3. 剪切画的插入与设置

剪切画是一组 Word 内置的矢量插图，插图的内容包括人物、动植物、建筑、科技等各个领域，精美实用，为文档的美化提供了另一个图片来源。单击“插入”→“插图”→“剪切画”按钮，在文档右边自动出现“剪切画”任务窗格，如图 3-31 所示。

在“搜索文字”文本框中可以输入需要查找剪切画的关键词；在“结果类型”中默认勾选了“插图”“照片”“视频”“音频”等所有选项；设置好选项后，单击“搜索”按钮，搜索结果会显示在该任务窗格中，查找到所要的剪切画，单击它就可以将图片插入文档光标所在位置。

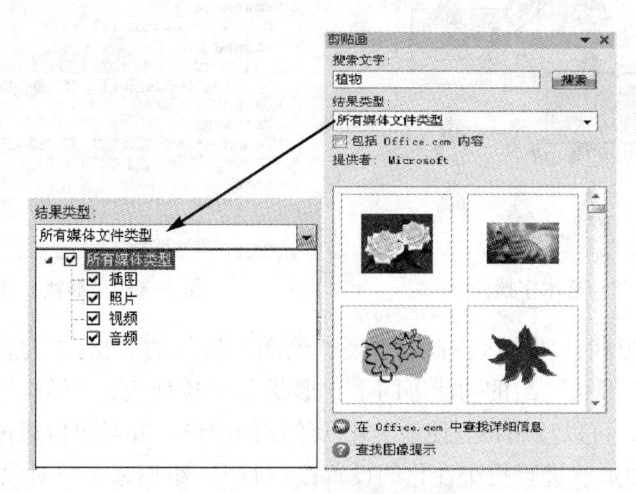

图 3-31　“剪切画”任务窗格

4. 艺术字的插入和设置

艺术字是 Word 中设置好的一组带有各种不同文字修饰效果的文字对象。通过艺术字，用户可以很方便地制作出有特殊效果的文字。单击“插入”→“文本”→“艺术字”按钮，弹出艺术字列表（如图 3-32 所示）。从列表中选中某一种艺术字，就在文档中生成一个艺术字编辑框，编辑文字并调整文字大小、形状及位置。

5. 形状的插入与设置

形状是一组已经制作好的图形。单击“插入”→“插图”→“形状”按钮，会弹出一个下拉列表，显示出 Word 中所有内置的形状（如图 3-33 所示）。形状包括线条、基本形状、箭头、流程图、标注、星与旗帜。使用这些基本的图形可以重新组合生成复杂的图形。如要使用某形状，只要在下拉列表中单击对应的形状，然后在文档相应的位置拖动鼠标即可。

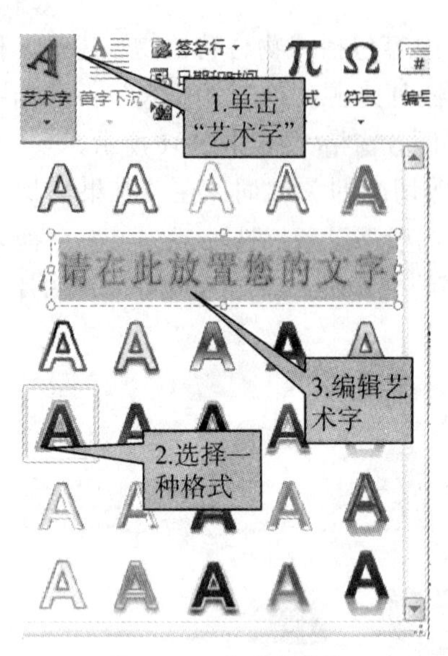

图 3-32　艺术字操作

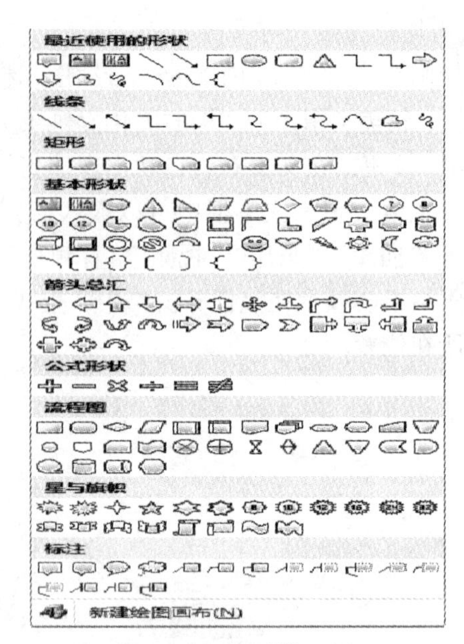

图 3-33　"形状"列表

选中绘制出的形状，功能区会自动出现"绘图工具"的"格式"选项卡（如图 3-34 所示）。其中"插入形状"组的功能等同于"形状"下拉列表；"形状样式"组中有很多预先设置好的样式，可以让用户方便地美化所绘制的图形，并且可以通过"形状填充"和"形状轮廓"按钮对形状进行更个性化的设置；"排列"组用来调整对象之间的位置关系，形状与文字之间的环绕关系也在此处设置；"大小"组可以很精确地调整形状的大小。

图 3-34　"绘图工具"的"格式"选项卡

任务实施

1. 实施说明

本任务为个人简历制作封面，通过本任务学习，掌握 Word 2010 中图文混排的相关操作，如文本框、图片、艺术字、形状的插入与设置。完成效果如图 3-35 所示。

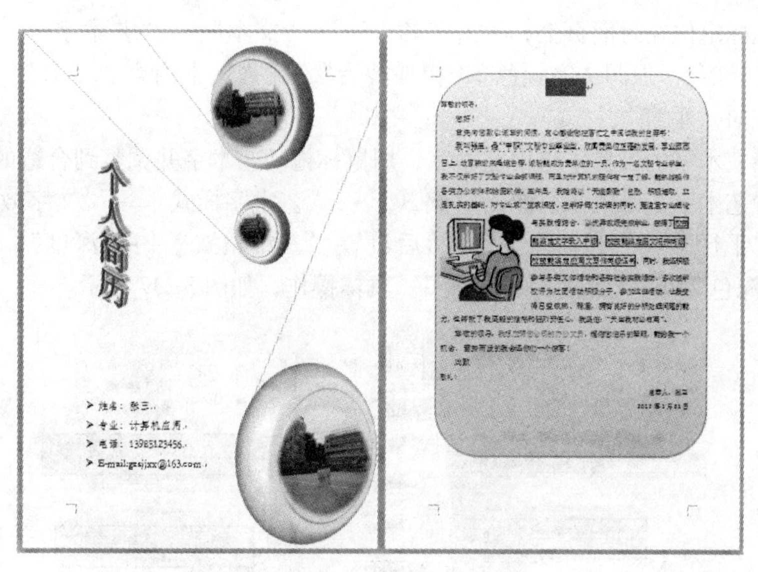

图 3-35　图文混排效果

2. 实施步骤

步骤 1　打开文档

启动 Word 2010，打开“自荐书效果 1.docx”。

步骤 2　制作封面

（1）光标定位到文档内容区。

（2）单击“插入”→“页”→“封面”按钮，弹出封面列表，选择“现代型”封面样式，如图 3-36 所示。

（3）选中封面下方的所有文本，按 Backspace 键，删除所有文本。

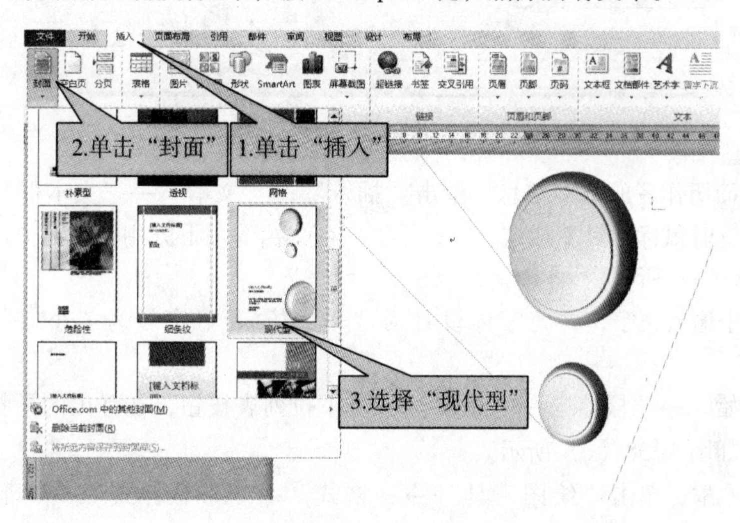

图 3-36　插入封面

（4）将光标定位在封面页上，单击“插入”→“文本”→“艺术字”→单击第 3 列第 6 个“填充-红色，强调文字颜色 2，粗糙棱台”，输入文本内容“个人简历”，字号为“72”，文字方向“垂直”。

（5）调整艺术字的位置。选中艺术字，用鼠标拖动艺术字并调整到合适的位置。

（6）设置艺术字三维效果。单击“格式”→“艺术字样式”→“文字效果”→“三维旋转”→“平行”→“等轴左下”；然后设置“三维格式”→“深度”，颜色为“茶色，背景 2，深色 25%”，深度为“10 磅”。具体操作，如图 3-37 所示。

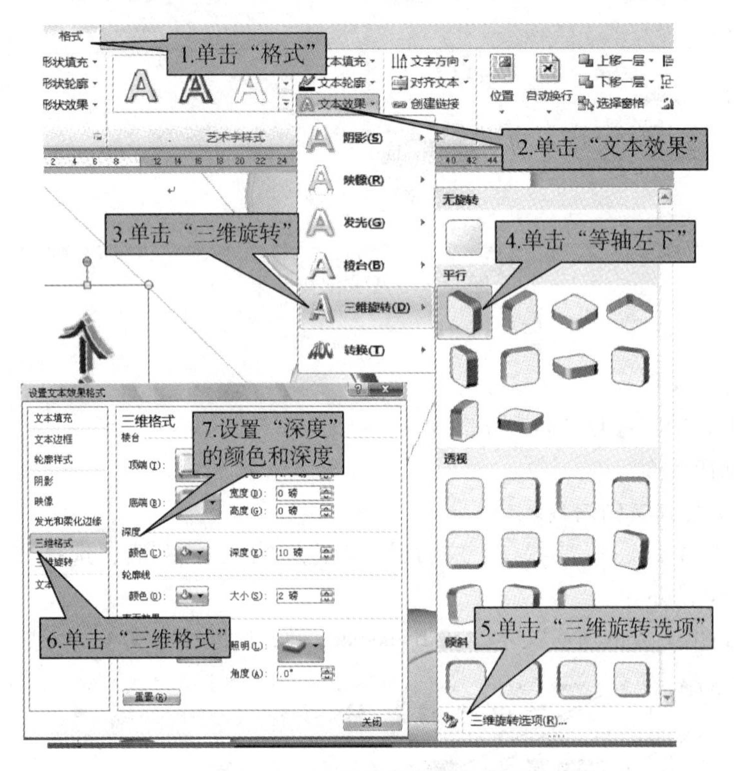

图 3-37　设置艺术字三维效果

（7）制作简历作者的基本信息。单击“插入”→“文本”→“文本框”→“绘制文本框”命令，这时鼠标指针变成“+”的形状，在文档的左下方用拖动的方法绘制一个矩形，如图 3-38（a）所示。

在文本框中输入文字，并将字体设置为“华文仿宋”、字号为“小二”，如图 3-38（b）所示。

单击“开始”→“段落”→“项目符号”下拉列表按钮，在弹出的下拉列表中选择项目符号➢，如图 3-38（c）所示。

选中该文本框，单击“绘图工具”→“格式”→“形状样式”→“形状轮廓”→“无轮廓”命令，效果如图 3-38（d）所示。

(a)

姓名：张三
专业：计算机应用
电话：13912345678
E-mail：gzsjjxx@ 163.com

(b)

➢ 姓名：张三
➢ 专业：计算机应用
➢ 电话：13912345678
➢ E-mail：gzsjjxx@ 163.com

(c)

➢ 姓名：张三
➢ 专业：计算机应用
➢ 电话：13912345678
➢ E-mail：gzsjjxx@ 163.com

(d)

图 3-38　插入文本框

（8）在封面中插入图片，为封面增加个性化元素。单击“插入”→“插图”→“图片”按钮，在本书素材中选择“3-1.jpg”文件，单击“确认”按钮将该图插入文档中。

修改图片的环绕方式。选中图片，单击“图片工具”→“格式”→“排列”→“自动换行”→“浮于文字上方”按钮，效果如图 3-39（a）所示。

添加图片样式。选中图片，单击“图片样式”组中的“其他”按钮，在弹出列表中选择“柔化边缘椭圆”样式，效果如图 3-39（b）所示。

将图片拖动到页面第一颗纽扣图上，然后通过拖动图片边框的 8 个尺寸控点调整图片的大小，效果如图 3-39（c）所示。

分别将素材中的“3-2.jpg，3-3.jpg”文件，通过上面的方法插入图片到第 2 颗、第 3 颗纽扣上。至此也就完成了个人简历封面的制作。

(a)

(b)

(c)

图 3-39　插入图片效果

步骤 3　内容图文混排

（1）将光标定位到自荐书的内容区，插入剪切画。单击“插入”→“插图”→“剪切画”按钮，具体操作如图 3-40 所示。

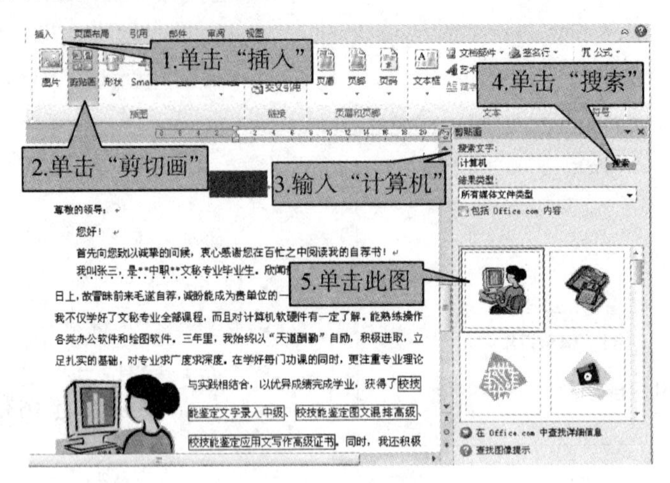

图 3-40　插入剪切画

（2）设置剪切画的环绕方式。选中图片，“图片工具”→“格式”→“排列”→“自动换行”→“四周环绕”命令，并调整好位置。

（3）插入形状，为“自荐书”添加背景和边框。

①自荐书原效果，如图 3-41（a）所示。

②单击“插入”→“插图”→“形状”按钮，在弹出的下拉列表中选择“基本形状”中的“圆角矩形”，这时鼠标指针变成“+”字形，在文档中从左上角往右下角拖动出一个覆盖正文的圆角矩形，并调整好位置，如图 3-41（b）所示。

③给形状设置样式，单击“形状样式”组上的“其他”按钮，在弹出的样式列表中选择“细微效果-紫色，强调颜色 4”样式，效果如图 3-41（c）所示。

④单击“排列”组中“自动换行”下拉列表按钮，在弹出的下拉列表中选择“衬于文字下方”，微调形状与文字的位置，效果如图 3-41（d）所示。

步骤 4　保存文档

至此，封面及图文混排制作完成。

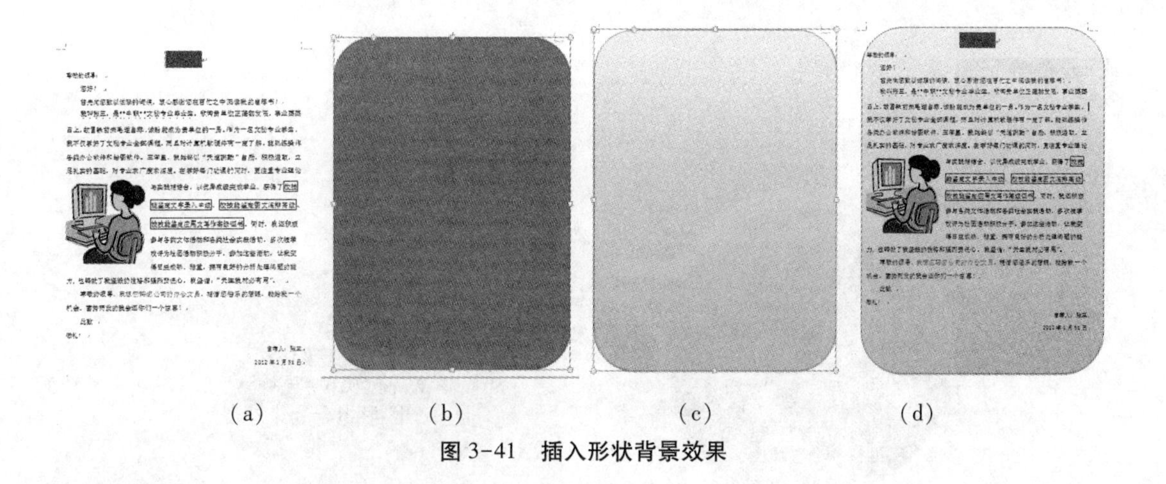

(a)　　(b)　　(c)　　(d)

图 3-41　插入形状背景效果

归纳提高

发挥自己的想象，制作图文（纸张大小为 A5），如图 3-42 所示。

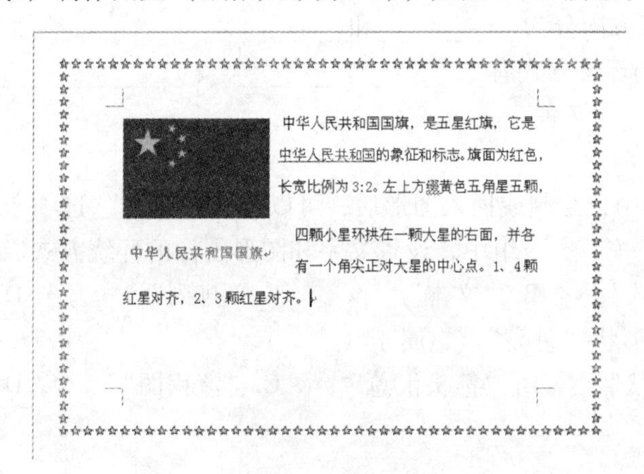

图 3-42　图文混排

任务评估

任务四评估细则		自评	教师评
1	绘制和插入图形对象并进行编辑与修饰		
2	插入图片并能够合理地对图片进行处理		
3	艺术字的插入及设置		
4	合理使用文本框实现图文混排		
任务综合评估			

讨论与练习

交流讨论：

思考与练习：

一、填空题

1. 文本框按文字方向分为__________和__________。

2. 图片和文字的环绕方式有________、________、________、________、_______、__________、__________7 种。

二、选择题

1. 在 Word 文档中，绘制或插入图形后，可以通过“格式”选项卡中的相应命令设置图形的各种效果，在（　　）组中，设置文字和图形图像的环绕方式。

A.“形状样式”　　B.“文本”　　C.“排列”　　D.“大小”

2. Word 中插入形状“月亮”，它属于（　　）。

A.“基本形状”　　B.“箭头汇总”　　C.“流程图”　　D.“标注”

任务拓展

1. 制作组织结构图

在 Word 2010 中还有一项工具 SmartArt，使用 SmartArt 可以很方便地制作各类演示流程图、循环图、层次结构图、矩阵图等。在 Word 文档中插入 SmartArt 图形的具体操作方法为单击“插入”→“插图”→“SmartArt”按钮，弹出如图 3－43 所示的“选择 SmartArt 图形”对话框。在对话框中左侧选择所需的图形类别，然后在右侧的选项面板中选择具体的类别，最后单击“确认”按钮，即可在文档中插入相应的 SmartArt 图形，并进行编辑。选中 SmartArt 图形时，功能区会出现“SmartArt 工具”的“设计”和“格式”选项卡，通过这两个选项卡可以对 SmartArt 图形进行风格和样式设置，使其更加美观、漂亮。

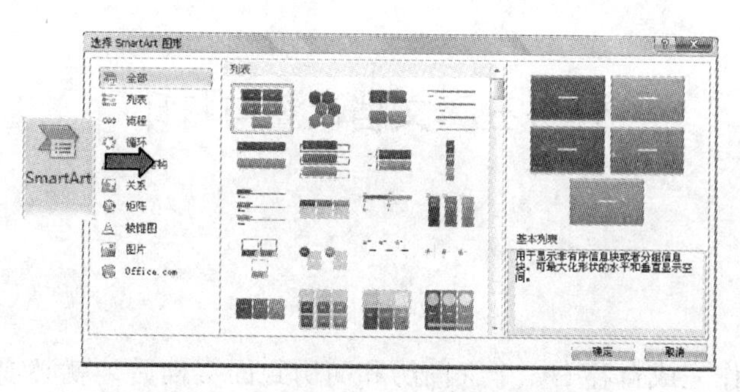

图 3-43　“选择 SmartArt 图形”对话框

尝试利用 SmartArt 工具完成如图 3-44 所示的组织结构图。

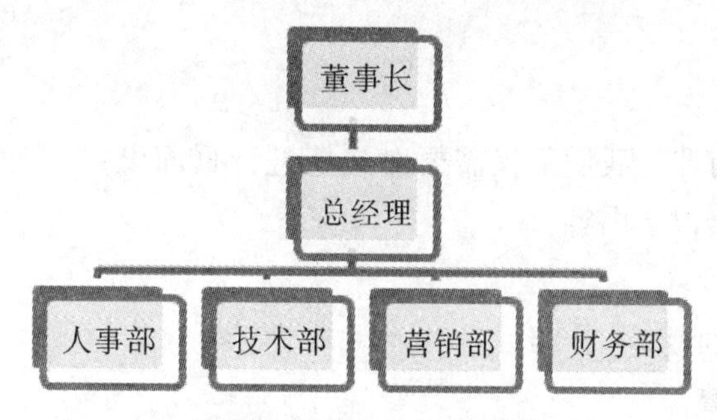

图 3-44　组织结构图效果

2. 制作公式

单击“插入”→“符号”→“公式”按钮，功能区自动切换为“公式工具”的“设计”选项卡，如图 3-45 所示，通过该选项卡可以制作出所需的各类公式。

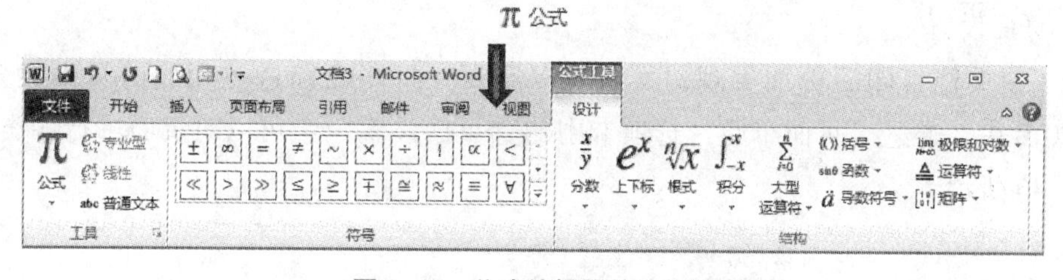

图 3-45　公式编辑器的功能区

尝试利用公式编辑器写出如下公式。

$$\log\left(\frac{M}{N}\right) = \log_a M - \log_a N$$

任务五　文档设置与打印

任务背景

当我们编辑制作完成自荐书、个人简历和简历封面文档后，就必须将它打印出来，装订成册投交用人单位。

任务分析

要完成对文档的打印，我们不仅需要对文档进行页面设置，而且还需要进行打印设置。所以我们需要学会以下内容：

（1）文档的页面设置。

（2）页眉和页脚的设置。

（3）分隔符的设置。

（4）打印设置。

任务学习准备

1. 页面设置

为了使文档打印后更加美观，我们通常需要在打印之前进行相应的页面设置，在Word 2010中，通过“页面布局”选项卡中的“页面设置”组可以对页面进行各类设置，如图3-46所示。

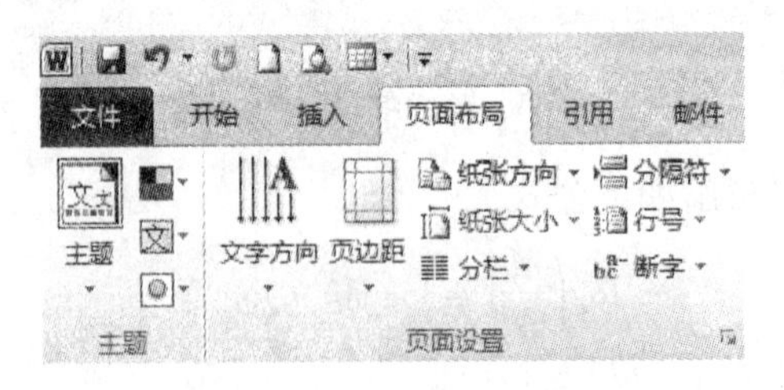

图3-46　“页面设置”组

“页面设置”组各按钮的功能如下：

①文字方向：可以设置文档内文字的方向，如：水平、垂直，将文字旋转90°或

270°等。

②页边距：设置页面打印区域与纸张边缘的距离，预设页边距类型有“普通”“窄”“适中”“宽”和“镜像”。

③纸张方向：设置纸张方向，可分为“横向”和“纵向”两类。

④纸张大小：设置文档打印时所用纸张的大小，默认大小是“A4”。

⑤分栏：将文档内容分成几列进行排版。

⑥分隔符：将文档中不同的内容分隔开。

⑦行号：在文档中设置行号。

⑧断字：断字指的是文档中一个英文单词太长无法在行尾显示完整时，该单词自动移动到下一行的开头而不是断成两行，可以设置“自动”或“手动”断字。

2. 页眉、页脚的设置

页眉和页脚是成对出现的，分别指文档内每个页面的顶部和底部区域。在页眉和页脚区域中可以插入文本、图形和图片等对象，如页码、日期、文档标题、文件名或作者名等。Word 文档可以为奇偶页设置不同的页眉和页脚。

页码指的是文档中每个页面的编号，一般设置在页眉或页脚中。

Word 2010 中“页眉”“页脚”和“页码”位于“插入”选项卡的“页眉和页脚”组中。在文档中插入页眉、页脚或页码时，功能区会自动切换为“页眉和页脚工具”的“设计”选项卡，如图 3-47 所示。

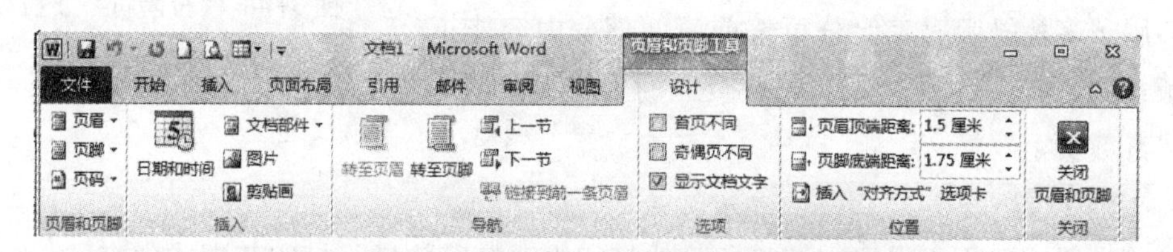

图 3-47　“页眉和页脚工具”的“设计”选项卡

通过该选项卡的“插入”组可以在页眉和页脚中插入各类对象；通过“导航”组可以快速在各个节的页眉和页脚中切换，取消“链接到前一条页眉”选项，可以为不同的节设置不同的页眉和页脚；“选项”组中勾选“首页不同”选项可以为首页制作单独的页眉和页脚，勾选“奇偶页不同”选项可以为奇数页和偶数页设计不同的页眉和页脚，勾选“显示文档文字”选项可以在编辑页眉页脚时显示文档的其他内容；“位置”组中可以设置页眉和页脚距离页面顶端或底端的距离。

3. 分隔符的设置

分隔符主要用于文档中段落与段落之间、节与节之间的分隔，使不同的段落或章节之间更加明显，也避免了通过使用回车键来进行分页等分隔的麻烦。Word 文档中的分隔符包括分页符、分栏符和分节符等。单击“页面布局”→“页面设置”→“分隔符”按钮，弹出下拉列表，如图3-48所示。

①分页符：用于把分页符后面的内容移到下一页中。

②分栏符：用于把分栏符之后的内容移到另一栏中。

③分节符：用于一个“节”的结束符号，“节”是文档格式存储的最大单位，每个节可以小至一个段落，大至整篇文档，若一个文档需要在一页之内或多页之间采用不同的版面布局，只需插入“分节符”将文档分成几“节”，然后根据需要设置每“节”不同的格式，比如页面设置中的页边距、纸张方向、纸张大小等。

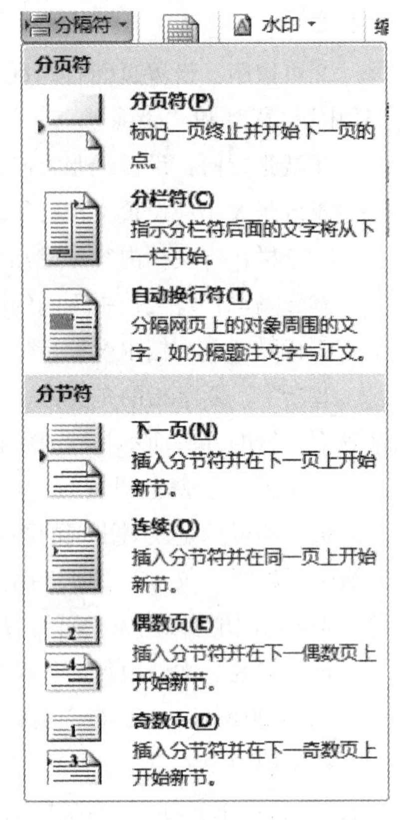

图3-48 “分隔符”下拉列表

分节符可以设置为“下一页”“连续”“偶数页”或“奇数页”。“下一页”表示将当前光标所在位置以下的全部内容移到下一页面上，类似于分页符的效果；“连续”表示分节符以后的内容可以排成与前面不同的格式，但不转到下一页，而是直接从本页分节符位置开始，多用于多栏排版时确保分页符前后两部分内容能正确排版；选用“偶数页”或“奇数页”时，光标所在位置以后的内容会转移到下一个偶数页或奇数页上。

4. 打印设置

打印设置主要用于设置文档打印时的打印机、打印数量、打印范围或内容。

单击“文件”，从弹出的下拉菜单中选择“打印”命令，如图3-49所示。在图3-49中，左边是打印设置，右边是打印预览。

在打印设置中，单击打印机的图标为直接打印；“打印份数”用于设置打印文档的份数；“打印机”用于选择当前打印的打印机，如，此电脑中安装有多台打印机，就在此选择当前打印机；“设置”用于设置打印范围，如：打印所有页（打印整个文档）、打印所选内容（仅打印所选内容）、打印当前页面（仅打印当前页）、打印自定义范围（输入要打印的指定页或节）；单面打印和双面打印的设置；打印方向的设置；每版打印几页及页面设置。

在打印预览中可以预览文档打印效果。通常，人们在打印文档之前，都必须先预览一下，查看文档的整体美观效果。

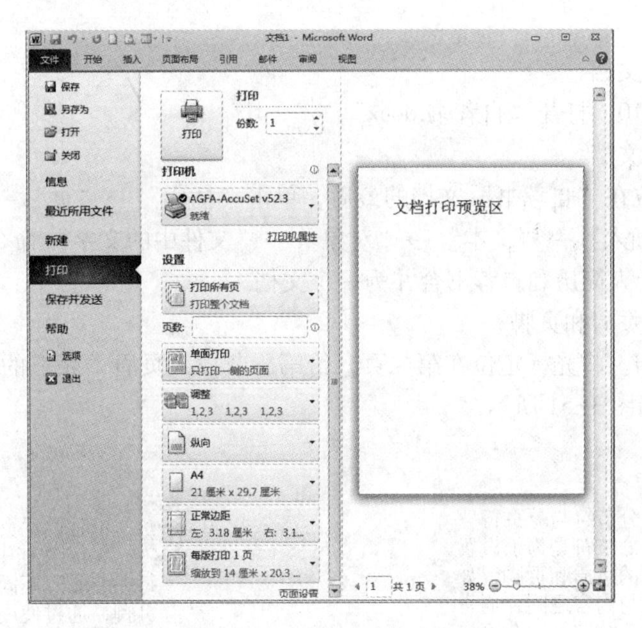

图 3-49　打印设置与预览

任务实施

1. 实施说明

本任务主要学习对文档进行页面、页眉页脚、分隔符和打印设置的基本操作，设置完成后效果如图 3-50 所示。

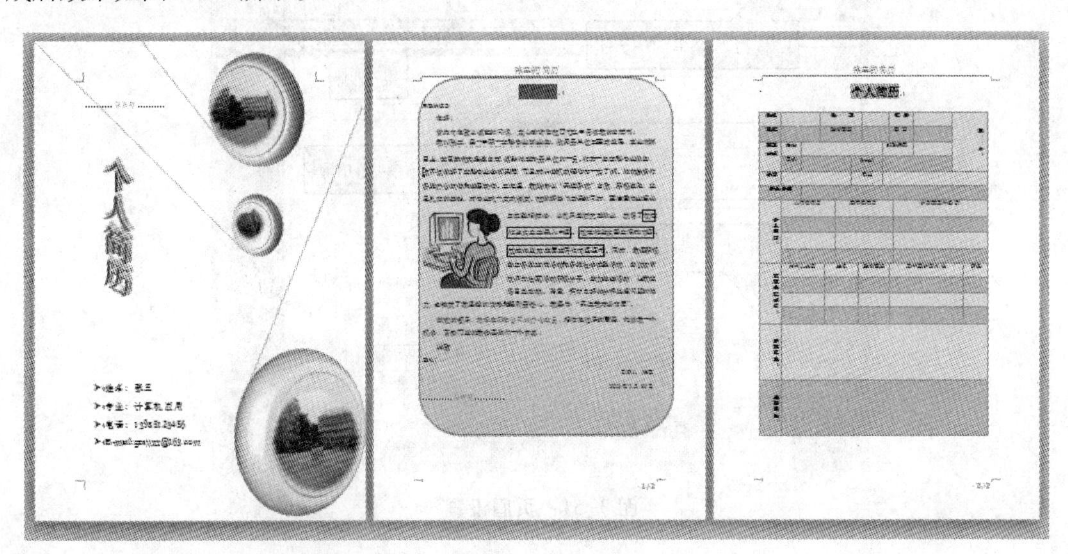

图 3-50　打印效果

2. 实施步骤

步骤 1　打开文档

启动 Word 2010，打开“自荐书.docx”。

步骤 2　合并文档

（1）光标定位在“自荐书”文档的最后，单击“插入”→“页”→“分页”命令。

（2）单击“插入”→“文本”→“对象”→“文件中的文字”命令，用于插入“个人简历”表，将个人简历和自荐书合并为一个文档。

步骤 3　插入页眉和页脚

（1）插入页眉。将光标定位在第二页，给第二节插入页眉“张三的简历”，并将页眉居中操作步骤，如图 3-51 所示。

提示

分节符与分页符

分节符是为了设置不同的页眉和页脚，如封面与内容之间，通常要插入分节符；分页符是为了能方便的设置相同的页眉和页脚。

提示

单独设置页眉页脚

Word文档中可以为每一节设置不同的页眉页脚，通过使用分节符，将封面和内容分成两节，以便为内容页单独设置页眉和页脚。

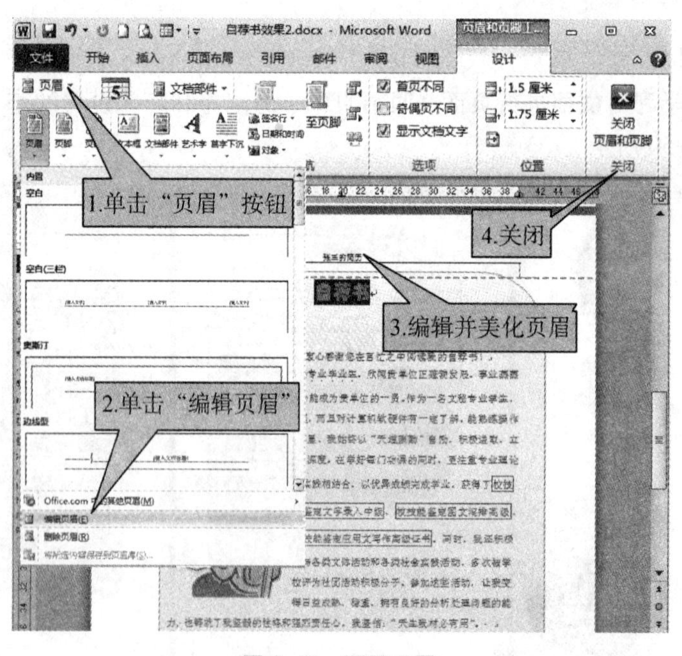

图 3-51　页眉设置

(2) 插入页脚。先从“页眉”位置切换到“页脚”位置，然后将起始页码设置为“1”，再设置页码样式为“加粗显示的数字”，操作步骤及效果，如图 3-52 所示。最后单击“设计”选项卡中的“关闭页眉和页脚”按钮，退出编辑页眉页脚状态。

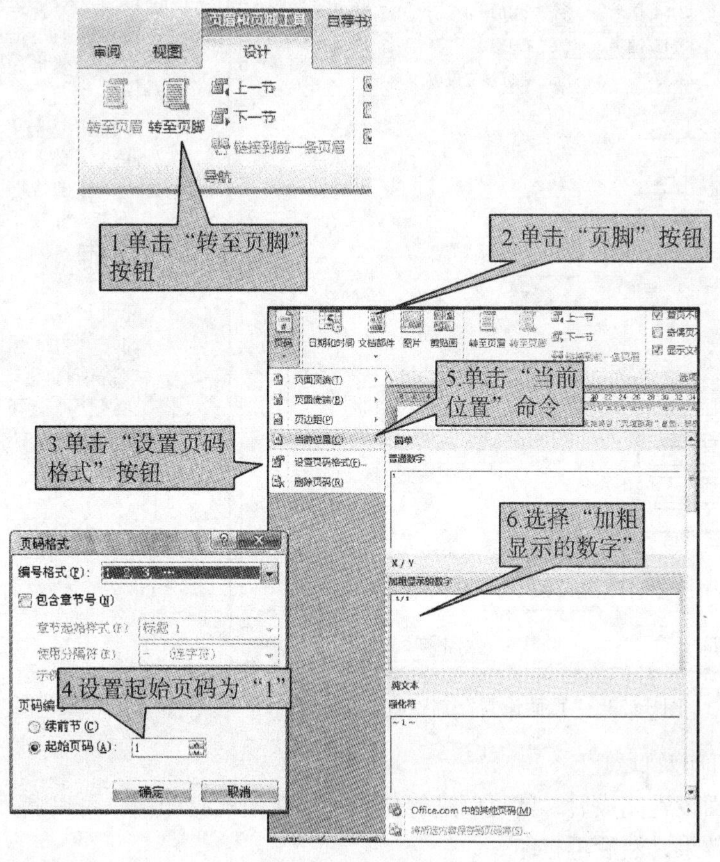

图 3-52 页脚设置

步骤 4 页面设置

由于打印出的简历需要装订，因此需设置装订线的位置，单击“页面布局”→“页面设置”→“页面设置”对话框启动器按钮，弹出“页面设置”对话框，如图 3-53 所示。

在“页边距”栏中将装订线位置设为“左”，将装订线的值设为“1.1 厘米”，这个值表示装订线到页边的距离，而左边距表示的是文本与装订线之间的距离，其余保持默认。

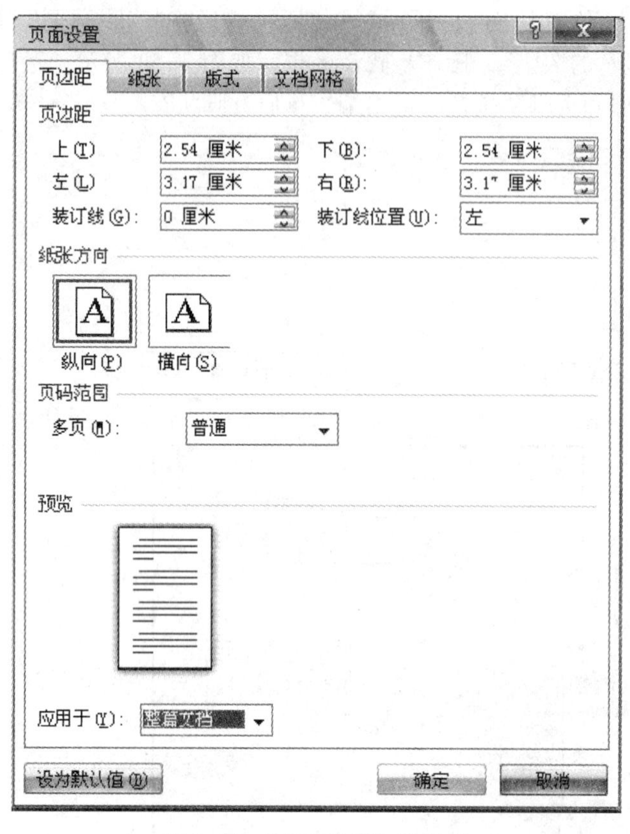

图 3-53 “页面设置”对话框

> **提示**
>
> 快速进行页面设置
>
> (1) 除了通过“页面设置”对话框调整页边距，还可以通过拖动标尺上的滑块来调整页边距。
>
> (2) 通过“文件”来调用“打印”非常不方便，可以通过定义“快速访问工具栏”达到快捷打印和预览的目的。方法是单击快速访问工具栏右侧的下拉列表按钮，打开“自定义快速访问工具栏”，在下拉列表中勾选“打印预览和打印”和“快速打印”两项，就可以通过快速访问工具栏使用打印和预览功能。

步骤 5　打印及预览

文档的页面设置完成后，就可以进行打印了，在正式打印前，可以通过“打印预览”功能查看打印效果，然后再打印。

单击“文件”→“打印”命令，查看打印效果，确认后，单击打印机的图标直接打印一份个人简历。

归纳提高

在同一文档中，美化“中秋节风俗.docx”文档，预览并打印，如图 3-54 所示。

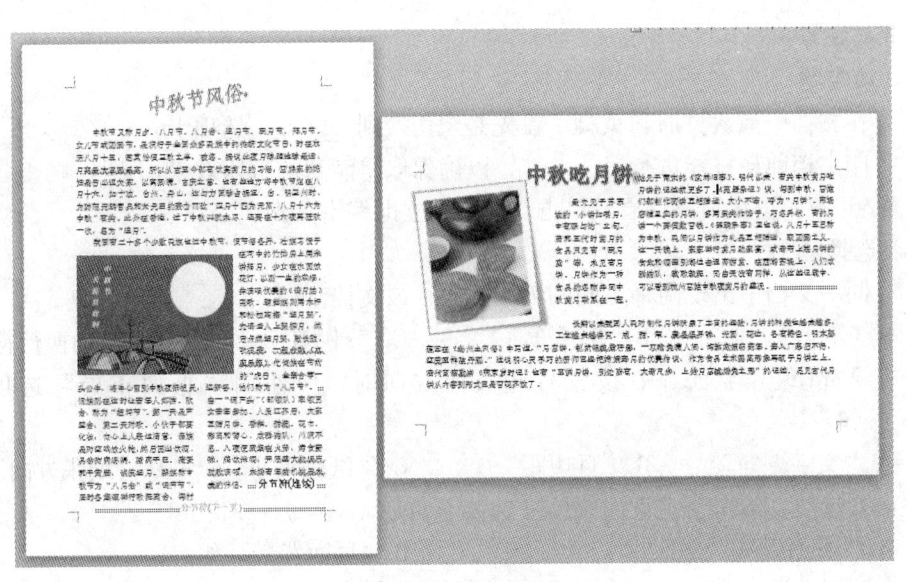

图 3-54　设置打印

任务评估

任务五评估细则		自评	教师评
1	文档的页面设置		
2	页眉和页脚的设置		
3	分隔符的设置		
4	预览和打印设置		
任务综合评估			

讨论与练习

交流讨论：

思考与练习：

一、填空题

1. 要在文档中插入页眉和页脚，首先必须切换到________选项卡。
2. 打印文档前最好能进行________，以确保取得满意的打印效果。
3. Word 中，正在编辑页眉，单击________立即编辑页脚。

二、选择题

1. 在同一文档中出现两种不同的纸张方向，该文档已插入（　　）。
   A. 分页符　　B. 分节符　　C. 分栏符　　D. 自动换行符
2. 在 Word 编辑状态下，设置打印页面方向时，应使用“页面布局”选项卡的（　　）按钮。
   A.“文字方向”　　B.“页边距”　　C.“纸张大小”　　D.“纸张方向”
3. 下列选项，不属于“页面布局”选项卡的是（　　）。
   A.“页面设置”组　　B.“页面背景”组
   C.“段落”组　　D.“字体”组

任务拓展

邮件合并

在 Word 2010 中的邮件合并功能可以帮助用户快速创建一个发给多人的文档，如果使用得当，可以节约大量的时间和精力，这个功能常用来批量制作信封、邀请函、各种证件等。“邮件”选项卡如图 3-55 所示。

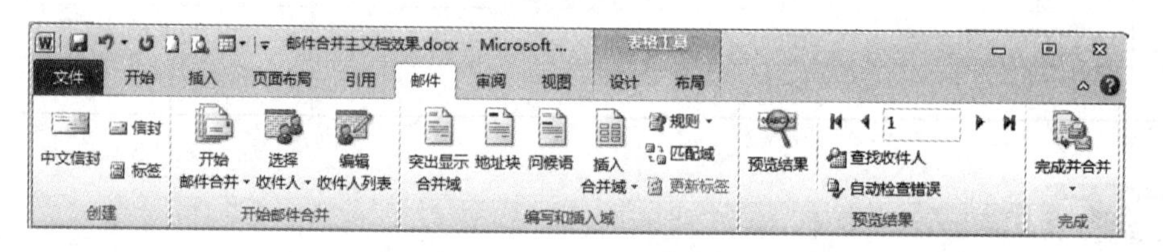

图 3-55 “邮件”选项卡

（1）用 Excel 编辑学生一学期各科成绩汇总表。

（2）新建一个 Word 文档，为发给多人的主文档。

（3）单击“开始邮件合并”→“选择收件人”→“使用现有列表”命令，在“选取数据源”对话框中找到事先准备好的 Excel 学生成绩汇总表文件，单击“打开”按钮，再选择数据所在的表，单击“确定”按钮，将文档与数据建立链接。

（4）单击“编写和插入域”→“插入合并域”命令，在弹出的下拉列表中可以看到表中的各个字段选项，将其插入文档的指定位置。

（5）美化文档。如：字体、字号、对齐等设置。

（6）单击“预览结果”预览结果，显示合并效果。

（7）单击“完成并合并”按钮，选择“编辑单个文档”命令，Word 会按收件人列表中的记录创建独立的页面，选择“打印”命令则直接打印，选择“发送电子邮件”命令则会将每个页面作为一封电子邮件发送出去。

尝试使用邮件合并功能为每位学生家长制作成绩通知书，效果如图 3-56 所示。

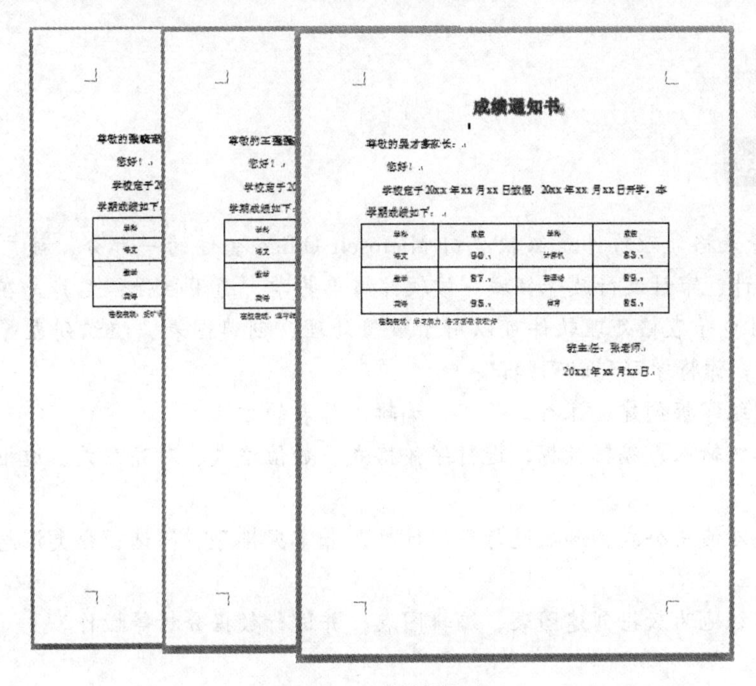

图 3-56　成绩通知书

小　结

本项目学习了利用 Word 2010 文字处理软件编辑文档，对文本进行格式化、在文档中插入表格并进行编辑和美化、在文档中插入图形图像并进行图文混排、打印设置和预览等相关的文字处理内容。

本项目通过制作一个完整的“个人简历”文档，将文字处理中的常用操作贯穿起来，一方面学习制作个人简历，一方面培养学生的文字处理软件操作技能。

项目四　精打细算的好助手
——Excel 2010 的应用

职业情景描述

Excel 电子表格处理软件是微软公司 Microsoft Office 套件的一部分，被广泛应用于金融、财务、统计、审计及行政等领域。该软件简单易学，通用性强，尤其是在进行数字计算方面。Excel 电子表格处理软件可以用于数值处理、创建图表、组织列表等方面。通过本项目的学习，你将学习到以下知识：

（1）能熟练掌握创建、保存工作簿、编辑工作表的方法。

（2）能熟练输入、编辑数据，进行字体格式、数值格式、对齐方式、边框线等工作的格式化操作。

（3）能灵活使用公式、函数进行数据计算，并掌握排序、筛选、分类汇总等数据处理操作。

（4）能熟练地为数据创建图表、编辑图表，并进行数据分析等操作。

任务一　制作同学通讯录：创建、保存及文件数据输入

任务背景

某班需统计学生的基本情况和联系方式，同学们推举王尚上制作一个计算机维修班同学通讯录。王尚上用目前最流行的电子表格处理软件 Excel 2010 完成了该通讯录的制作，效果如图 4-1 所示。下面我们一起来研究一下他是怎么做的。

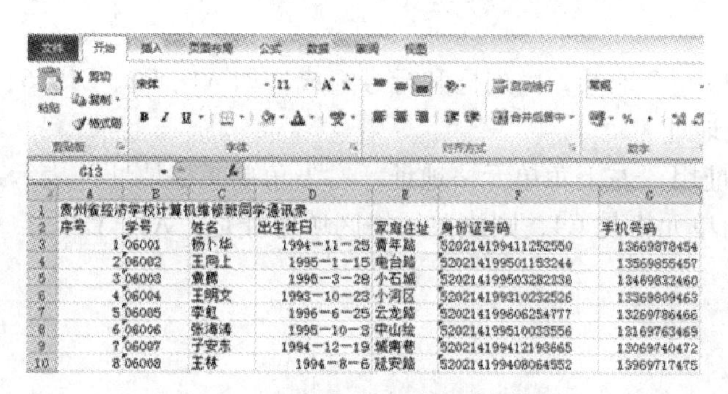

贵州省经济学校计算机维修班同学通讯录						
序号	学号	姓名	出生年日	家庭住址	身份证号码	手机号码
1	06001	杨卜华	1994-11-25	青年路	520214199411252550	13669878454
2	06002	王同上	1995-1-15	电台路	520214199501153244	13569855457
3	06003	袁鹏	1995-3-28	小石城	520214199503282236	13469832460
4	06004	王明文	1993-10-23	小河区	520214199310232526	13369809463
5	06005	李虹	1996-6-25	云龙路	520214199606254777	13269786466
6	06006	张海涛	1995-10-3	中山路	520214199510033556	13169763469
7	06007	子安东	1994-12-19	城南巷	520214199412193665	13069740472
8	06008	王林	1994-8-6	延安路	520214199408064552	13969717475

图 4-1 通讯录最终结果示意图

任务分析

（1）Excel 中的数据主要分为两类：文本数据和数值数据。文本数据是指不参与算术运算的字符，如英文字母、汉字、不作为数值使用的数字（手机号、身份证号码、学号、年龄、邮编等）。数值数据一般指可进行数值运算的数值常量。

（2）通过制作该通讯录，我们将掌握以下几个知识点：

①熟练掌握工作簿的创建、保存操作。

②了解工作簿、工作表和单元格等基本概念。

③了解数据特点，熟练利用工作表录入数据并编辑工作表。

任务学习准备

Excel 2010 中的几个基本概念

1. 工作簿

一个 Excel 文档就是一个工作簿，其扩展名是“.xls”。一个工作簿由一个或多个工作表组成。首次启动 Excel 时，系统默认的工作簿名称是“Book1.xlsx”。

2. 工作表

工作表由单元格组成，用于存储和管理数据。一个工作簿默认有三个工作表，分别为“Sheetl. Sheet2. Sheet3.”，最多可以有 255 个工作表。用户正在操作的工作表是当前工作表，也叫活动工作表。

3. 单元格

单元格是工作表的基本单位，用于存放字符、数值、日期、时间及公式等数据。Excel 2010 的工作表最多由 65 536 行和 256 列组成。

4. 活动单元格

当前被选中可以进行编辑的单元格是活动单元格，活动单元格周围被粗黑色线边框包围。

5. 单元格地址

每个单元格对应一个地址，由列标和行号组成，如 A1、B2、C1856、IV65536。

6. 单元格区域地址

单元格区域地址用“左上角单元格地址，右下角单元格地址”表示，例如，左上角单元格是 A1，右下角单元格是 C4，则该单元格区域地址是“A1：C4”。

任务实施

一、创建、保存工作簿，认识 Excel 2010 界面

1. 启动 Excel 2010

方法一：执行“开始”→“程序”→“Microsoft Office ”→“Microsoft Office Excel 2010”命令，即可启动 Excel 2010，如图 4-2 所示。

方法二：双击桌面“Excel 2010”快捷方式。

图 4-2　（Windows 7 环境）从开始菜单启动 Excel 2010 示意图

2. 认识 Excel 2010 的主界面

Excel 2010 主界面，如图 4-3 所示。

图 4-3　Excel 2010 主界面

3. 创建 Excel 2010 工作簿

创建工作簿文件最常用的方式是单击“标题栏”上“快速自定义访问”按钮里面的“新建”选项，建立一个空白工作簿，如图 4-4 所示。

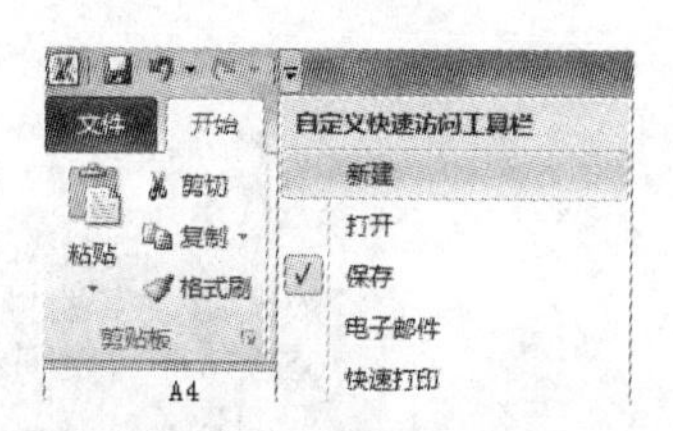

图 4-4　新建工作簿

4. 保存 Excel 2010 工作簿

通过“文件”菜单中的“保存”或“另存为”选项保存工作簿。

二、录入数据并编辑

1. 输入基本数据

鼠标单击单元格，输入数据，按回车键或用鼠标单击其他空白区域确认。

①学号列中的“06001”如果以数值数据存在，第一位“0”没有意义，输入完成单击回车后会自动消失。若以英文单引号开头，如输入“‘06001”回车后单元格显示为“06001”，此时“06001”以文本数据形式存在。

②系统默认身份证号码为数值数据，但因为身份证号码位数较多，系统会按科学计数显示，所以，输入身份证号码时同样可以在数据前面加英文单引号，将其输入为文本数据格式。手机号码根据情况同样可以按此方法输入。

③出生日期可按照“年-月-日”格式输入。

结合以上提示，完成数据输入并保存，文件名为“计算机维修班同学通信录”，如图 4-5 所示。

	A	B	C	D	E	F	G
1	贵州省经济学校计算机维修同学通信录						
2	序号	学号	姓名	出生年月	家庭住址	身份证号码	手机号码
3		06001	杨卜华	1994-11-25	青年路	52021419941125XXXX	1366987XXXX
4			王向上	1995-1-15	电台路	52021419950115XXXX	1356985XXXX
5			袁腾	1995-3-28	小石城	52021419950328XXXX	1346983XXXX
6			王明文	1993-10-23	小河区	52021419931023XXXX	1336980XXXX
7			李虹	1996-6-25	云龙路	52021419960625XXXX	1326976XXXX
8			张海涛	1995-10-3	中山绘	52021419951003XXXX	1316976XXXX
9			子安东	1994-12-19	城南巷	52021419941219XXXX	1306974XXXX
10			王林	1994-8-6	延安路	52021419940806XXXX	1396971XXXX

图 4-5 输入序号

2. 自动填充

当一行或一列中出现有规律的递增、递减或重复的数据时，可使用自动填充方式输入数据。输入序号列的操作步骤如下：

①在单元格 A3、A4 中分别输入数字 1、2；

②将 A3、A4 单元格区域选中，把鼠标指针指向单元格区域右下角的黑色小方块（称作“填充柄”），这时鼠标指针变成实心“+”形；

③此时按住鼠标左键，拖动至 A10 单元格，松开鼠标，即可完成 A3 到 A10 单元格的数据输入，如图 4-6 所示。

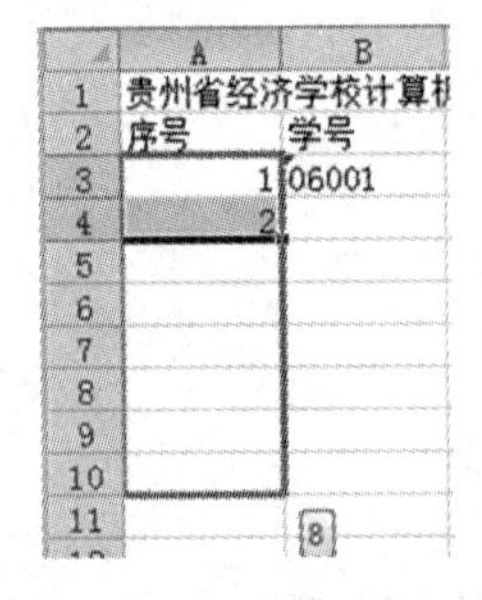

	A	B
1	贵州省经济学校计算机	
2	序号	学号
3	1	06001
4	2	
5		
6		
7		
8		
9		
10		
11		8

图 4-6 自动填充序号

提示

Excel 行列的数量

将Excel 2010 工作表中的行表从上往下依次用数字编号，如：1、2、3、…、65 535、65 536；列表则从左往右依次用字母表示，如：A、B、C、…、Y、Z、AA、AB、AC、…、IU、IV。一个工作表最多由65 536行和256列组成。

同理，选中 B3 单元格，在填充柄处按住鼠标左键，拖动至 B10 单元格，松开鼠标，即可完成 B3 到 B10 单元格的数据输入，如图 4-7 所示。

	A	B	C	D	E	F	G
1	贵州省经济学校计算机维修同学通信录						
2	序号	学号	姓名	出生年月	家庭住址	身份证号码	手机号码
3	1	06001	杨卜华	1994-11-25	青年路	52021419941125XXXX	1366987XXXX
4	2	06002	王向上	1995-1-15	电台路	52021419950115XXXX	1356985XXXX
5	3	06003	袁腾	1995-3-28	小石城	52021419950328XXXX	1346983XXXX
6	4	06004	王明文	1993-10-23	小河区	52021419931023XXXX	1336980XXXX
7	5	06005	李虹	1996-6-25	云龙路	52021419960625XXXX	1326976XXXX
8	6	06006	张海涛	1995-10-3	中山绘	52021419951003XXXX	1316976XXXX
9	7	06007	子安东	1994-12-19	城南巷	52021419941219XXXX	1306974XXXX
10	8	06008	王林	1994-8-6	延安路	52021419940806XXXX	1396971XXXX

图 4-7 完成填充数据

3. 将工作表标签重命名为“同学通讯录”

方法一：用鼠标右键单击工作表标签，在弹出的菜单中选择“重命名”，输入新名字“同学通讯录”，按回车键完成重命名。

方法二：双击工作标签，输入新名字“同学通讯录”，按回车键完成重命名。

归纳提高

1. 输入基本数据的三种情况

（1）文本数据，如字母、汉字、空格或数字与前三者的组合以及不作为数值使用的数字。当数字作为字符串输入时，需以英文单引号开头，如输入“‘06001”，回车后单元格显示为“06001”，此时它将不以数值数据存在。文本数据默认对齐方式为左对齐。

（2）数值数据。在单元格内输入的数字、加减号、括号、逗号、货币标志、百分号、反斜杠等，系统默认为数值常量，可进行数值运算。当数值的整数位数超过 11 位时，系统按科学计数显示。数值数据默认对齐方式为右对齐。

（3）特殊数据有以下四种：

分数：输入分数前先输入“0+空格键”，如输入“01/2”，则系统显示为“1/2”。

负数：在负数前键入负号“-”，或将其置于“（）”中。

日期：可按照“年-月-日”格式输入，不需年份则输入“月/日”，按“Ctrl”可输入当天日期。

时间：可按照“时：分：秒”格式输入，按“Ctrl+Shift+;”可输入当前时间。

2. 利用自动填充功能填充有规律的数据

此时输入一个数值数据后，直接拖动填充柄，可以在同行或同列中复制该数据，按住“Ctrl”后再拖动填充柄，可以实现数据递变；输入一个文本数据后，直接拖动填充柄，可以在同行或同列中实现递变，而按住“Ctrl”后再拖动填充柄，可以实现数据复制。例如：

（1）选中输入数据“1”的单元格，按住“Ctrl”在同列拖动填充柄，可以使数据依次递增。

（2）选中输入数据“星期一”的单元格，在同行直接拖动填充柄，可实现从“星期一”到“星期日”的递增。

（3）修改工作表名字。双击需要更名的工作表标签，输入新名字，按回车键确认。

3. 查找与替换

原理与 Word 中查找替换功能相似，需要强调的是，在 Excel 中查找与替换时，系统默认范围为当前整个工作表，如果需要将查找或替换的范围限定在某单元格区域或几个工作表时，则需先选定区域后再进行查找与替换。

提示

数据输入

(1) 当输入的相邻多个单元格为有规律的数据时，可以使用拖动填充柄的方法快速填充数据。如图4-6所示的序号为连续数字，可以采用此种方法。

(2) 但要求学生编号必须以“001，002，…”格式输入时，可在输入前加输半角字符“‘”，把输入数字作为字符处理，再按如图4-6所示中填充方法进行填充即可。

任务评估

任务一评估细则		自评	教师评
1	工作簿的创建与保存		
2	基本概念		
3	输入数据与编辑工作表		
任务综合评估			

讨论与练习

交流讨论：

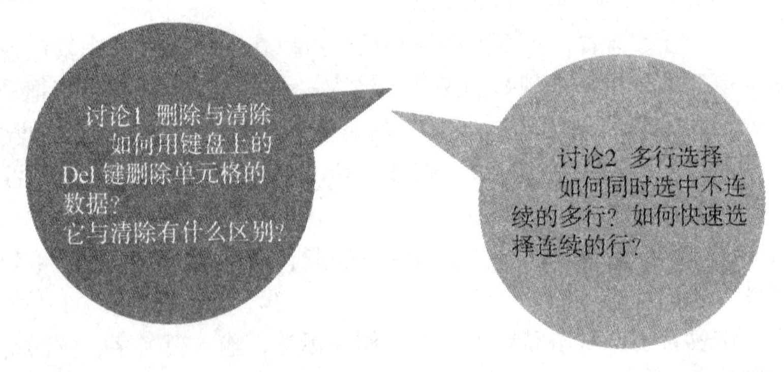

思考与练习：

练习题 制作一个简单的个人信息表（要求包括姓名、性别、身份证号），保存在D盘，文件的名字为自己的“班级+姓名+学号”。

任务拓展

（1）使用最简便的方法制作班级课程表，如图4-8所示，并注意哪几处可用到自动填充。

	A	B	C	D	E	F
1				课程表		
2	节次\星期	星期一	星期二	星期三	星期四	星期五
3	1	语文	心理	语文	德育	计算机维修
4	2	数学	数学	数学	语文	计算机维修
5	3	计算机维修	电子技术	英语	电路基础	单片机
6	4	单片机	电子技术	电子技术	体育	电路基础
7	5	电子技术	计算机维修	语文	单片机	电子技术
8	6	电子技术	语文	单片机	计算机维修	
9	7	班会	体育	自习	大扫除	
10	8	团活动	自习	文艺活动	自习	

图 4-8　班级课程表

（2）输入班级成绩统计表，如图 4-9 所示。

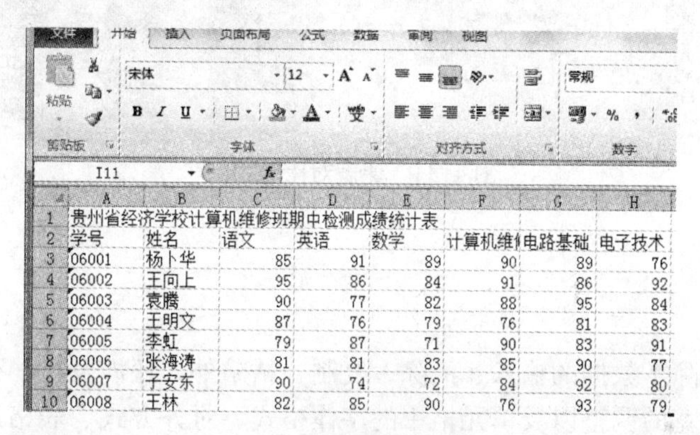

	A	B	C	D	E	F	G	H
1	贵州省经济学校计算机维修班期中检测成绩统计表							
2	学号	姓名	语文	英语	数学	计算机维	电路基础	电子技术
3	06001	杨卜华	85	91	89	90	89	76
4	06002	王向上	95	86	84	91	86	92
5	06003	袁腾	90	77	82	88	95	84
6	06004	王明文	87	76	79	76	81	83
7	06005	李虹	79	87	71	90	83	91
8	06006	张海涛	81	81	83	85	90	77
9	06007	子安东	90	74	72	84	92	80
10	06008	王林	82	85	90	76	93	79

图 4-9　班级成绩统计表

（3）输入图书销售情况统计表，如图 4-10 所示。

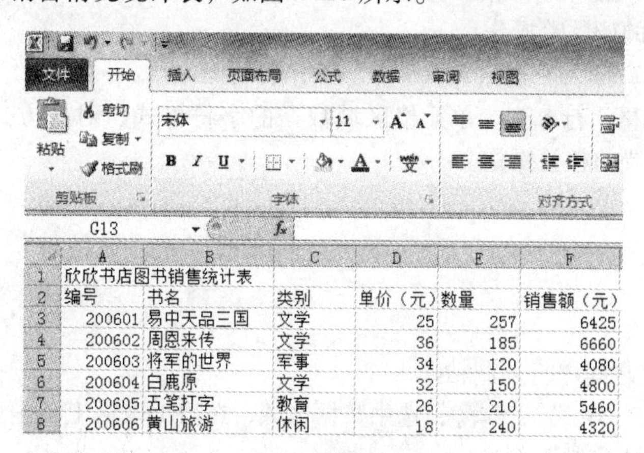

	A	B	C	D	E	F
1	欣欣书店图书销售统计表					
2	编号	书名	类别	单价（元）	数量	销售额（元）
3	200601	易中天品三国	文学	25	257	6425
4	200602	周恩来传	文学	36	185	6660
5	200603	将军的世界	军事	34	120	4080
6	200604	白鹿原	文学	32	150	4800
7	200605	五笔打字	教育	26	210	5460
8	200606	黄山旅游	休闲	18	240	4320

图 4-10　图书销售情况统计表

任务二　美化“课程表”：编辑工作表及设置格式

任务背景

现有一份 Excel 工作簿“课程表. xlsx”，其中已录入好课程表内容，如图 4-11 中的左图所示。为方便同学查看课程，由王林同学负责对其进行编辑和格式设置，使其中的数据外观更合理、美观。通过对课程表的美化，王林最终得到的结果，如图 4-11 中的右图所示。让我们一起看一下王林同学是怎么做的。

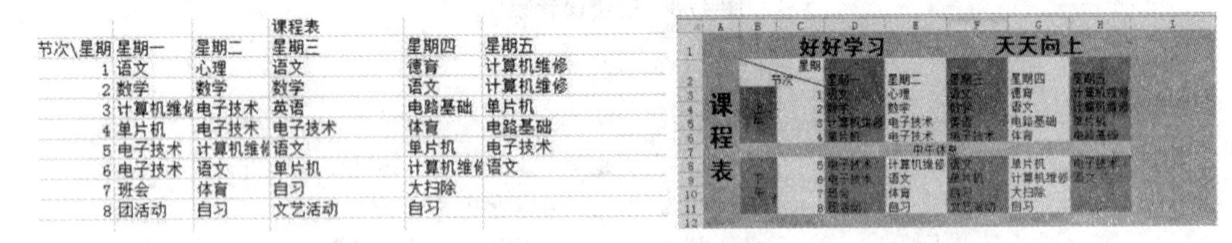

课程表

节次\星期	星期一	星期二	星期三	星期四	星期五
1	语文	心理	语文	德育	计算机维修
2	数学	数学	数学	语文	计算机维修
3	计算机维	电子技术	英语	电路基础	单片机
4	单片机	电子技术	电子技术	体育	电路基础
5	电子技术	计算机维	语文	单片机	电子技术
6	电子技术	语文	单片机	计算机维	语文
7	班会	体育	自习	大扫除	
8	团活动	自习	文艺活动	自习	

图 4-11　课表对比示意图

任务分析

工作表的编辑除了数据的输入、清除、复制、粘贴外，还涉及行、列、单元格的插入或删除，行高、列宽的调整以及单元格中的字体格式、对齐方式、表格边框图案、条件格式等设置。通过本节的学习，我们将学到以下知识：

（1）学会插入或删除单元格、行、列等操作，熟练掌握数据的输入与清除、复制与粘贴以及行高、列宽的调整等操作。

（2）掌握选择、插入、删除、重命名等工作表的操作。

（3）掌握单元格、行、列、单元格区域数据的字符格式、对齐方式、表格边框与图案、条件格式等设置的相关操作。

任务学习准备

编辑工作表

1. 不同工作表之间进行复制粘贴

①打开“课程表.xlsx”工作簿，选中数据区域，在数据区域上单击鼠标右键，在弹出的快捷菜单里选择“复制”命令。

②单击“Sheet2”工作表标签，在 A1 单元格上单击鼠标右键，在弹出快捷菜单里选

择“粘贴”命令。

2. 将“Sheet2”工作表重命名为“美化的课程表”

操作结果如图 4-12 所示。

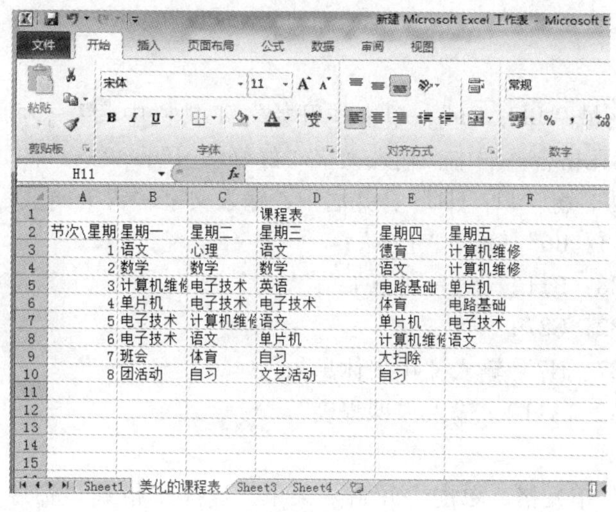

	A	B	C	D	E	F
1				课程表		
2	节次\星期	星期一	星期二	星期三	星期四	星期五
3	1	语文	心理	语文	德育	计算机维修
4	2	数学	数学	数学	语文	计算机维修
5	3	计算机维修	电子技术	英语	电路基础	单片机
6	4	单片机	电子技术	电子技术	体育	电路基础
7	5	电子技术	计算机维修	语文	单片机	电子技术
8	6	电子技术	语文	单片机	计算机维修	语文
9	7	班会	体育	自习	大扫除	
10	8	团活动	自习	文艺活动	自习	

图 4-12　课表初始图

3. 调整列宽

将有文本被挡住的列调宽。

方法一：在各列标之间的细线上双击鼠标左键，使系统自动将列宽调整到最合适列宽。

方法二：在各列标之间的细线上按住鼠标左键拖动，到认为合适的位置时松开。

调整行高的方法类似。

4. 插入行、列

单击行号“7”选中第七行，单击“插入”菜单→“行”，在第七行上就会自动插入一行空白行；同理，选中 A 列，连续插入两列空白列。

5. 清除内容

单击选中 F1 单元格，按键盘上 Del 键，可将“课程表”三个字清除。操作结果如图 4-13 所示。

	A	B	C	D	E	F	G	H
1								
2			节次\星期	星期一	星期二	星期三	星期四	星期五
3			1	语文	心理	语文	德育	计算机维修
4			2	数学	数学	数学	语文	计算机维修
5			3	计算机维修	电子技术	英语	电路基础	单片机
6			4	单片机	电子技术	电子技术	体育	电路基础
7								
8			5	电子技术	计算机维修	语文	单片机	电子技术
9			6	电子技术	语文	单片机	计算机维修	语文
10			7	班会	体育	自习	大扫除	
11			8	团活动	自习	文艺活动	自习	
12								

图 4-13　清除“课程表”

任务实施

格式设置

1. 合并居中

①选中单元格区域“Bl：E1”，单击“开始”工具栏中 合并居中按钮，使 B1、C1、D1、E1 四个单元格合并居中，输入文字“好好学习”；

②用同样的方法，将“Fl：H1”合并居中，输入文字“天天向上”；

③合并居中“F3：B6”输入“上午”；

④合并居中“B8：B11”，输入“下午”；

⑤合并居中“B2，C2”；

⑥合并居中“B7：H7”输入“中午休息”；

⑦合并居中“A2，A11”，输入“课程表”。

2. 设置对齐方式

选中“课程表”单元格，单击“开始”菜单，选择“格式”命令，打开“设置单元格格式”对话框，单击“对齐”选项卡，选择“文本方向”为垂直，单击“确定”完成设置，如图4-14左图所示。用同样的方法，将“上午”“下午”单元格的文本方向都设为垂直。最后手动调整 B、C 两列的列宽到合适位置，得到的操作结果，如图 4-14 右图所示。

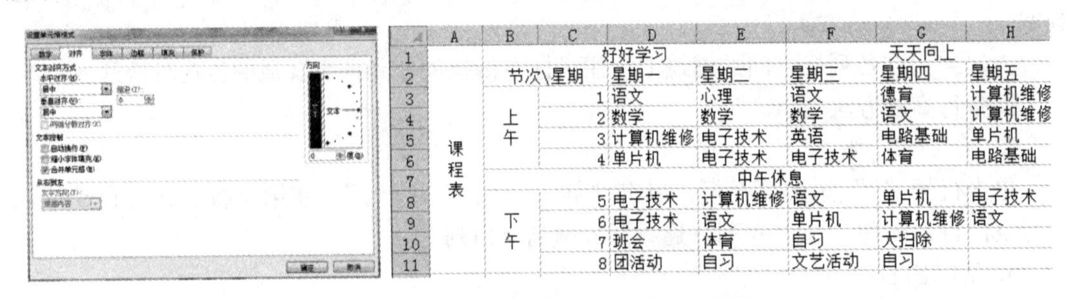

	A	B	C	D	E	F	G	H
1		好好学习				天天向上		
2	课程表	节次\星期		星期一	星期二	星期三	星期四	星期五
3		上午	1	语文	心理	语文	德育	计算机维修
4			2	数学	数学	数学	语文	计算机维修
5			3	计算机维修	电子技术	英语	电路基础	单片机
6			4	单片机	电子技术	电子技术	体育	电路基础
7		中午休息						
8		下午	5	电子技术	计算机维修	语文	单片机	电子技术
9			6	电子技术	语文	单片机	计算机维修	语文
10			7	班会	体育	自习	大扫除	
11			8	团活动	自习	文艺活动	自习	

图 4-14 文字竖排操作界面及结果示意图

3. 设置字符格式

①选中“好好学习”“天天向上”两个单元格，从“字体”工具栏中设置字体，字号为“黑体、20 磅、加粗”；

②将“B2：H2”区域数据设置为“加粗”；

③将 A2 单元格“课程表”三个字设置为“黑体、24 磅、加粗”。

4. 设置边框线

①选中“B2：H11”单元格区域，打开“单元格格式”对话框中“边框”选项，设置外边框为“最粗实线、玫红色”，内部边框为“稍粗实线、粉红色”，单击“确定”，如

图 4-15 左图所示。

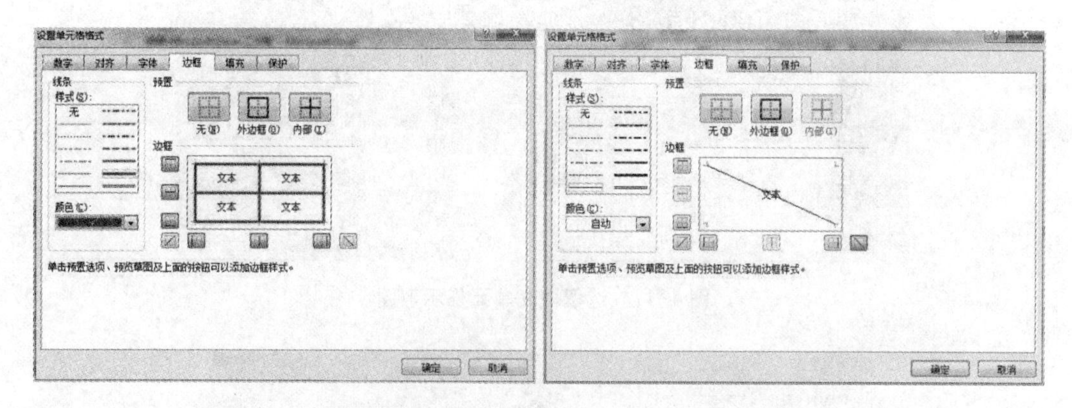

图 4-15　设置边框线界面

②将第二行行高调高约 2 倍。选中“节次/星期”单元格，打开“单元格格式”对话框中的“边框”选项，选定“细实线、黑色、右下划对角线”，单击“确定”，如图 4-15 右图所示。

③选中“节次\ 星期”单元格，打开“单元格格式”对话框中的“对齐”选项，单击“自动换行”复选框，然后单击“确定”，如图 4-16 所示。修改“节次\ 星期”单元格中的内容为“星期\ 节次”，在“星期”前输入空格将“节次”调整到第二行。

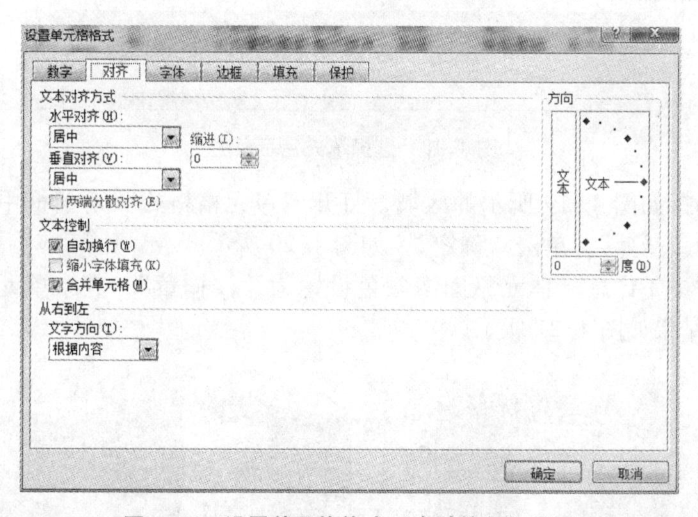

图 4-16　设置单元格格式（自动换行）界面

5. 设置表格图案

①按住 Ctrl 键，用鼠标拖动选中如图 4-17 所示的区域，打开“单元格格式”对话框中的“图案”选项，选择颜色为“浅绿”，单击“确定”，如图 4-18 所示。

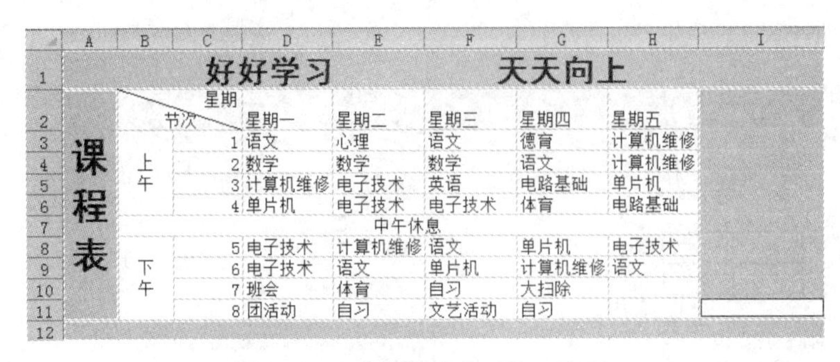

好好学习 天天向上						
课程表	星期/节次	星期一	星期二	星期三	星期四	星期五
上午	1	语文	心理	语文	德育	计算机维修
	2	数学	数学	数学	语文	计算机维修
	3	计算机维修	电子技术	英语	电路基础	单片机
	4	单片机	电子技术	电子技术	体育	电路基础
中午休息						
下午	5	电子技术	计算机维修	语文	单片机	电子技术
	6	电子技术	语文	单片机	计算机维修	语文
	7	班会	体育	自习	大扫除	
	8	团活动	自习	文艺活动	自习	

图 4-17　选取填充单元格示意图

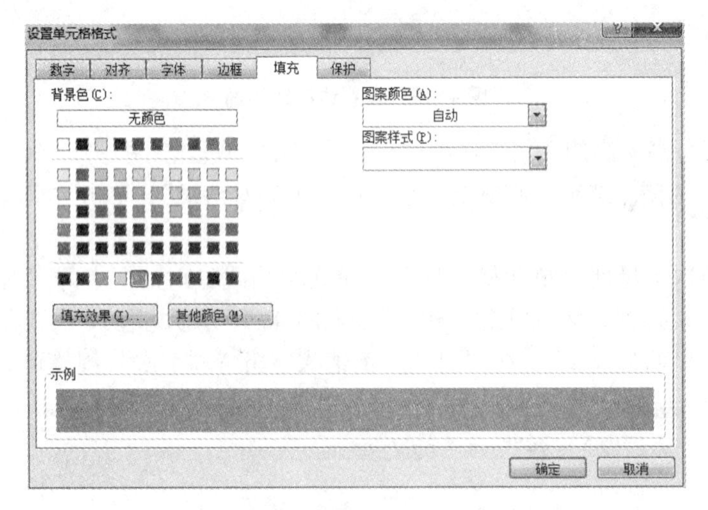

图 4-18　选择填充色示意图

②同理，选择如图 4-19 所示的区域，打开“单元格格式”对话框中的“图案”选项，选择颜色为“浅蓝”，单击“确定”，如图 4-20 所示。

③同理将“中午休息”单元格图案颜色设置为“浅橘黄”，其余单元格设置为“浅黄”。最终操作结果如图 4-21 所示。

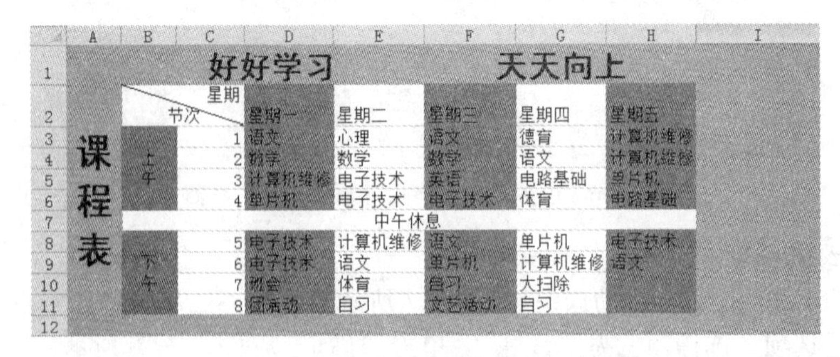

好好学习 天天向上						
课程表	星期/节次	星期一	星期二	星期三	星期四	星期五
上午	1	语文	心理	语文	德育	计算机维修
	2	数学	数学	数学	语文	计算机维修
	3	计算机维修	电子技术	英语	电路基础	单片机
	4	单片机	电子技术	电子技术	体育	电路基础
中午休息						
下午	5	电子技术	计算机维修	语文	单片机	电子技术
	6	电子技术	语文	单片机	计算机维修	语文
	7	班会	体育	自习	大扫除	
	8	团活动	自习	文艺活动	自习	

图 4-19　初始单元格填充色示意图

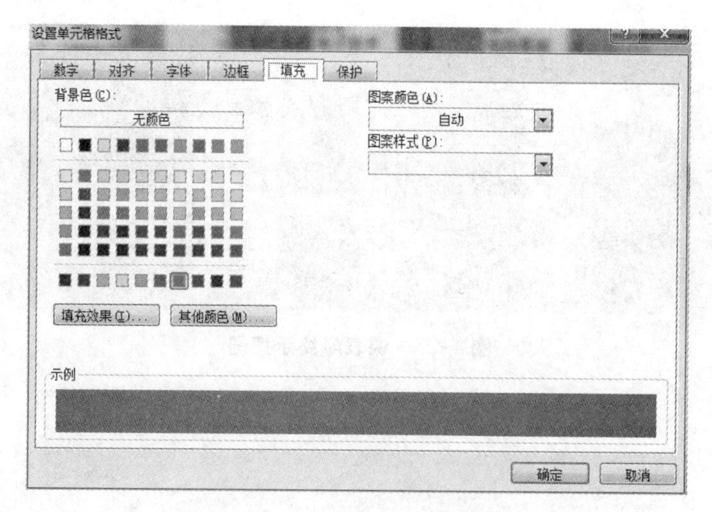

图 4-20　选择填充色示意图

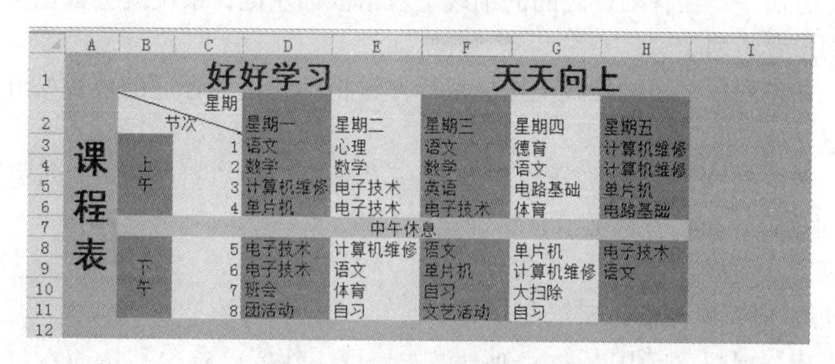

好好学习　天天向上

课程表	节次	星期一	星期二	星期三	星期四	星期五
上午	1	语文	心理	语文	德育	计算机维修
	2	数学	数学	数学	语文	计算机维修
	3	计算机维修	电子技术	英语	电路基础	单片机
	4	单片机	电子技术	电子技术	体育	电路基础
中午休息						
下午	5	电子技术	计算机维修	语文	单片机	电子技术
	6	电子技术	语文	单片机	计算机维修	语文
	7	班会	体育	自习	大扫除	
	8	团活动	自习	文艺活动	自习	

图 4-21　填充色结果示意图

6. 条件格式

选择课程区域，单击“开始”菜单，选择“条件格式”按钮，打开“条件格式”下拉菜单，在“突出显示单元格规则”中选择“等于”，将“条件”中单元格数值设置为“等于”，“体育”的格式设置为“加粗、倾斜”（如图 4-22 所示）；同理将“单片机”的格式设置为“加粗、倾斜”。最终操作结果如图 4-23 所示。

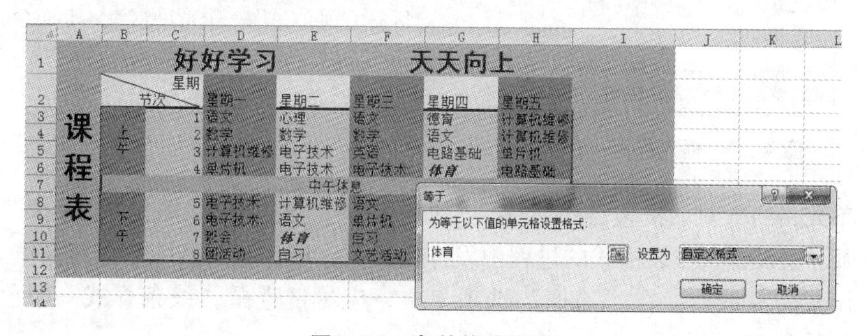

图 4-22　条件格式界面

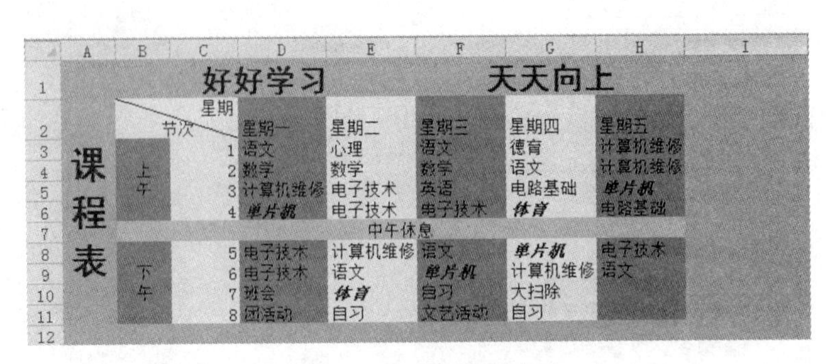

课程表		好好学习		天天向上		
	节次＼星期		星期一	星期二	星期三	星期四	星期五
上午	1	语文	心理	语文	德育	计算机维修
上午	2	数学	数学	数学	语文	计算机维修
上午	3	计算机维修	电子技术	英语	电路基础	单片机
上午	4	单片机	电子技术	电子技术	体育	电路基础
中午休息						
下午	5	电子技术	计算机维修	语文	单片机	电子技术
下午	6	电子技术	语文	单片机	计算机维修	语文
下午	7	班会	体育	自习	大扫除	
下午	8	团活动	自习	文艺活动	自习	

图 4-23　课表最终示意图

归纳提高

1. 调整行高、列宽的方法

调整列宽方法一：在各列标之间的细线上双击鼠标左键，系统就会根据数据长短将列宽自动调整到最合适列宽。

方法二：在各列标之间的细线上按住鼠标左键拖动到认为合适的位置松开，实现手动调整列宽。

方法三：选中某列，选择“开始”菜单—“格式”—“行高”/“列宽”命令，打开“列宽”对话框，直接输入数值，精确设定列宽。

调整行高方法类似。

2. 插入行、列、单元格、工作表

插入以上内容前要先选中某行、列、单元格或工作表，系统默认插入行在选中行上面，插入列在选中列前面，插入工作表在选中工作表前面。插入单元格时系统会出现提示，用户根据需要选择位置，如图 4-24 所示。

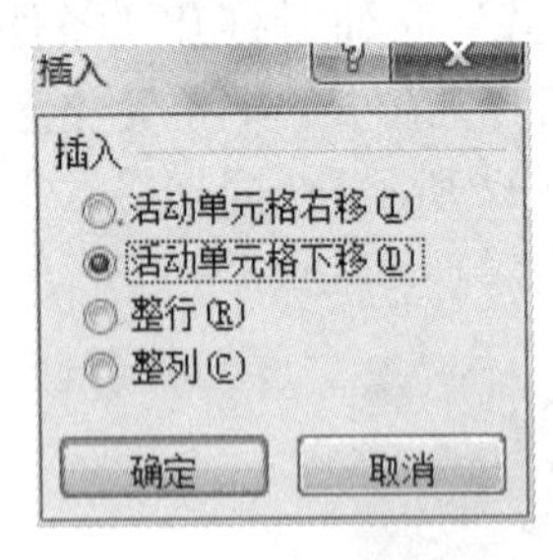

图 4-24　插入界面

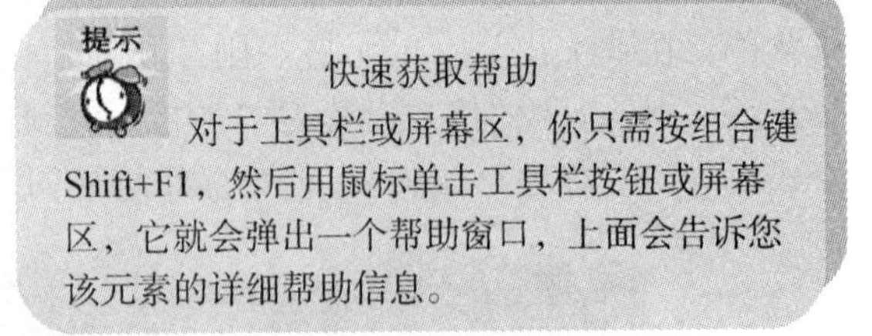

（1）单元格格式对话框包含“数字”“对齐”“字”“边框”“图案”“保护”选项卡，这几个选项卡在设置工作表格式的过程中发挥着重要作用，应当熟练掌握其操作。

（2）设置边框线时，在“边框”选项卡中，应尽量遵循“线条样式—颜色—位置”的顺序，如图 4-25 所示。

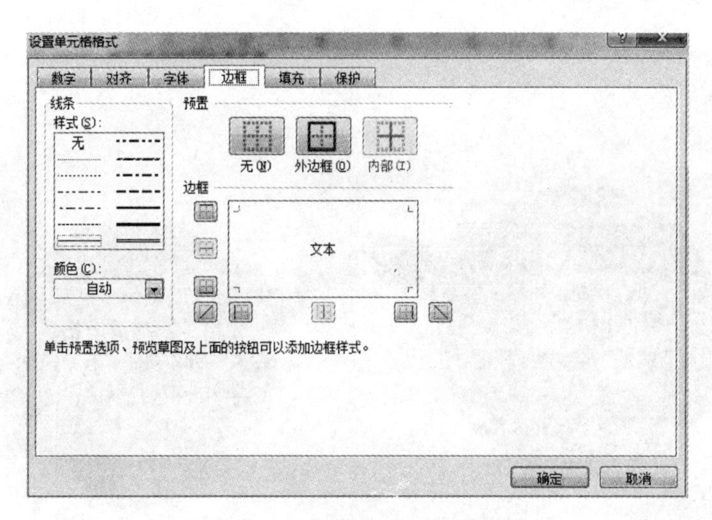

图 4-25 单元格边框设置界面

提示

设置彩色边框

我们经常用Excel制作表格，然后将做好的表格复制到PowerPoint中进行演示，因此想要设置一些彩色的特殊边框。选中需要添加边框的单元格区域，执行“格式→单元格”命令，打开“单元格格式”对话框，切换到“边框”标签中(如图4-25所示)，设置好“线条”“样式”和“颜色”，再“预置”边框位置，全部设置完成后，确定返回即可。

任务评估

任务二评估细则		自评	教师评
1	工作表编辑		
2	工作表格设置		
任务综合评估			

讨论与练习

交流讨论：

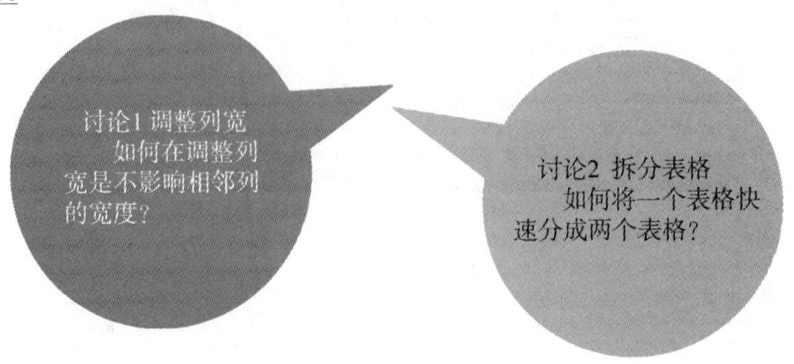

思考与练习：

练习题

用户在使用“插入表格”下拉列表方格中移动鼠标最大能绘制__________的表格，而使用就可以创建任意行和列的表格。

任务拓展

1．创建多个工作表

创建一个 Excel 工作簿并将其保存到 D 盘，命名为“数据备份.xlsx”。为工作簿插入新的工作表，将 Sheet1 重命名为“通讯录”，Sheet2 命名为“课程表”，Sheet3 命名为“成绩统计表”，Sheet4 命名为“图书销售统计表”。将老师给的数据分别复制到相应工作表中，如图 4-26 所示。

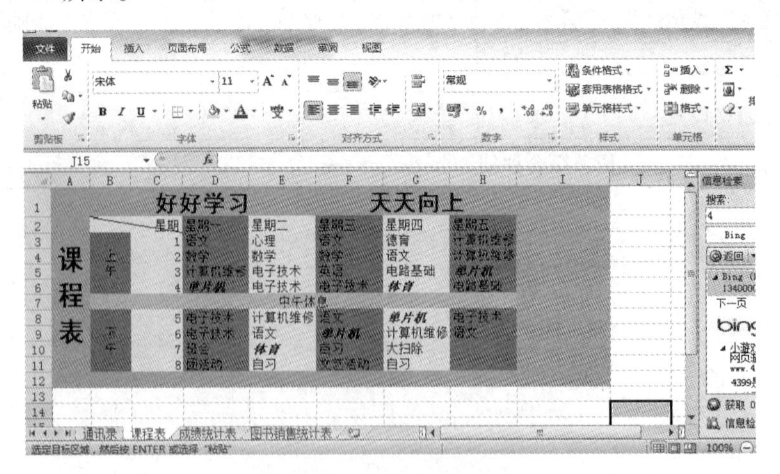

图 4-26 “数据备份”表

2. 设置学生通讯录

标题格式为“合并居中、宋体、加粗、20 磅、图案浅粉”；“A2：G2”区域字体加粗；“A2：G10”区域格式为“数据居中、外边框红色粗实线、内边框红色细实线、图案浅橘黄”，如 4-27 图所示。

贵州省经济学校计算机维修班同学通讯录						
序号	学号	姓名	出生年日	家庭住址	身份证号码	手机号码
1	06001	杨卜华	994−11−2	青年路	520214199411252550	13669878454
2	06002	王向上	995−1−1	电台路	520214199501153244	13569855457
3	06003	袁腾	995−3−2	小石城	520214199503282336	13469832460
4	06004	王明文	993−10−2	小河区	520214199310232526	13369809463
5	06005	李虹	996−6−2	云龙路	520214199606254777	13269786466
6	06006	张海涛	995−10−	中山绘	520214199510033556	13169763469
7	06007	子安东	994−12−1	城南巷	520214199412193665	13069740472
8	06008	王林	1994−8−6	延安路	520214199408064552	13969717475

图 4-27　学生通讯录

3. 设置成绩统计表

标题格式为“合并居中、黑体、20 磅、图案浅蓝”；“A2：H2”区域字体“加粗”，“A2:H10”区域“居中、外边框双线橘红色、内边框细实线橘红色”，参考图示为“各区域设置图案颜色”；为成绩区域设置条件格式“大于等于 90、绿色、加粗倾斜”，如图 4-28 所示。

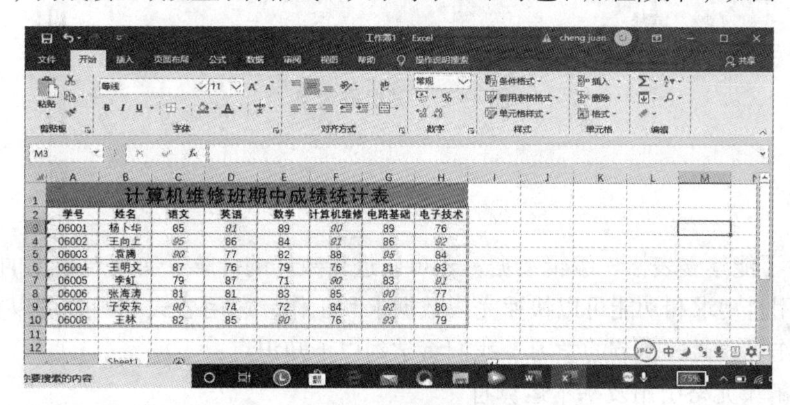

计算机维修班期中成绩统计表							
学号	姓名	语文	英语	数学	计算机维修	电路基础	电子技术
06001	杨卜华	85	91	89	90	89	76
06002	王向上	95	86	84	91	86	92
06003	袁腾	90	77	82	88	95	84
06004	王明文	87	76	79	76	81	83
06005	李虹	79	87	71	90	83	91
06006	张海涛	81	81	83	85	90	77
06007	子安东	90	74	72	84	92	80
06008	王林	82	85	90	76	93	79

图 4-28　成绩统计表

4. 设置图书销售统计表

标题格式为“合并居中、20 磅、图案浅橙”；“A2 ：F2”区域字体加粗，“A 1 ：F8”区域“居中、外边框粗实线墨绿、内边框细实线浅绿”；“类别”列设置条件格式为“等于文学、橙色、加粗倾斜”；“单价”“销售额”列数据设置数字格式为“货币—人民币”，如图 4-29 所示。

欣欣书店图书销售统计表					
编号	书名	类别	单价（元）	数量	销售额（元）
200601	易中天品三国	文学	¥25.00	257	¥6,425.00
200602	周恩来传	文学	¥36.00	185	¥6,660.00
200603	将军的世界	军事	¥34.00	120	¥4,080.00
200604	白鹿原	文学	¥32.00	150	¥4,800.00
200605	五笔打字	教育	¥26.00	210	¥5,460.00
200606	黄山旅游	休闲	¥18.00	240	¥4,320.00

图 4-29　销售统计表

任务三　制作学生成绩单及数据处理

任务背景

为方便成绩的计算与分析，某班利用Excel制作了一张成绩单，如图4-30所示。现在要利用电子表格的数据处理功能对其进行求和、求平均分、求最高分以及排序操作。

	A	B	C	D	E	F	G	H	I	J
1	贵州省经济学校计算机维修班期中检测成绩统计表									
2	学号	姓名	语文	英语	数学	计算机维	电路基础	电子技术	总分	平均分
3	06001	杨卜华	85	91	89	90	89	76		
4	06002	王向上	95	86	84	91	86	92		
5	06003	袁腾	90	77	82	88	95	84		
6	06004	王明文	87	76	79	76	81	83		
7	06005	李虹	79	87	71	90	83	91		
8	06006	张海涛	81	81	83	85	90	77		
9	06007	子安东	90	74	72	84	92	80		
10	06008	王林	82	85	90	76	93	79		
11	单科平均分									
12	单科最高分									

图4-30　某班成绩单

任务分析

Excel除了能建立表格、编辑数据，还可以进行数据的计算，实现对数据的分析。

比如运用自动求和功能可以快速完成数据求和工作，运用公式和函数可以完成复杂的数据计算工作等，通过本节的学习，我们将学到以下知识点：

（1）了解单元格引用及基本运算符。

（2）熟练掌握使用公式进行数据计算的操作。

（3）熟练掌握使用函数进行数据计算的操作。

（4）学会数据的排序、筛选和分类汇总。

任务学习准备

一、公式运算

1. 概念

公式由数据、单元格地址、函数和运算符组成，必须以“=”开头。运用公式可以对工作表中的数值进行加、减、乘、除等运算。

2. 单元格引用

单元格引用是指在公式中引用单元格地址所代表的单元格中的数据。例如“=A1+

B2”的意思就是 A1 与 B2 单元格中的数据值相加。

单元格引用中的冒号与逗号：

①冒号表示一个区域，如“A2：C3”表示 A2 到 C3 的所有单元格。

②逗号常用于处理一些不连续的单元格，如“A2：C3，H6”表示 A2 到 C3 单元格区域再加上 H6。

3. 了解运算符

Excel 2010 的运算符主要有以下四类：

①算术运算符，表 4-1 为 Excel 中的算术运算符及其说明（注：A1 单元格中数值为 5，B2 单元格中数值为 3）。

表 4-1 算术运算符及其说明

运算符	名称	示例	运算结果
+	加号	=10+5	15
—	减号	=A1-B2	2
*	乘号	=A1 * 2	10
/	除号	=（A1+B2）/2	4
%	百分号	=50%	0. 5
^	乘幂号	2^4	16

②比较运算符，表 4-2 为 Excel 中的比较运算符及其说明。

表 4-2 比较运算符及其说明

运算符	名称	示例	运算结果
=	等于号	=100+20=150	FALSE（假）
>	大于号	=100>99	TRUE（真）
<	小于号	=100+20<150	TRUE
>=	大于等于号	=2+25>=80	FALSE
<=	小于等于号	=20 * 2<=80	TRUE
<>	不等于号	=100<>120	TRUE

③文本运算符，它只包含一个连字符“&”，它能将两个文本连接起来，如输入“中国”&“贵州”，显示的结果为“中国贵州”。

④运算顺序。运算优先级由高到低顺序，如表 4-3 所示。

表 4-3 运算顺序表

<table>
<tr><th>运算符</th><th>运算级别</th><th>备注</th></tr>
<tr><td>-（负号）</td><td>1（级别由高到低）</td><td rowspan="7">公式中同一级别运算，按从左向右顺序进行；乘除号可以改变运算顺序。</td></tr>
<tr><td>%（百分数）</td><td>2</td></tr>
<tr><td>^（乘方）</td><td>3</td></tr>
<tr><td>*、/（乘、除）</td><td>4</td></tr>
<tr><td>+、-（加、减）</td><td>5</td></tr>
<tr><td>&（字符连接）</td><td>6</td></tr>
<tr><td>=、>、<、>=、<=、<>（比较）</td><td>7</td></tr>
</table>

二、函数运算

1. 定义

函数是 Excel 系统已经预先定义好的公式，是通过参数设置便能完成特定计算的内置功能。当用户需要时，可以在公式中直接调用函数。

2. 常用函数

①SUM：求和函数。

格式：SUM（number1，number2，number3，…）

功能：计算连续或不连续的单元格区域的数值和。例如：SUM（10，30，50）的值为 90。

SUM（A1：B6）表示“A1：B6”区域所有单元格中数值的和。参数最多允许有 30 个。

②AVERAGE：求平均数函数。

格式：AVERAGE（number 1，number2，number3，…）

功能：计算连续或不连续的单元格区域的数值的平均值。参数最多允许有 30 个。

③MAX：求最大值函数。

④MIN：求最小值函数。

⑤COUNT：计数函数。

⑥IF：条件函数。

提示 插入函数的方法

方法1：单击“公式”—“函数库”中相应函数按钮，选择函数。

方法2：如果知道函数名称和使用方法，可直接在编辑栏中直接输入函数。

任务实施

1. 用公式法求总分

（1）选中 I3 单元格，输入“=C3+D3 +E3+ F3 +G3 + H3”，如图 4-31 所示，按回车键后，自动生成总分为 520 分。

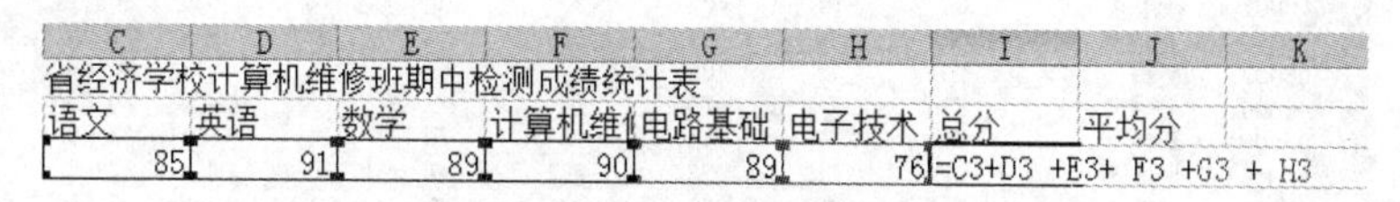

C	D	E	F	G	H	I	J	K
省经济学校计算机维修班期中检测成绩统计表								
语文	英语	数学	计算机维修	电路基础	电子技术	总分	平均分	
85	91	89	90	89	76	=C3+D3 +E3+ F3 +G3 + H3		

图 4-31　公式法输入界面

（2）选中 I3 单元格，用鼠标拖动右下角填充柄，至 I10 松开，可以实现所有总分的自动填充，如图 4-32 所示。

	A	B	C	D	E	F	G	H	I	J
1	贵州省经济学校计算机维修班期中检测成绩统计表									
2	学号	姓名	语文	英语	数学	计算机维修	电路基础	电子技术	总分	平均分
3	06001	杨卜华	85	91	89	90	89	76	520	
4	06002	王向上	95	86	84	91	86	92	534	
5	06003	袁腾	90	77	82	88	95	84	516	
6	06004	王明文	87	76	79	76	81	83	482	
7	06005	李虹	79	87	71	90	83	91	501	
8	06006	张海涛	81	81	83	85	90	77	497	
9	06007	子安东	90	74	72	84	92	80	492	
10	06008	王林	82	85	90	76	93	79	505	
11	单科平均分									
12	单科最高分									

图 4-32　自动填充结果

2. 用插入函数法求平均分

（1）选中 J3 单元格，单击“公式”菜单，选择“插入函数”命令，弹出话框，如图 4-33 左图所示，选择函数“AVERAGE”后单击“确定”，弹出“函数参数”对话框，如图 4-33 右图所示。在 Number 中输入“C3：H3”后单击“确定”，在 J3 中计算出平均分 86.666 67。

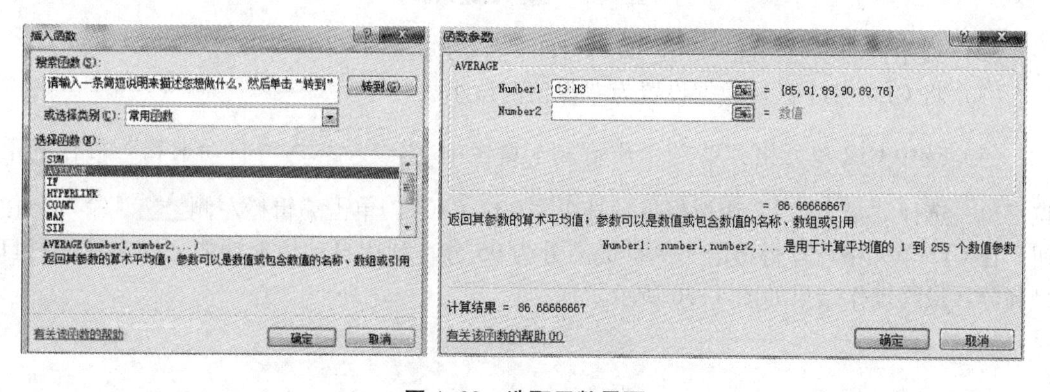

图 4-33　选取函数界面

（2）利用自动填充功能，得出“J4：J10”的平均分。

（3）选中“J3：J10”区域，打开“单元格格式”对话框“数字”选项卡，选择“数值”项，确认格式为“小数点后两位”，单击“确定”，将该单元格区域数据设置为保留两位小数。操作结果，如图 4-34 所示。

	A	B	C	D	E	F	G	H	I	J
1	贵州省经济学校计算机维修班期中检测成绩统计表									
2	学号	姓名	语文	英语	数学	计算机维	电路基础	电子技术	总分	平均分
3	06001	杨卜华	85	91	89	90	89	76	520	86.67
4	06002	王向上	95	86	84	91	86	92	534	89.00
5	06003	袁腾	90	77	82	88	95	84	516	86.00
6	06004	王明文	87	76	79	76	81	83	482	80.33
7	06005	李虹	79	87	71	90	83	91	501	83.50
8	06006	张海涛	81	81	83	85	90	77	497	82.83
9	06007	子安东	90	74	72	84	92	80	492	82.00
10	06008	王林	82	85	90	76	93	79	505	84.17
11	单科平均分									
12	单科最高分									

图 4-34　设置两位小数数据结果

3. 用自动求和按钮求单科平均分、最高分

（1）选中 C11 单元格，单击“开始”工具栏中 Σ 自动求和 “自动求和”按钮的下拉三角，选择“平均值”，如图 4-35 所示。用鼠标拖动选中“C3：C10”，单击编辑栏左侧 “输入”按钮，在 C11 单元格计算得出语文单科平均分 86.125。

图 4-35　选择自动求和

（2）利用自动填充功能，得出 D11：J11 的平均分。

（3）将 C11：J11 区域数据设置为“保留两位小数”。

（4）选中 C12 单元格，单击“开始”工具栏中 Σ 自动求和 “自动求和”按钮的下拉三角，选择“最大值”，用鼠标拖动选中“C3：C10”，单击编辑栏左侧 “输入”按钮，在 C12 单元格计算得出语文单科最高分为 95 分。利用自动填充功能，得出其他科目最高分。最终操作结果如图 4-36 所示。

	A	B	C	D	E	F	G	H	I	J
1	贵州省经济学校计算机维修班期中检测成绩统计表									
2	学号	姓名	语文	英语	数学	计算机维	电路基础	电子技术	总分	平均分
3	06001	杨卜华	85	91	89	90	89	76	520	86.67
4	06002	王向上	95	86	84	91	86	92	534	89.00
5	06003	袁腾	90	77	82	88	95	84	516	86.00
6	06004	王明文	87	76	79	76	81	83	482	80.33
7	06005	李虹	79	87	71	90	83	91	501	83.50
8	06006	张海涛	81	81	83	85	90	77	497	82.83
9	06007	子安东	90	74	72	84	92	80	492	82.00
10	06008	王林	82	85	90	76	93	79	505	84.17
11	单科平均分		86.13	82.13	81.25	85.00	88.63	82.75	505.88	84.31
12	单科最高分		95	91	90	91	95	92	534	89

图 4-36 求和自动填充

4. 排序

打开“高二就业班学生成绩单”工作簿，按照“总分由高到低”的顺序为三个班的同学排序。

方法：选中“总分”列中任意数据，单击“数据”菜单栏中的 “降序”按钮即可。

提示

排序

对总分进行升序可以采用选中“总分”列的某个单元格，直接单击“数据”选项卡，在“排序和筛选”组中单击“降序”按钮。排序时如需降序，则单击“降序”按钮。

5. 筛选

（1）打开“高二就业班学生成绩单”工作簿，将鼠标定在数据区域任意单元格。

（2）单击“数据”菜单→“筛选”命令，数据区域将会发生变化。

（3）在“总分”下拉三角中，选择“自定义”，在弹出的“自定义自动筛选方式”对话框中，输入“总分大于 400”，单击“确定”。系统筛出总分超过 400 分同学共 20 名，筛选情况，如图 4-37 所示。

（4）单击“电路基础”下拉三角，选择“前 10 个”，单击“确定”，则可以在这 20 名同学中，将电路基础成绩排在前 10 名的同学筛选出来。

6. 分类汇总

（1）打开“高二就业班学生成绩单”工作簿，将鼠标定在数据区域任意单元格。

（2）单击“数据”菜单→“分类汇总”命令，弹出“分类汇总”对话框，分类字段为“班级”，汇总方式为“计数”，汇总项为“姓名”，单击“确定”。最终可将每个班级的学生人数情况汇总出来，如图 4-38 所示。

	A	B	C	D	E	F	G	H
1	贵州省经济学校计算机维修班期中检测成绩统计表							
2	学号	姓名	语文	英语	数学	计算机维	电路基	总分
3	06001	杨卜华	95	91	89	90	89	454
4	06002	王向上	95	86	84	91	86	442
5	06003	袁腾	90	77	82	88	95	432
6	06004	王明文	87	76	79	76	81	399
7	06005	李虹	79	87	71	90	83	410
8	06006	张海涛	81	81	83	85	90	420
9	06007	子安东	90	74	72	84	92	412
10	06008	王林	82	85	90	76	93	426
11	06009	杨考斌	89	76	89	76	76	406
12	06010	胡伟东	90	92	86	92	92	452
13	06011	何云	81	83	81	83	83	411
14	06012	展新	90	77	90	55	92	404
15	06013	刘辉	92	80	92	80	84	428
16	06014	刘伟	92	95	89	95	86	457
17	06015	袁东东	84	92	84	83	76	419
18	06016	张晓晓	86	84	83	76	87	416
19	06017	胡长安	77	83	91	92	81	424
20	06018	李中华	76	91	77	84	74	402
21	06019	刘芸	87	77	80	83	85	412
22	06020	徐智勇	81	80	79	91	76	407

图 4-37　筛选结果示意图

	A	B	C	D	E	F	G	H	I	J
1	贵州省经济学校计算机维修班期中检测成绩统计表									
2	班级	学号	姓名	语文	英语	数学	计算机维修	电路基础	总分	
3	一班	06001	杨卜华	95	91	89	90	89	454	
4	一班	06002	王向上	95	86	84	91	86	442	
5	一班	06003	袁腾	90	77	82	88	95	432	
6	一班	06004	王明文	87	76	79	76	81	399	
7	一班	06005	李虹	79	87	71	90	83	410	
8	一班	06006	张海涛	81	81	83	85	90	420	
9	一班 计数		6							
10	二班	06007	子安东	90	74	72	84	92	412	
11	二班	06008	王林	82	85	90	76	93	426	
12	二班	06009	杨考斌	89	76	89	76	76	406	
13	二班	06010	胡伟东	90	92	86	92	92	452	
14	二班	06011	何云	81	83	81	83	83	411	
15	二班	06012	展新	90	77	90	55	92	404	
16	二班 计数		6							
17	三班	06013	刘辉	92	80	92	80	84	428	
18	三班	06014	刘伟	92	95	89	95	86	457	
19	三班	06015	袁东东	84	92	84	83	76	419	
20	三班	06016	张晓晓	86	84	83	76	87	416	
21	三班	06017	胡长安	77	83	91	92	81	424	
22	三班	06018	李中华	76	91	77	84	74	402	
23	三班	06019	刘芸	87	77	80	83	85	412	
24	三班	06020	徐智勇	81	80	79	91	76	407	
25	三班 计数		8							
26	总计数		20							

图 4-38　汇总结果示意图

归纳提高

1. 认识自动求和按钮

自动求和按钮 Σ 自动求和 ▾ 在 Excel 数据计算中运用非常方便、灵活，它将 Excel 系统内置的各种参数函数功能都快捷化到这个按钮上。简化了一些常用的数据计算方法的操作。

2. 插入函数的方法

方法一：选择“公式”菜单→“函数”命令。

方法二：单击编辑栏左侧 “插入函数” 按钮。

3. 数据计算方法

（1）手动输入公式，如 “=(A1+B1+C1)/4”，适用于几个单元格的简单运算。

（2）插入函数法，利用对话框调用函数，功能比较全面，多用于稍复杂的运算需求。

（3）自动求和按钮法，特点是一键到位，方便快捷。

三者殊途同归，我们可以根据数据运算需求和使用习惯来选择不同的方法。

4. 筛选功能

当表格中数据太多时，筛选功能可以筛选出满足特定条件的记录。

若要取消筛选功能，就单击 “数据” 菜单→ “筛选”，点击 “筛选” 数据就能恢复到筛选前状态。

5. 分类汇总

使用分类汇总功能可以轻松地对海量的信息数据进行数据分析统计。常用的分类汇总法有求和、求平均值等。要想对表格中的某一字段进行分类汇总，必须先对该字段进行排序且要保证第一行有字段名。

任务评估

任务三评估细则		自评	教师评
1	求和、求平均值、最大及最小值		
2	基本概念		
3	排序、筛选、分类汇总		
任务综合评估			

讨论与练习

交流讨论：

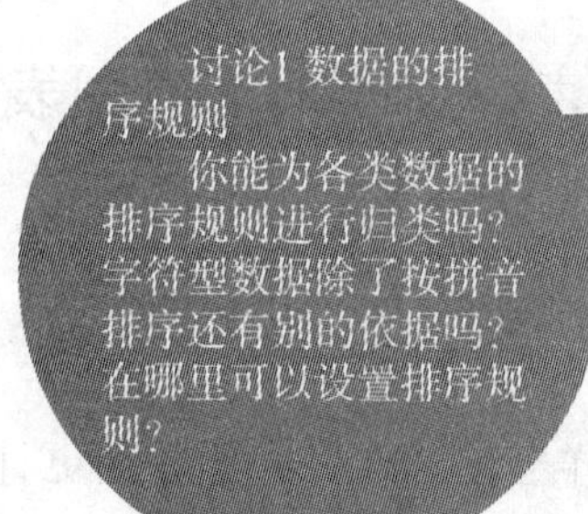

讨论2 分类汇总

如何对比各专业学生的平均总分？如果不用分类汇总功能，能不能用排序结合函数等操作来模仿分类汇总功能？

思考与练习：

练习题

如何在成绩表中将90分以及90以上的分数用红色表示，如何将60分以下的分数用紫色表示。（提示：请用两种方法）

任务拓展

图4-39是“柯里公司生产总值统计表”，要求：

（1）使用公式函数：打开“柯里公司生产总值统计表”，计算出“四年合计”及“年平均值”。

（2）数据排序：打开“柯里公司生产总值统计表”，以“月份”为主要关键字，“季度”为次要关键字，进行升序排序。

（3）数据筛选：打开“柯里公司生产总值统计表”，筛选出“2006年”和“2007年”大于或等于750的记录。

（4）数据分类汇总：打开“柯里公司生产总值统计表”，以“季度”为分类字段，对各年份进行“求和”分类汇总。

	A	B	C	D	E	F	G
1	柯里公司生产总值统计表（元）						
2	季度	月份	2004年	2005年	2006年	2007年	四年合计
3	四季度	十二月	606.7	718.3	785.1	813.4	
4	四季度	十一月	616.8	709.6	755.3	766.5	
5	二季度	六月	611	667.6	741.5	806.3	
6	四季度	十月	596.3	677	741.5	785.2	
7	二季度	五月	590	653.2	806.6	746.3	
8	三季度	八月	565.6	684.9	739.6	797.5	
9	三季度	九月	599	676.4	779.3	725.6	
10	三季度	七月	577.6	627.9	790.1	782	
11	二季度	四月	575	633.3	778.6	738.3	
12	一季度	一月	570.3	581.3	708.6	791	
13	一季度	三月	460.6	626.3	758.6	663.1	
14	一季度	二月	579.6	523.3	625.5	630.3	
15		年平均值					

图4-39　柯里公司生产总值统计表

任务四　数据分析及为“图书销售统计表”创建图表

任务背景

Excel工作表中的数据也可以用图形来表示，这样会使工作表中的数据更直观、更形象，有利于数据的分析比较。某书店要为本月的图书销售情况创建一个图表，通过图表直观、形象的特点，来反映本书店的图书销售情况。下面我们就结合该书店的“图书销售统计表”的特点，为其选择合适的图表类型，创建一个“图书销售统计图”。

任务分析

在 Excel 中可以建立两种图表：嵌入式图表和非嵌入式图表（也叫独立式）。Excel 一共提供了十几种图表类型，如：柱形图、条形图、折线图、饼图、圆环图、圆柱图、圆锥图、棱锥图、xy 散点图、面积图、雷达图、曲面图、气泡图和股价图等，每种图表类型下还有若干子类型，此外用户还可以自定义图表类型。在实际应用中，我们要结合数据的特点，来选择相对应的图表类型，以达到最佳的表达效果。结合该书店的图书销售统计数据特点，我们将选择饼图或圆环图来反映其销售情况，图表制作效果如图 4-40 所示。完成本次任务主要有以下步骤：

（1）选择数据区域，打开图表向导。

（2）“图表向导”设置的三个步骤。

（3）编辑图表中的各组件。

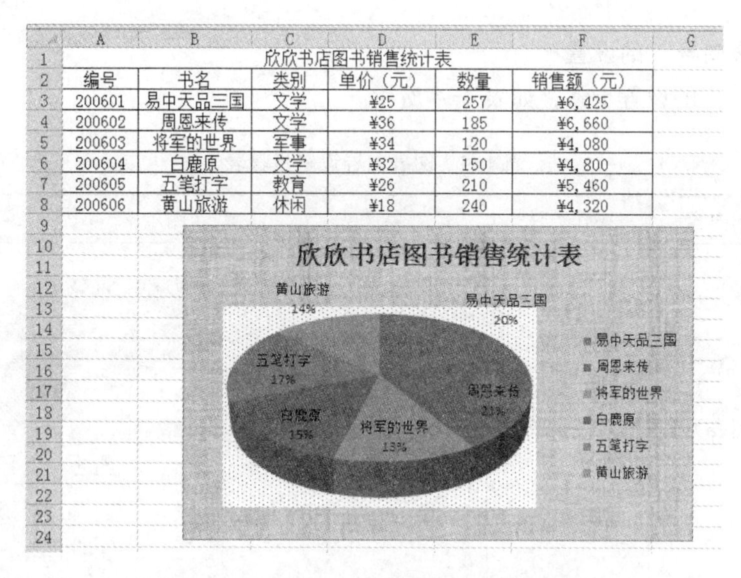

欣欣书店图书销售统计表

编号	书名	类别	单价（元）	数量	销售额（元）
200601	易中天品三国	文学	¥25	257	¥6,425
200602	周恩来传	文学	¥36	185	¥6,660
200603	将军的世界	军事	¥34	120	¥4,080
200604	白鹿原	文学	¥32	150	¥4,800
200605	五笔打字	教育	¥26	210	¥5,460
200606	黄山旅游	休闲	¥18	240	¥4,320

图 4-40 欣欣书店图书销售统计表示意图

任务学习准备

选择数据区域，打开图表向导：

（1）打开“欣欣书店图书销售统计表”。

（2）结合 Ctrl 键选择“B3,B8，F3,F8”数据区域，单击“插入”菜单，选择“图表”选项，如图 4-41 所示。

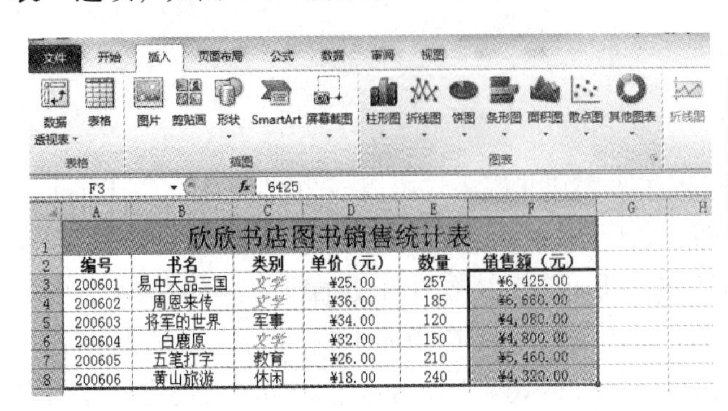

提示

选取不连续的单元格区域

要选择不连续的区域，可先按住ctrl键，再选取单元格、行、列或拖动鼠标框选区域。

图 4-41　选择数据区域

（3）打开“图表向导”对话框。

任务实施

一、“图表向导”的设置

“图表向导”的设置步骤，如表 4-4 所示。

表 4-4　图表向导设置步骤表

步骤	操作内容	操作方法	图示
步骤 1	选择图表类型	选择“三维饼图”，单击“确定”	
步骤 2	选择图表源数据	选择“系列产生在列”，单击进入下一步	

表4-4(续)

步骤	操作内容	操作方法	图示
步骤 3	图表选项	分别对“图例项（系列）”和“水平（分类）轴标签”点击确定	

此时，创建出的图表，如图 4-42 所示。

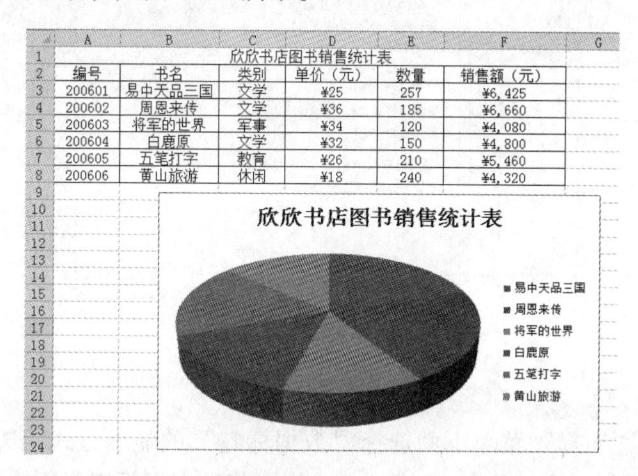

	A	B	C	D	E	F
1	欣欣书店图书销售统计表					
2	编号	书名	类别	单价（元）	数量	销售额（元）
3	200601	易中天品三国	文学	¥25	257	¥6,425
4	200602	周恩来传	文学	¥36	185	¥6,660
5	200603	将军的世界	军事	¥34	120	¥4,080
6	200604	白鹿原	文学	¥32	150	¥4,800
7	200605	五笔打字	教育	¥26	210	¥5,460
8	200606	黄山旅游	休闲	¥18	240	¥4,320

图 4-42　创建饼状图初始示意图

二、编辑图表中各组件

1. 认识图表组件

图表组件有图表区、绘图区、图例、标题、数据系列，如图 4-43 所示。

图 4-43　饼状图界面功能区域示意图

2. 设置组件格式

在各组件区域单击鼠标右键，可以设置各组件格式。例如：在“图表区”单击鼠标右键，打开菜单，选择“设置图表区格式”，打开“图表区格式”对话框，单击“填充”按钮，选择“图案或纹路填充”按钮中的“纹理”样式，单击“确定”，即可为“图表区”设置背景纹理，如图 4-44 所示。同理可设置其他各组件的背景纹理。

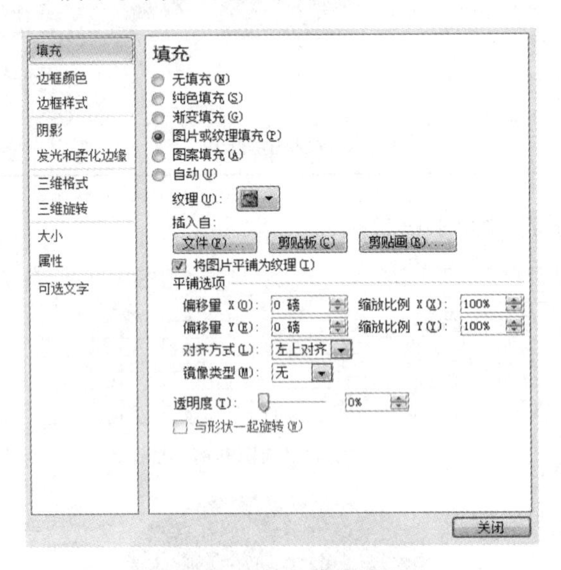

图 4-44　图标填充界面

3. 设置百分比

选择图表，在“布局”菜单下面选择“数据标签”的显示方式，选择“数据标签”，在对话框内勾选“百分比”，如图 4-45 所示，即可将所有书籍销售额的百分比显示出来。

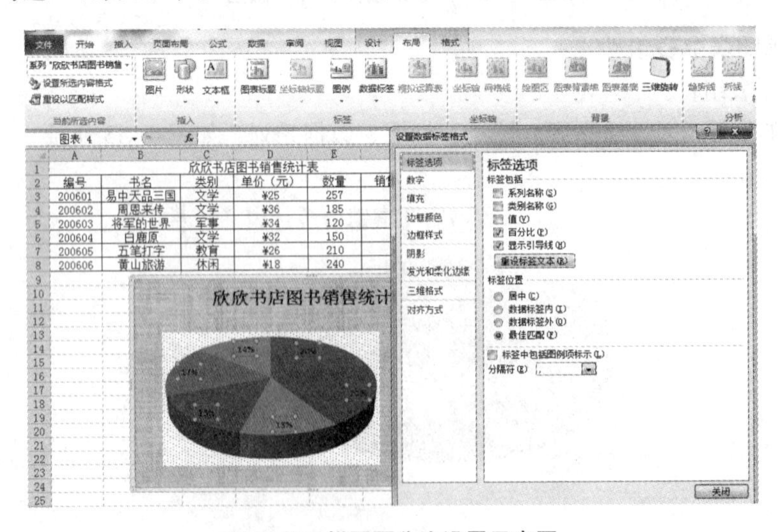

图 4-45　饼图百分比设置示意图

4. 最终调整

调整图表位置和各组件的大小，得到创建好的三维饼图，如图 4-46 所示。

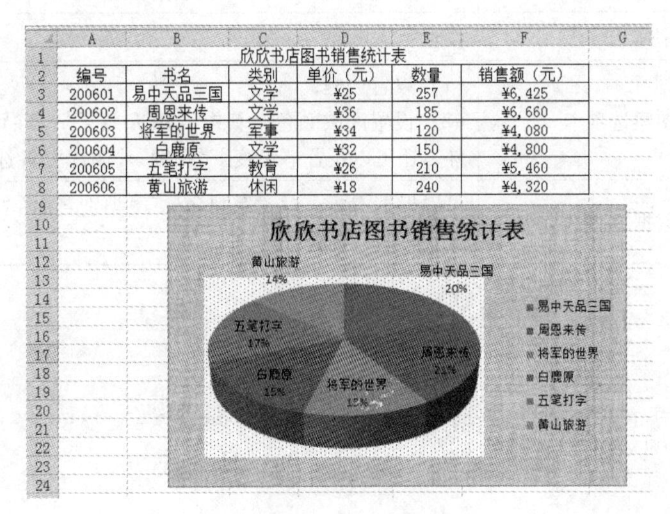

欣欣书店图书销售统计表					
编号	书名	类别	单价（元）	数量	销售额（元）
200601	易中天品三国	文学	¥25	257	¥6,425
200602	周恩来传	文学	¥36	185	¥6,660
200603	将军的世界	军事	¥34	120	¥4,080
200604	白鹿原	文学	¥32	150	¥4,800
200605	五笔打字	教育	¥26	210	¥5,460
200606	黄山旅游	休闲	¥18	240	¥4,320

图 4-46 调整结果示意图

归纳提高

1. 打开图表向导的方法

单击“插入”菜单，点击选择“图表”选项区中符合数据要求的图表。如图 4-47 所示。

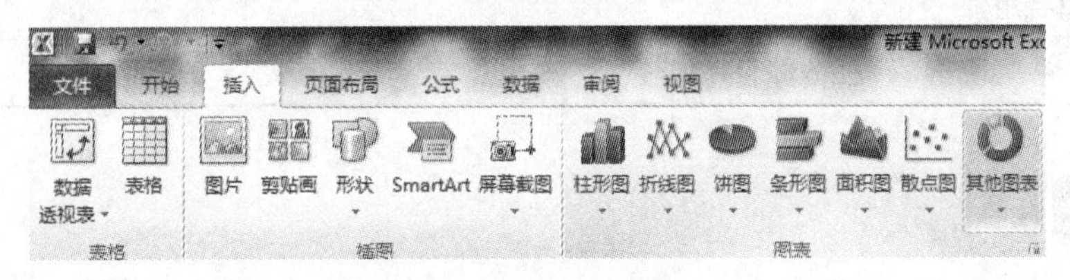

图 4-47 选择图表

2.“图表向导”设置四步骤的操作特点

（1）步骤一——图表类型：根据数据特点，选择合适的类型。

（2）步骤二——图表源数据：根据实际情况，选择系列产生在行或列。

（3）步骤三——图表选项：可对标题中的坐标轴、图例、数据标志进行设置。

（4）步骤四——图表位置：作为新工作表插入为独立式，作为其中对象插入为嵌入式。

（5）在各组件单击鼠标右键，通过快捷菜单进行格式编辑时，主要有字体、图案、数据标志等几个常用选项卡，通过举例来了解各选项卡的主要操作，如表 4-5 所示。

表 4-5　图表选项卡主要操作示例表

对象	格式选项	操作要点
图表标题	字体选项卡	设置字体格式
图表区	图案选项卡	(1) 设置边框； (2) 设置区域颜色，其中“填充效果”，除可以设置“纹理”外，还可以设置“渐变”“图案”“图片”各选项
某一数据系列	数据标志选项卡	可以根据需要，对“系列名称”“类别名称”“百分比”“值”各复选框进行选择

提示

数据保护

如需保护工作表数据，可单击“审阅”→“更改”→“保护工作表”在弹出的对话框中设置密码。

任务评估

任务四评估细则		自评	教师评
1	创建图表		
2	图表向导的设置		
3	编辑各组件		
任务综合评估			

讨论与练习

交流讨论：

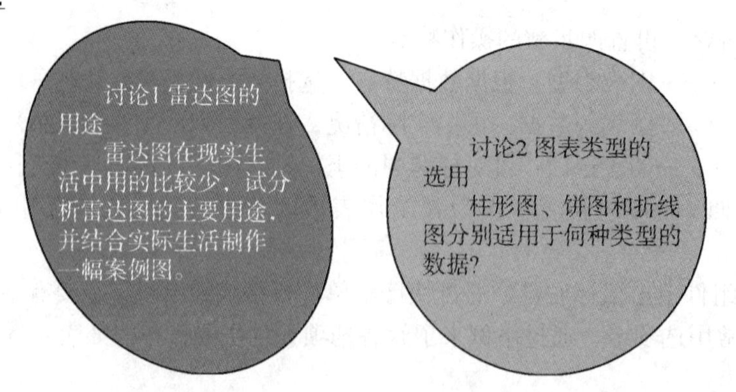

思考与练习：

练习题　将图 4-40 中销售额的数据以及对应的书名，用“柱形图”表示，并尝试分析“柱形图”与“饼形图”在进行数据分析时的优劣。

任务拓展

（1）结合“欣欣书店图书销售统计表”，创建一个反映图书销售数量情况的独立式环形图，如图 4-48 所示。

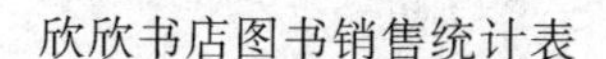

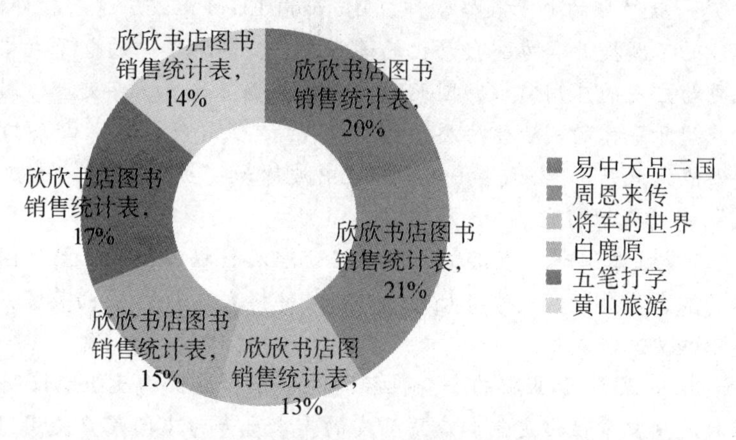

图 4-48　环形图

（2）结合图 4-49 的数据，创建一个嵌入式条形图，如图 4-49 所示。

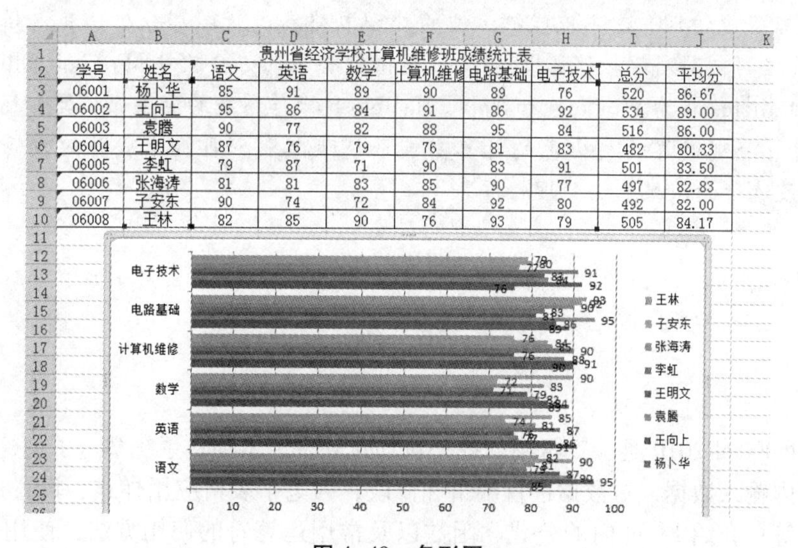

贵州省经济学校计算机维修班成绩统计表

学号	姓名	语文	英语	数学	计算机维修	电路基础	电子技术	总分	平均分
06001	杨卜华	85	91	89	90	89	76	520	86.67
06002	王向上	95	86	84	91	86	92	534	89.00
06003	袁腾	90	77	82	88	95	84	516	86.00
06004	王明文	87	76	79	76	81	83	482	80.33
06005	李虹	79	87	71	90	83	91	501	83.50
06006	张海涛	81	81	83	85	90	77	497	82.83
06007	子安东	90	74	72	84	92	80	492	82.00
06008	王林	82	85	90	76	93	79	505	84.17

图 4-49　条形图

知识链接

常见的几种电子表格

电子表格可以输入输出、显示数据，可以帮助用户制作各种复杂的表格文档，进行烦琐的数据计算，并能将输入的数据进行各种复杂统计运算后显示为可视性极佳的表格，同时它还能形象地将大量枯燥无味的数据变为多种漂亮的彩色商业图表显示出来，极大地增强了数据的可视性。另外，电子表格还能将各种统计报告和统计图打印出来。Excel 是微软 Microsoft Office 软件中的电子表格组件，其做出的表格是电子表格中的一种，除此以外还有国产的 CCED、金山 WPS 中的电子表格等。

Lotus 123 是一款早期的电子表格软件，Microsoft Excel 承继了这款软件的很多功能，随着计算机性能的不断提升和办公自动化的逐步推广，这种单一的电子表格应用程序越来越难以适应更为广泛的应用需求，因而逐渐被集数据库运算、字处理、数据通信、图形处理等多种应用于一体的模块化办公软件所取代。“/”（反斜杠）命令与“宏”是这款软件的主要特点，此外，“公式”（在 Office 中被称为“函数”）、“表单”“工作簿”以及“录制宏”也都是源自它。

CCED 是一个集文本编辑、表格制作、数据处理及数据库功能、图形图像功能和排版打印为一体的综合办公及家庭事务处理软件。文件格式与 DOS 双向兼容，任何编辑软件均可读取其中的文本与表格。

金山 WPS Office 2007 专业版的安全性经过几百家权威机构及组织证明，金山 WPS 办公套装无限扩展用户个性化定制和应用开发的需求；专为中国用户使用习惯的量身定制的 WPS Office 软件。

Microsoft Excel 是办公室自动化中非常重要的一款软件，很多巨型国际企业都是依靠 Excel 进行数据管理。它不仅能够方便的处理表格和进行图形分析，其更强大的功能体现在对数据的自动处理和计算上。Excel 是微软公司的办公软件 Microsoft Office 的组件之一，是由 Microsoft 为 Windows 和 Apple Macintosh 操作系统的电脑而编写和运行的一款试算表软件。直观的界面、出色的计算功能和图表工具，再加上成功的市场营销，使 Excel 成为最流行的微机数据处理软件。

小　结

Microsoft Excel 2010 是一款常用的办公自动化软件，本项目系统学习了创建电子表格，在电子表格内输入数据，对数据进行编辑和修改；为电子表格应用样式、设置边框、填充颜色和底纹等；介绍 Excel 内的公式、函数以及常用运算符的使用方法；使用 Excel 制作图表，介绍了常用图表的类型和创建方法；使用饼图和柱形图进对图表进行分析的方法；对数据排序、筛选以及分类汇总等内容。

本项目的学习能够帮助学习者掌握基本的 Excel 2010 的使用方法和常见的图表制作，为日后的学习生活和日常工作打下基础。

项目五　丰富多彩的幻灯片
——Powerpoint 2010 的应用

职业情景描述

Powerpoint 是 Microsoft Office 系列办公软件之一，使用这个软件可以制作扩展名为 .pptx 的演示文稿文件，也就是我们通常所说的幻灯片文件。幻灯片文件中的每一页都是一张幻灯片。在日常学习中或工作中，我们利用这个软件可以制作集图、文、声、像于一体的演示文稿，使演示更吸引观众，增强演示效果。通过本章的学习，你将学习到以下内容：

（1）了解 Powerpoint 的基本知识。

（2）掌握演示文稿的创建方法。

（3）能熟练地掌握幻灯片的复制、删除等基本操作。

（4）能对演示文稿进行编辑与修饰。

（5）能熟练地设置与播放演示文稿。

在本书中，我们通过制作如图 5-1 所示的“多彩贵州”演示稿来学习 Powerpoint 的使用。

图 5-1 “多彩贵州”演示稿

任务一　创建“多彩贵州”演示文稿

任务背景

在 Powerpoint 中创建一篇演示文稿有四种方法：创建空白演示文稿，以及根据设计模板、根据内容提示向导和根据现有演示文稿新建演示文稿。在实际应用中，我们可以根据自己的需要来选择不同的创建方法，以减少工作量。在本书当中，我们以创建空白演示文稿为例来进行学习，以尽快帮助读者熟悉 Powerpoint 软件的各种功能，为以后的学习打下良好的基础。

通过本任务的学习，你将学习到以下内容：

（1）了解 Powerpoint 的基本知识。

（2）掌握演示文稿的创建方法。

（3）能熟练地对幻灯片进行复制、删除等基本操作。

（4）能对演示文稿进行文本输入。

任务分析

现在我们要来制作一篇名为“多彩贵州”的演示文稿，通过对这个演示文稿的制作，我们可以快速熟悉演示文稿的创建及幻灯片的插入、复制、删除等基本操作，同时也能更好地熟悉文本的输入及编辑等操作。其制作效果如图 5-2 所示。

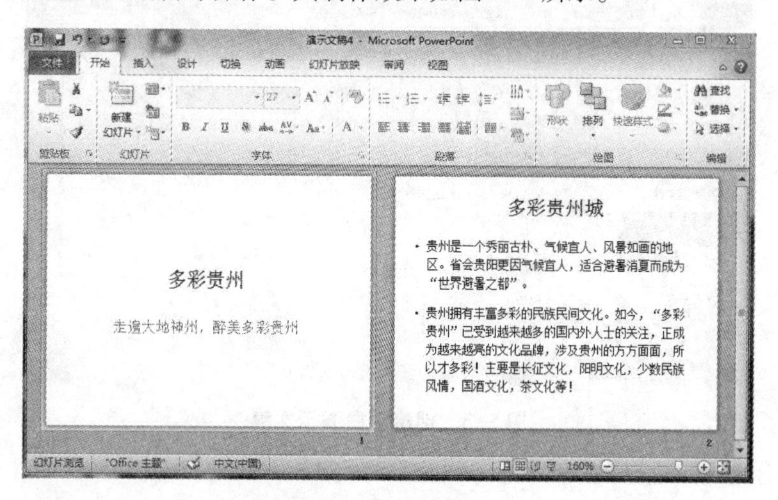

图 5-2　输入文本

完成本次任务主要有以下步骤：

（1）创建一个空白演示文稿。

（2）幻灯片中文本的输入与编辑。

（3）幻灯片的插入、移动和删除。

任务学习准备

我们要通过 Powerpoint 演示文稿对外推荐贵州。首先，要了解贵州，通过网络、书籍来收集“多彩贵州”的资料，比如贵州的行政区域、人口、民族和风土人情等，之后对收集的资料进行整理、归类，选取需要展现的内容。

任务实施

一、实施说明

本任务主要通过建立“多彩贵州”演示文稿，学会 Powerpoint 演示文稿的创建、保存，熟练掌握演示文稿的基本编辑操作，学会使用不同的视图方式浏览演示文稿。

二、实施步骤

步骤 1　创建并编辑一个简单的演示文稿

1. 启动 Powerpoint

执行“文件”菜单中的“新建”命令，打开“可用的模板和主题”任务窗格，创建一个空白演示文稿，单击“创建”，如图 5-3 所示。

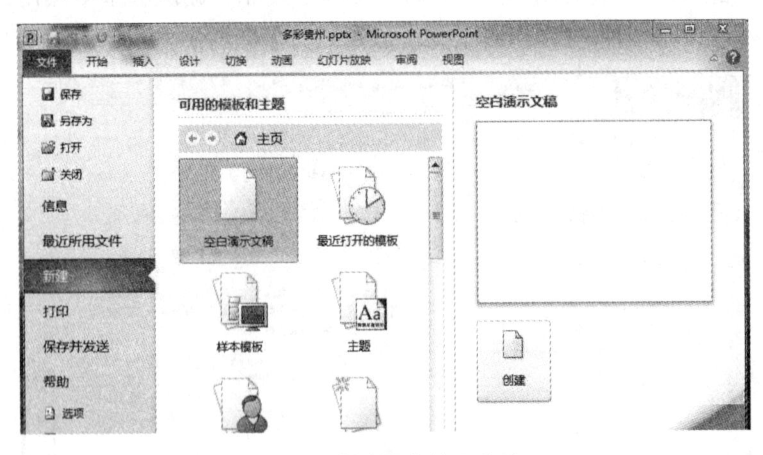

图 5-3　创建空白演示文稿

2. 幻灯片默认版式

屏幕上显示如图 5-4 所示窗口，当前幻灯片所采用的版式为 Powerpoint 中系统默认版式。

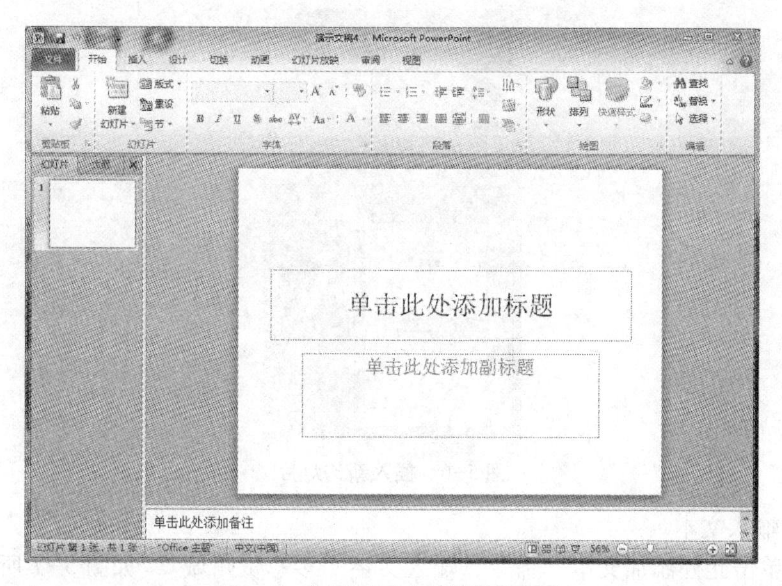

图 5-4　新建演示文稿的默认版式

3. 输入文本

分别在标题与副标题文本框中输入文字“多彩贵州”和“走遍大地神州，醉美多彩贵州”，并分别设置文本的字体、字号和颜色，如图 5-5 所示。

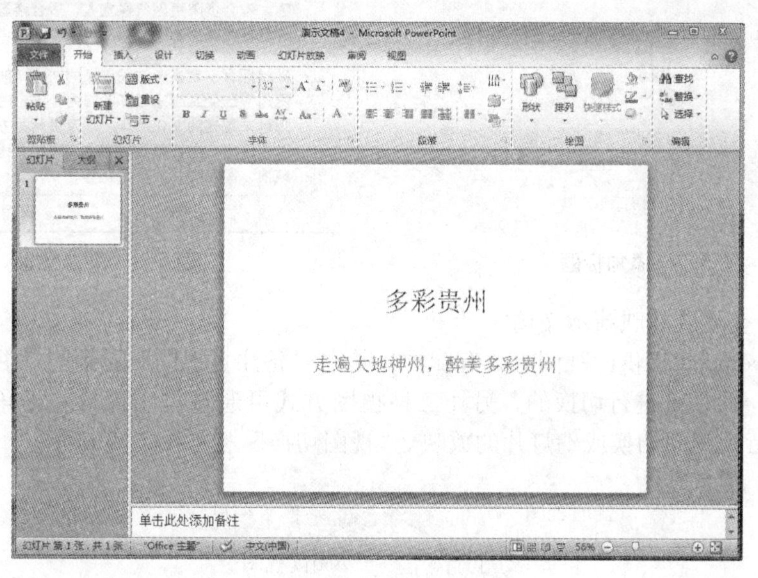

图 5-5　输入文字

4. 插入新幻灯片

单击“开始”菜单中的“新建幻灯片”命令，即可在演示文稿中插入一张新幻灯片，如图 5-6 所示。

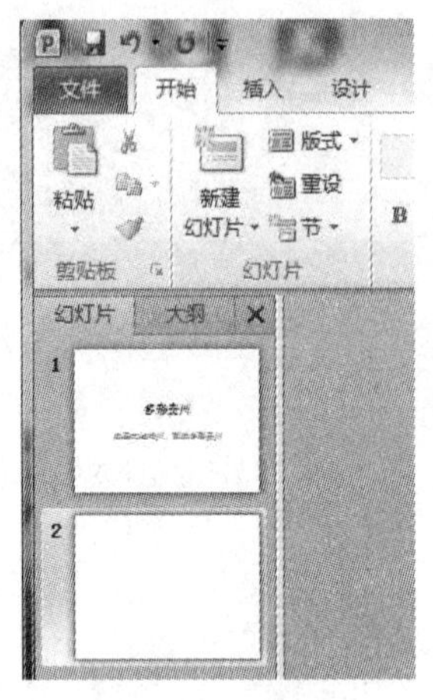

文件
开始
插入
设计
粘贴
新建
幻灯片
版式
重设
节
剪贴板
幻灯片
幻灯片
大纲
1
2
图 5-6　插入新幻灯片

5. 再次输入文本

单击“单击此处添加文本”命令，输入文字“多彩贵州城”，如图 5-7 所示。用同样的方法，单击添加文本，输入文字，如图 5-8 所示。

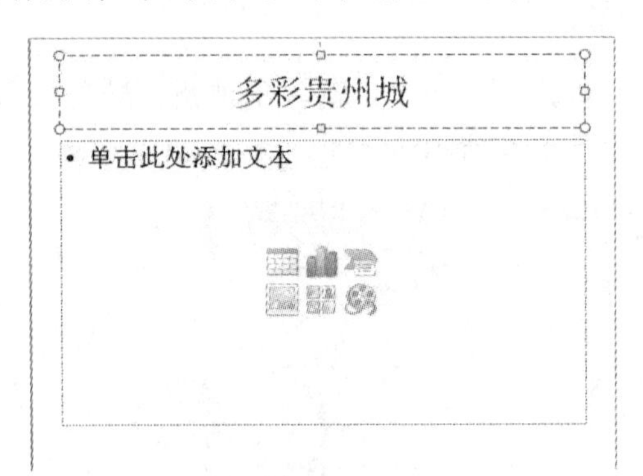

多彩贵州城
• 单击此处添加文本
图 5-7　添加标题

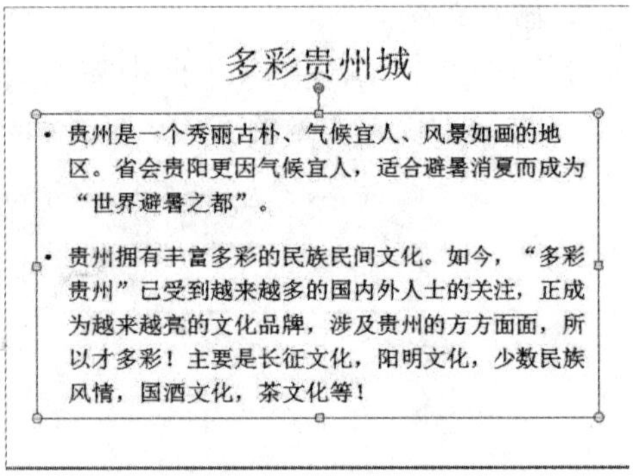

多彩贵州城
• 贵州是一个秀丽古朴、气候宜人、风景如画的地区。省会贵阳更因气候宜人，适合避暑消夏而成为“世界避暑之都”。
• 贵州拥有丰富多彩的民族民间文化。如今，“多彩贵州”已受到越来越多的国内外人士的关注，正成为越来越亮的文化品牌，涉及贵州的方方面面，所以才多彩！主要是长征文化，阳明文化，少数民族风情，国酒文化，茶文化等！
图 5-8　添加文本

步骤 2　查看或放映演示文稿

(1) Powerpoint 提供的视图方式有四种，其中“备注页视图”是通过“视图”菜单中的“备注页”命令来进行切换的，另外三种视图方式可通过位于窗口左下角的“视图切换”栏来进行视图的切换或幻灯片的放映。“视图切换”栏如图 5-9 所示。

普通视图
幻灯片放映
幻灯片浏览
阅读视图
图 5-9　视图切换

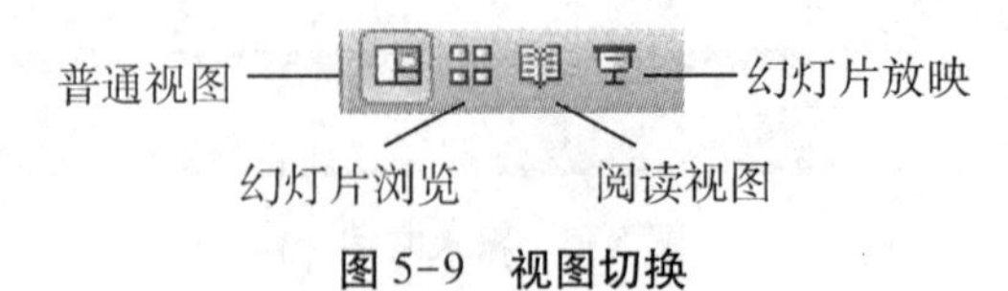

（2）分别用“普通视图”“幻灯片浏览视图”和“备注页视图”等视图方式来查看上述演示文稿，并对比其不同。

（3）单击“幻灯片放映”菜单中的“观看放映”命令（或使用快捷键 F5）及“幻灯片放映视图”来放映上述演示文稿，并对比其不同。

步骤 3　演示文稿的基本操作

1. 插入幻灯片

为演示文稿添加幻灯片有多种方法，其中常用的有两种：一种是使用“开始”菜单中的“新建幻灯片”命令，在当前幻灯片后面插入一张新的幻灯片；一种是在“大纲或幻灯片选项卡”中选中幻灯片，单击鼠标右键，在弹出的快捷菜单中选择“新建幻灯片”命令，插入新幻灯片。

2. 删除幻灯片

当某张幻灯片不再需要时，可以在演示文稿“普通视图”模式下的“大纲或幻灯片选项卡”或“幻灯片浏览视图”中选中这张幻灯片，按 Del 键或单击鼠标右键选择“删除幻灯片”命令进行删除。

3. 移动幻灯片

在演示文稿“普通视图”模式下的“大纲或幻灯片选项卡”或“幻灯片浏览视图”中选中要进行移动的幻灯片，按住鼠标左键将其拖动到目标位置后，松开鼠标即可。

4. 复制幻灯片

在演示文稿“普通视图”模式下的“大纲或幻灯片选项卡”或“幻灯片浏览视图”选中要进行复制的幻灯片，单击鼠标右键“复制幻灯片”命令，便可完成复制操作。

5. 隐藏幻灯片

在演示文稿“普通视图”模式下的“大纲或幻灯片选项卡”或“幻灯片浏览视图”选中要进行隐藏的幻灯片，单击鼠标右键“隐藏幻灯片”命令，将该张幻灯片在放映的时候隐藏起来，不显示该幻灯片的内容。

归纳提高

新建幻灯片的四种方法。

（1）单击“开始”菜单中的“新建幻灯片”命令，之前介绍过，如图 5-6 所示。

（2）右击幻灯片，在弹出的菜单中选择“新建幻灯片”，如图 5-10 所示。

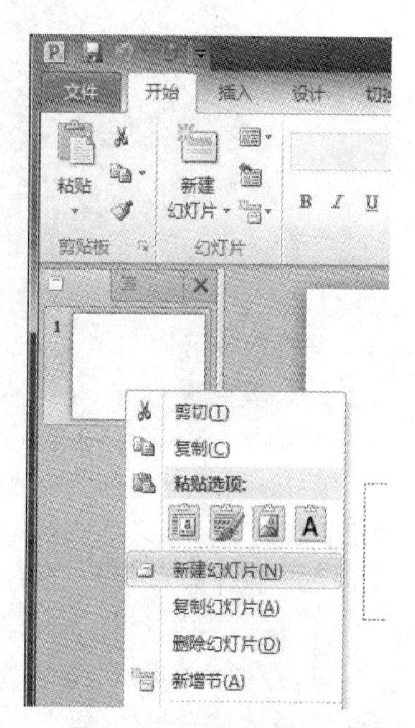

图 5-10　新建幻灯片

（3）快捷键方式：按下 Ctrl+M 键新建幻灯片。

（4）按 Enter 键也可以直接在选中幻灯片的后面插入一张新的幻灯片。

任务评估

任务一评估细则		自评	教师评
1	熟悉 Powerpoint 操作界面		
2	会创建演示文稿		
3	会对幻灯片进行基本操作		
4	会选择幻灯片版式并在幻灯片中输入文本		
任务综合评估			

讨论与练习

交流讨论：

讨论1.“复制”和“复制幻灯片”的区别

右击大纲工作区的任意一个幻灯片后，会出现“复制”和“复制幻灯片”选项，这两者有什么区别？

讨论2. 幻灯片的操作方法

插入、删除、移动、复制幻灯片是演示文稿的基本操作，可通过多种方法来实现，请讨论并归纳一下这些操作方法。

思考与练习：

一、填空题

1. 通常，Powerpoint 演示文稿的默认扩展名为____________。

2. Powerpoint 提供了四种视图方式，分别为________视图、________视图、________视图和________视图，各视图方式可以通过“视图切换”栏进行切换。

二、操作题

1. 在“多彩贵州”演示文稿中，试切换不同的视图模式，比较不同视图模式的差异。

2. 为“多彩贵州”演示文稿添加一张标题幻灯片，标题输入“Welcome to GuiZhou”，副标题输入“贵州欢迎您”，对这张幻灯片进行复制、移动、删除等操作。

3. 在普通视图的大纲工作区中，用两种方法将“贵州行政区域”这张幻灯片移动到“贵州主要少数民族”幻灯片的后面。

任务拓展

一、设计模板的使用

Powerpoint 2010 中内置多种设计模板，这些设计模板是为不同应用类型而设计的，有“可用的模板和主题”，还可以从“Office. com 模板”下载，如图 5-11 所示。

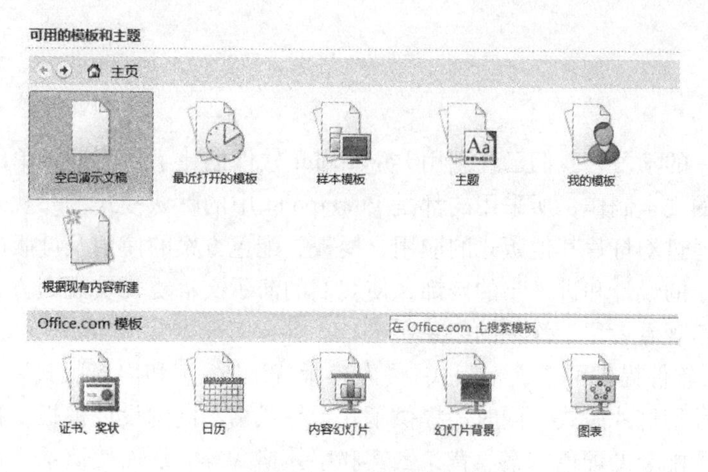

图 5-11　可用模板

使用这些模板的方法是单击“文件”→“新建”命令，弹出“新建演示文稿”对话框，在“可用的模板和主题”中选择所需的模板。

二、主题的使用

Powerpoint 2010 不仅提供了各种设计模板，还提供了很多主题，如图 5-12 所示。主题是指为幻灯片设计的统一的版式和颜色方案。

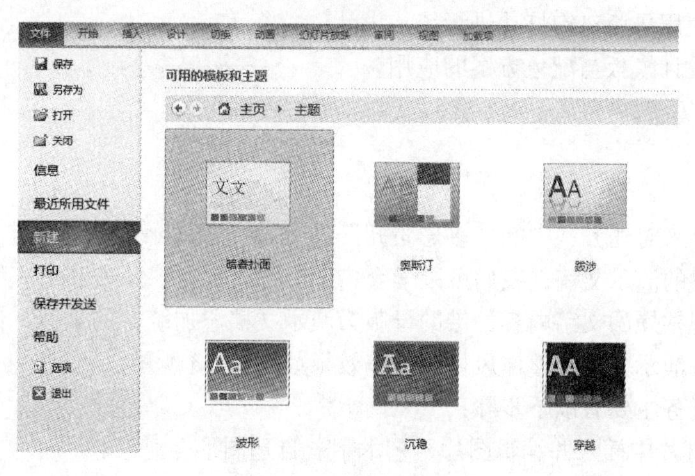

图 5-12　可用的主题

使用这些主题的方法是在“Office 按钮”→“新建”→“可用的模板和主题”→“主题”中选择所需的主题。

试用“暗香扑面”为主题，创建一组江南水乡的幻灯片。

任务二　修饰“多彩贵州”演示文稿

任务背景

通过任务一的学习，我们已经利用 Powerpoint 软件创建了一篇最简单的演示文稿，尝试了一下简单的文本制作，所采用的都是 Powerpoint 中的默认模式，外观效果较差。在本任务中我们将通过幻灯片其他版式的应用，模板、配色方案的使用及母版的应用等来对演示文稿进行统一的设计和进一步的修饰，使我们的演示文稿更加美观大方、形象生动，演示效果更强，给观看者留下深刻的印象。

Powerpoint 软件提供了“文字版式”“内容版式”“文字和内容版式”及“其他版式”四大类共几十种幻灯片版式，同时还提供了几十种风格不同的设计模板，在不同的设计模板中，又提供了配套的配色方案、背景图案和字体格式等，从而使演示文稿在整体的外观上风格一致。另外，用户除使用软件自带的模板库外，也可以根据自己的习惯和爱好创建自己的模板，以方便使用。用户还可以利用母版来改变整个演示文稿中幻灯片的页面布局，或者在整个演示文稿中添加某一相同的元素。在实际应用中，我们可以根据自己的需要来选择各种不同的操作方式，设计不同的演示文稿。通过本任务的学习，你将学习到以下内容：

（1）掌握在幻灯片中插入表格、图片、图表、组织结构图的方法。

（2）熟练使用母版对幻灯片进行统一设计。

（3）掌握设计模板与配色方案的应用。

任务分析

现在我们要来对任务一中的“多彩贵州”这一简单的演示文稿进行进一步的加工。通过制作一个完整的演示文稿，我们可以学会借助图片、表格、图表和组织结构图等生动形象的形式来表现枯燥的文字内容；借助母版为演示文稿添加统一的徽标；使用设计模板与配色方案来统一演示文稿的整体风格。制作效果如图 5-13 所示。

完成本次任务主要有以下步骤：

（1）在幻灯片中插入并编辑图片、艺术字、自选图形等对象。

（2）在幻灯片中建立表格与图表。

（3）在幻灯片中绘制组织结构图。

（4）在幻灯片中插入页眉页脚。

（5）使用幻灯片设计模板和主题。

（6）设置幻灯片背景及配色方案。

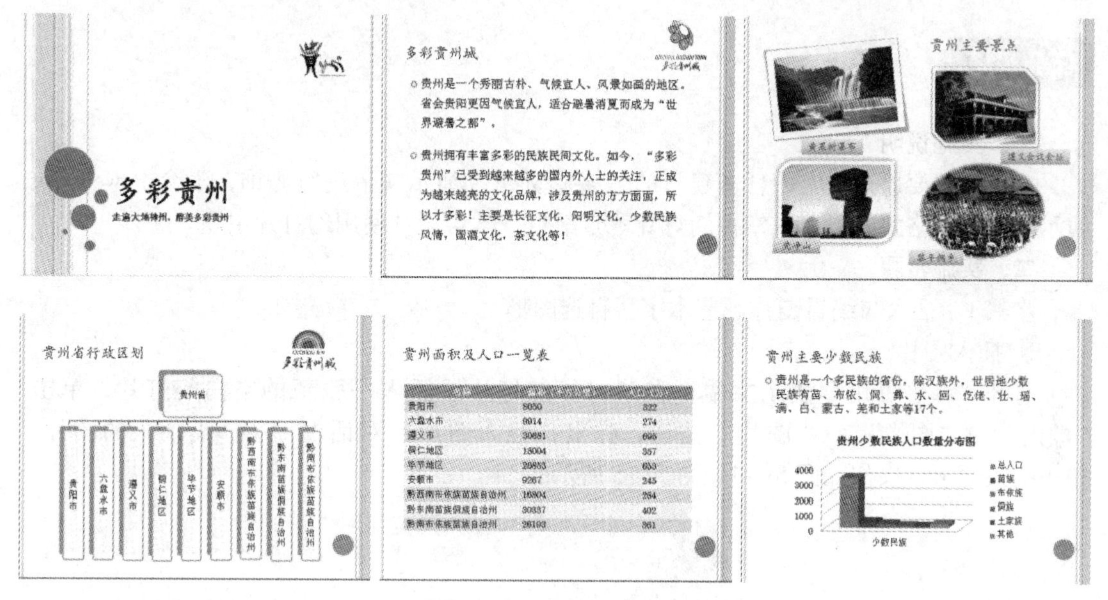

图 5-13　演示文稿制作效果图

任务学习准备

一、模板、母版和版式

每个模板都至少包含一个幻灯片母版，每个幻灯片母版必须至少包含一种版式。

幻灯片母版通常用来制作统一的标志和背景，设置标题和主要文字的格式，包括文本的字体、字号、颜色和阴影等特殊效果。

幻灯片母版的内容对属于它的所有版式布局起作用；版式布局的内容，仅对应用该版式的幻灯片起作用。在“幻灯片母版”视图下，可以修改、添加、删除幻灯片母版，还可以修改、添加、删除其包含的版式布局。

二、幻灯片的背景及配色方案

为了使幻灯片的界面具有更好的视觉效果，我们需要对幻灯片的背景和颜色进行配置，Powerpoint 2010 提供了绚丽的背景和配色效果，还允许自定义背景和配色方案，将渐变、纹理、图案、图片等填充效果作为背景可以使幻灯片变得美轮美奂。

利用“设计”选项卡中的“主题”功能组可以进行背景的设置。要将选中的主题应用于全部幻灯片，只要单击该主题即可；若只应用于所选的幻灯片，必须右击所需的主题，在下拉列表中选择“应用于选定幻灯片”命令。

Powerpoint 2010 有多种自带的背景可以应用，在“设计”选项卡中选择“背景样式”可进行背景的设置。当自带的背景样式不能满足个性化的需求时，可利用“背景样式”下的“设置背景格式”进行个性化设置。

任务实施

一、实施说明

本任务主要通过对上一任务建立的“多彩贵州”演示文稿进行修饰，学会 Powerpoint 演示文稿文本格式的设置，掌握幻灯片背景配色，学会设计使用幻灯片主题。

二、实施步骤

步骤 1　插入与编辑图片、艺术字、自选图形

1. 插入图片

打开“多彩贵州”演示文稿，在第二张幻灯片后插入一张新的空白幻灯片，单击“插入”→“图像”→“图片”按钮，弹出“插入图片”对话框，选择需插入的图片，单击插入便可，操作如图 5-14、图 5-15 所示。

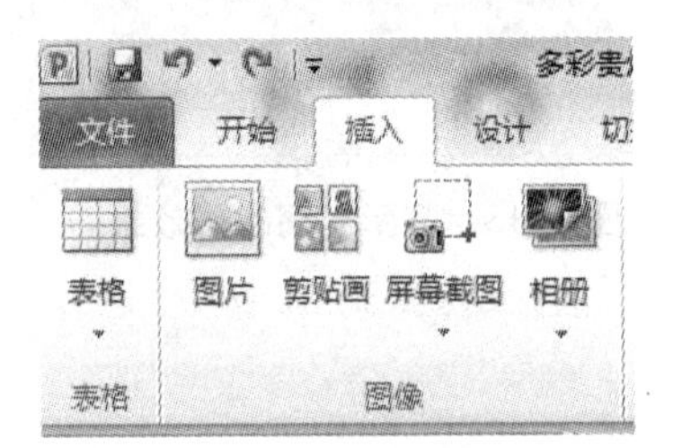

图 5-14　插入图片

图 5-15　选择图片插入

2. 编辑图片

插入“黄果树.jpg”，如图 5-16 所示。选择“图片工具”→“图片样式”→“旋转，白色”，效果如图 5-17 所示。

图 5-16　选择图片样式

图 5-17　图片样式效果

3. 调整大小

拉动图片四个角的小圆圈，可调整图片的大小。

4. 插入文本框，添加图片标注

单击菜单栏“插入”→“文本”→“文本框”，此时鼠标成十字状，在幻灯片中的图片下方，按住鼠标左键画出一个长方形文本框，并在里面输入“黄果树瀑布”文字，居中，调整文本框大小，如图 5-18 所示。

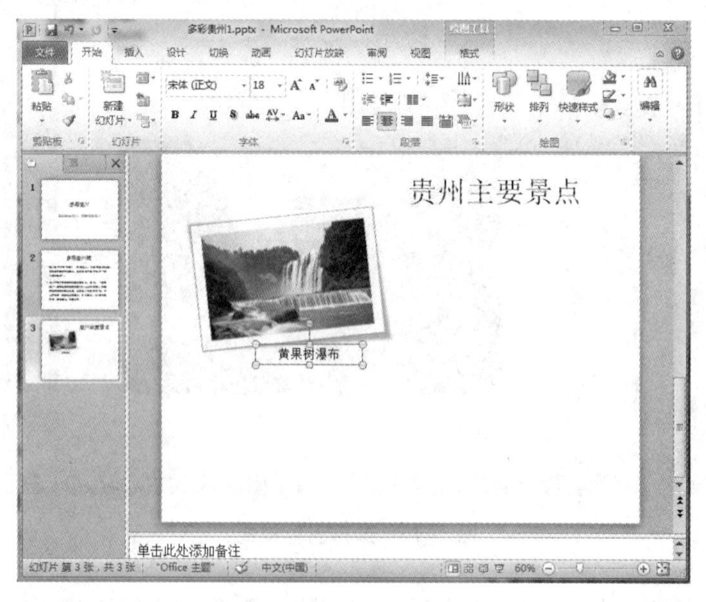

图 5-18　插入文本框

5. 填充文本框

选中“黄果树瀑布”文本框，单击“绘图工具”→“格式”→“快速样式”→“细微效果-橄榄色，强调颜色 3”，如图 5-19 所示。

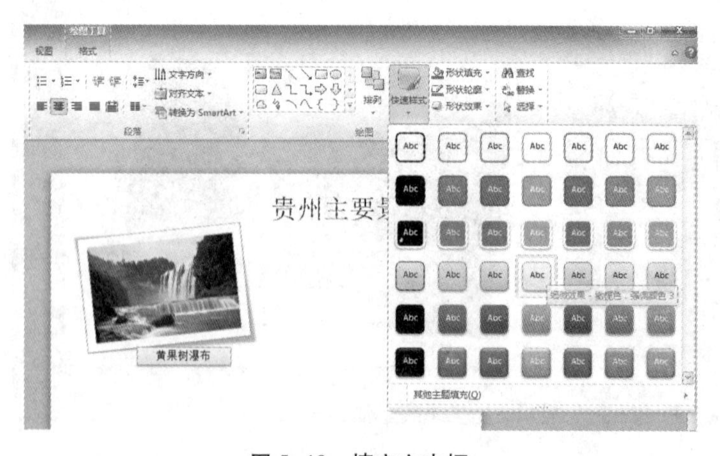

图 5-19　填充文本框

6. 插入其他图文

用同样的方法，分别插入“遵义会址”“梵净山”“黎平侗乡”的图片，并依次为它们添加标注。完成后效果如图 5-20 所示。

图 5-20　完成效果图

> **提示**
>
> 图片编辑　插入图片后，图片的有些属性不一定符合要求，可对其进行编辑。在“图片工具”的“格式”选项卡中提供了移动与旋转图片、改变图片大小、设置图片亮度和对比度、设置图片叠放顺序、排列与组合图片等操作功能。

7. 插入艺术字

（1）单击“插入”→“文本”→“艺术字”→“填充-橄榄色，强调文字颜色 3，轮廓文本 2”，弹出文本框，如图 5-21 所示。在文本框中输入“贵州主要景点”，并将其移动到幻灯片右上角，如图 5-22 所示。

图 5-21　插入艺术字

图 5-22　插入艺术字效果图

（2）单击“绘图工具”→“格式”→“艺术字样式”→“文本效果”→“转换”→“倒V形”，修饰艺术字，如图5-23所示。

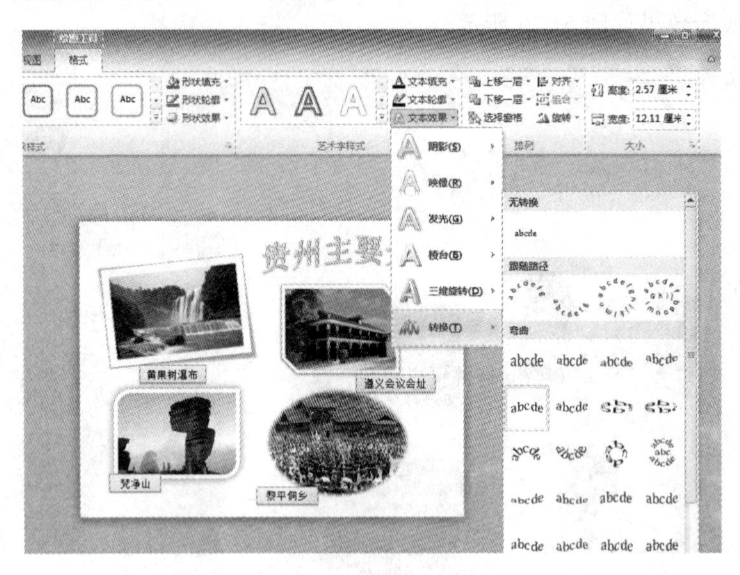

图5-23　修饰艺术字

步骤2　绘制组织结构图

组织结构图是用来表示组织关系的一种图表，它可以形象地表示组织结构关系。组织结构图一般采用自上而下的树状结构。

（1）插入一张新幻灯片，添加标题“贵州省行政区划”。

（2）单击“插入”→“插图”→“SmartArt”，弹出“选择SmartArt图形”对话框，选择“层次结构”中的“层次结构”，确定即可。操作如图5-24、图5-25所示。

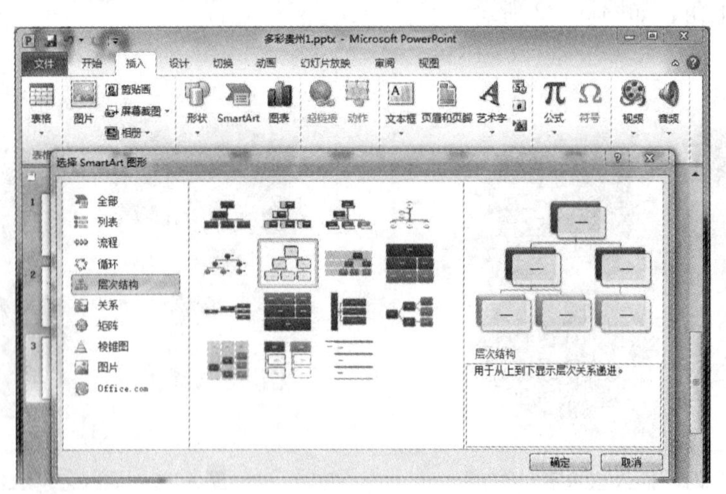

图5-24　插入层次结构

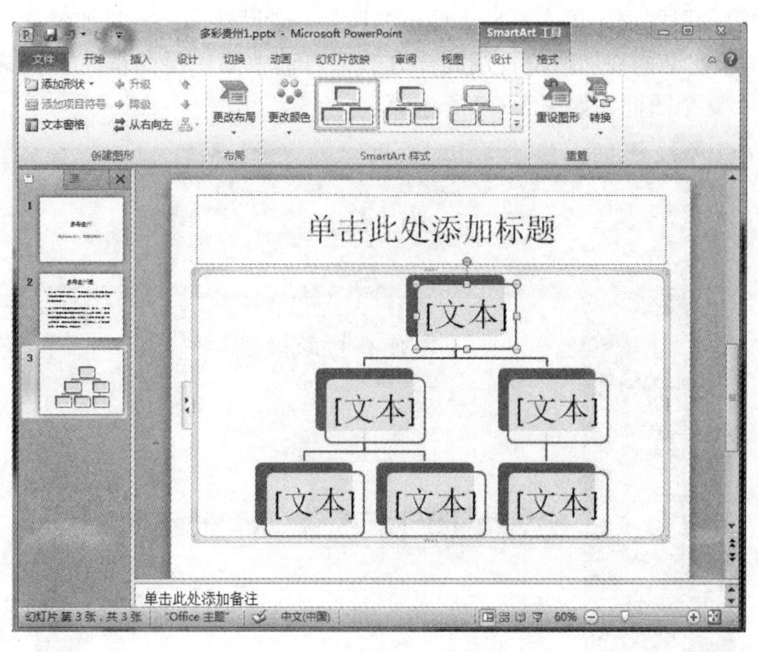

图 5-25　插入后的效果

（3）选中第三层的第一个图框，按键盘 Del 键进行删除；用同样的方法将第三层图框全部删除，如图 5-26 所示。

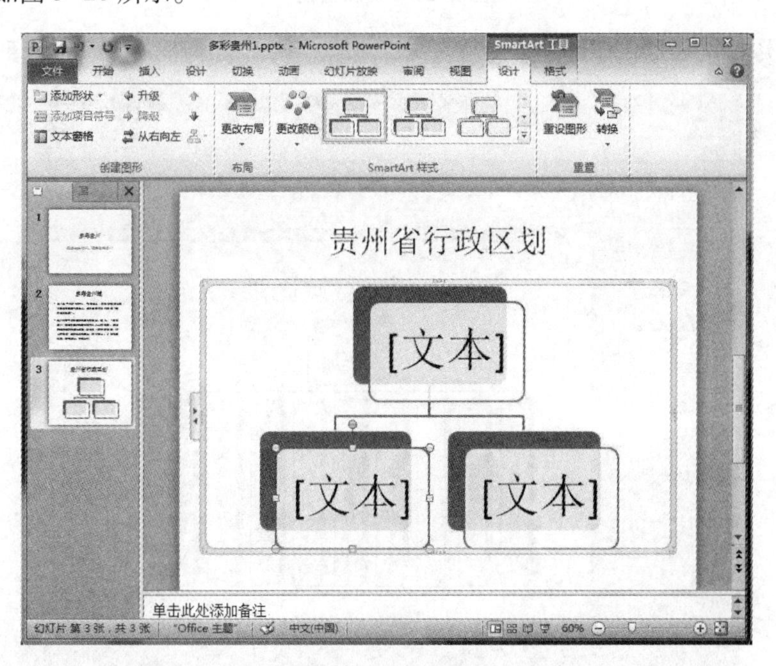

图 5-26　整理图框

（4）选中第一层图框，单击“SmartArt 工具”→“设计”→“添加形状”→“在下方添加形状”，为层次结构添加图框；用同样方法，再选中第一层图框，再在其下方添加图框，第二层需要 9 个图框，如图 5-27 所示。

图 5-27　添加图框

（5）依次单击层次结构图图框，输入文字内容，调整文本框大小，如图 5-28 所示。

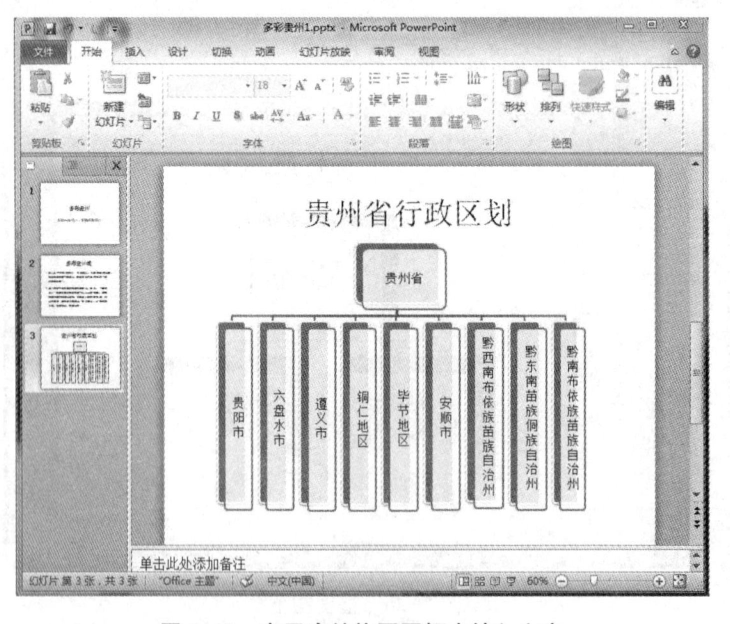

图 5-28　在层次结构图图框中输入文字

（6）更改 SmartArt 图片颜色。单击“SmartArt 工具”→“设计”→“SmartArt 样式”→“更改颜色”→“填充颜色-强调文字颜色 3”，如图 5-29 所示。完成后的层次结构图如 5-30 所示。

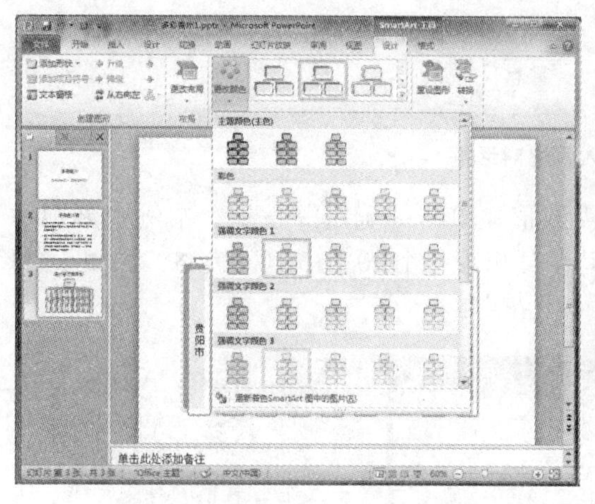

图 5-29　选择 SmartArt 图片颜色

图 5-30　更改 SmartArt 图片颜色

步骤 3　插入表格和图表

表格和图表能使我们想要表达的数据信息一目了然，使大量枯燥的数据更容易被人们接受，也更具有说服力。在 Powerpoint 中，我们可以直接在幻灯片中插入表格，创建图表。

1. 插入表格

（1）新建一张幻灯片，选择“插入”→“表格”→“插入表格”，如图 5-31 所示。

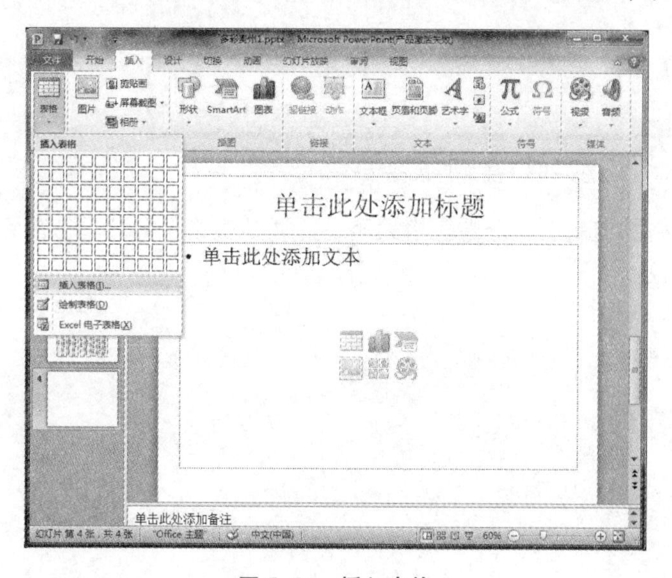

图 5-31　插入表格

（2）弹出“插入表格”对话框，如图 5-32 所示。

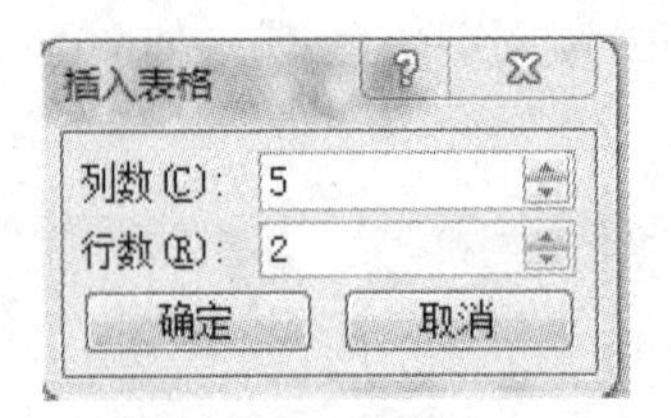

图 5-32　插入表格对话框

（3）在列数和行数输入框内分别输入所需数值，单击“确定”按钮。本例中分别输入“3”“10”后，单击“确定”按钮，幻灯片中便出现一个 10 行 3 列的表格，如图 5-33 所示。

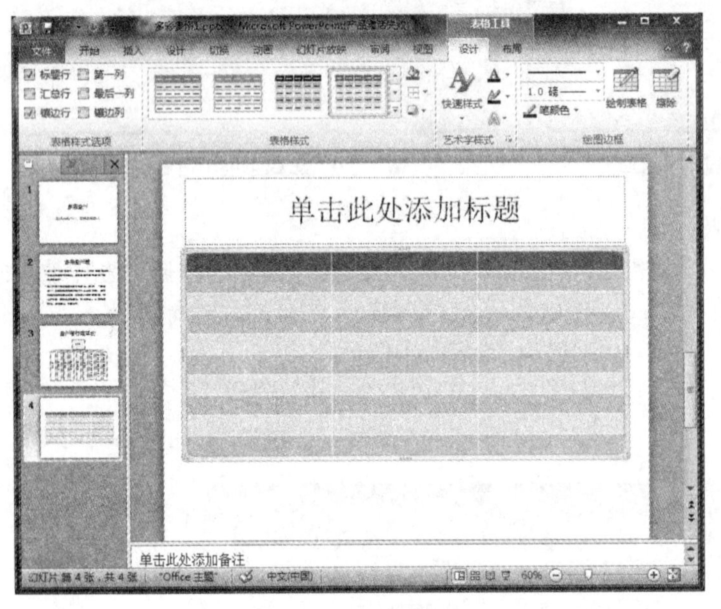

图 5-33　完成后表格

提示

表格编辑　插入表格后，表格的有些属性不一定符合要求，可对其进行编辑。在“表格样式”中有多种样式可以进行选择。“绘图边框”中可对表格边框粗细、类型、颜色等进行修改。

（4）移动表格的控制点，调整表格大小，并调整表格位置。单击单元格，输入相应内容，如图 5-34 所示。

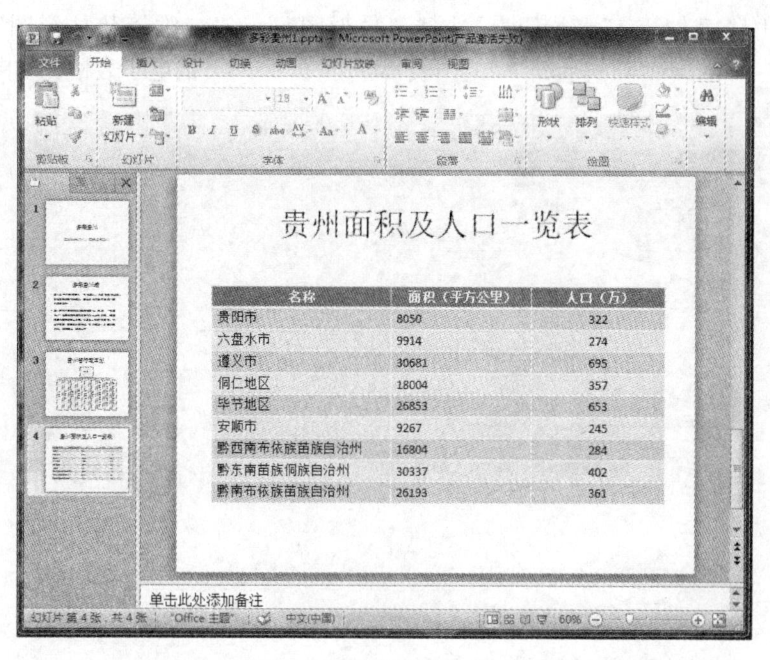

图 5-34　表格内输入内容

2. 插入图表

（1）新建一张幻灯片，选择“插入”→“图表”，如图 5-35 所示。

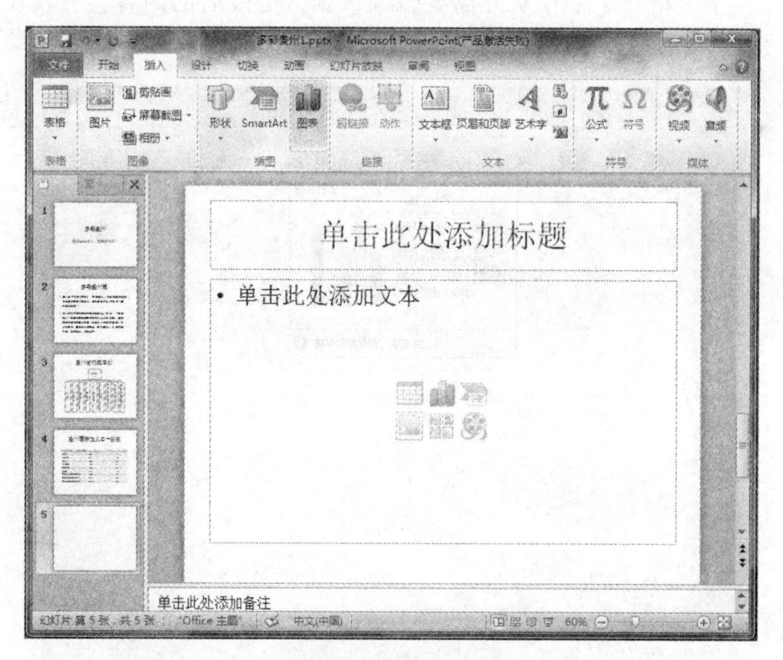

图 5-35　插入图表

（2）弹出“插入图表”对话框，选择“柱形图”→“三维簇状柱形图”，单击“确定”，又弹出“Microsoft Powerpoint 中的图表-Microsoft Excel”的电子表格，如图 5-36 所示。

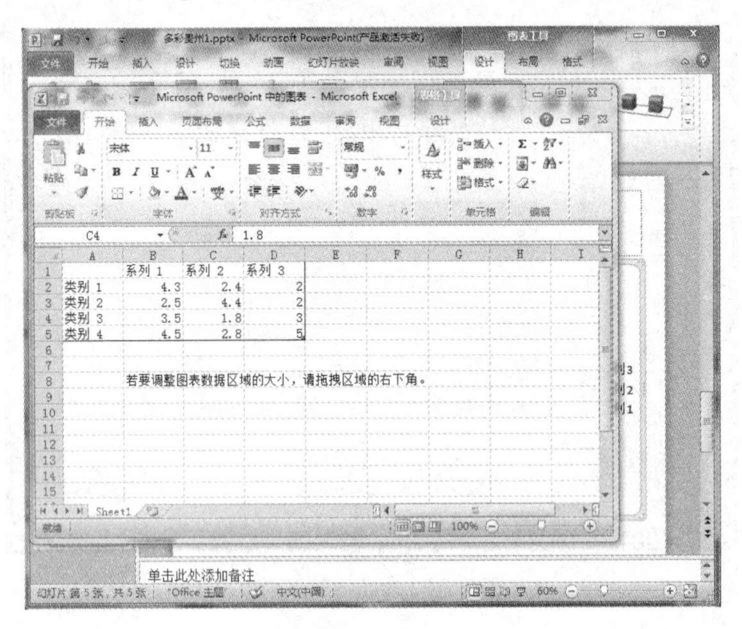

图 5-36　电子表格

（3）在“电子表格”中根据实际需要输入数据，更改后的内容会直接反映在图表当中。具体的数据及图表窗口显示，如图 5-37 所示。

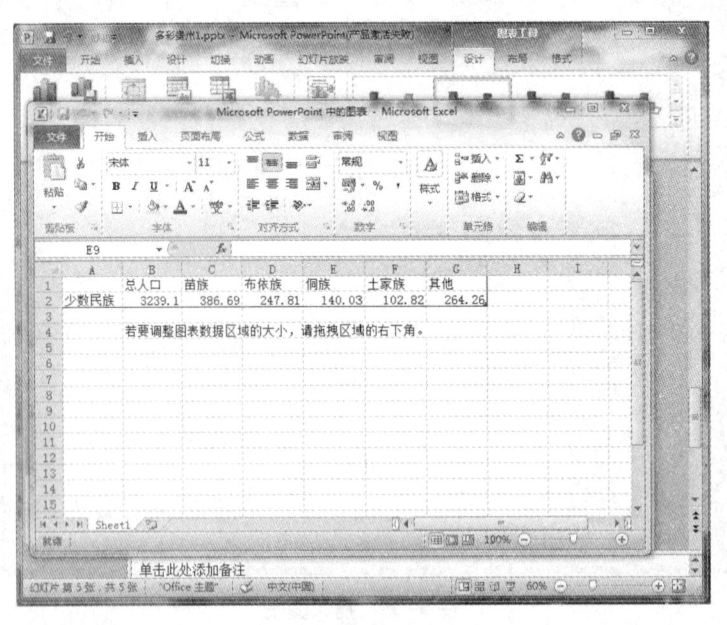

图 5-37　更改电子表格数据

（4）添加图表标题。单击菜单“图表工具”→“布局”→“图表标题”→“图表上方”，如图 5-38 所示。单击“图表标题”，输入“贵州少数民族人口数量分布图”，如图 5-38 所示。（添加标题，还可在图表上方添加一文本框，对贵州省的少数民族进行一个简单的介绍，如图 5-39 所示。）

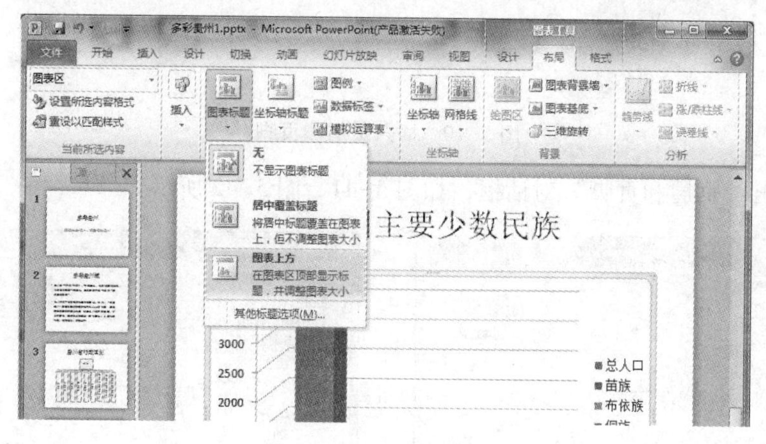

图 5-38　添加图表标题

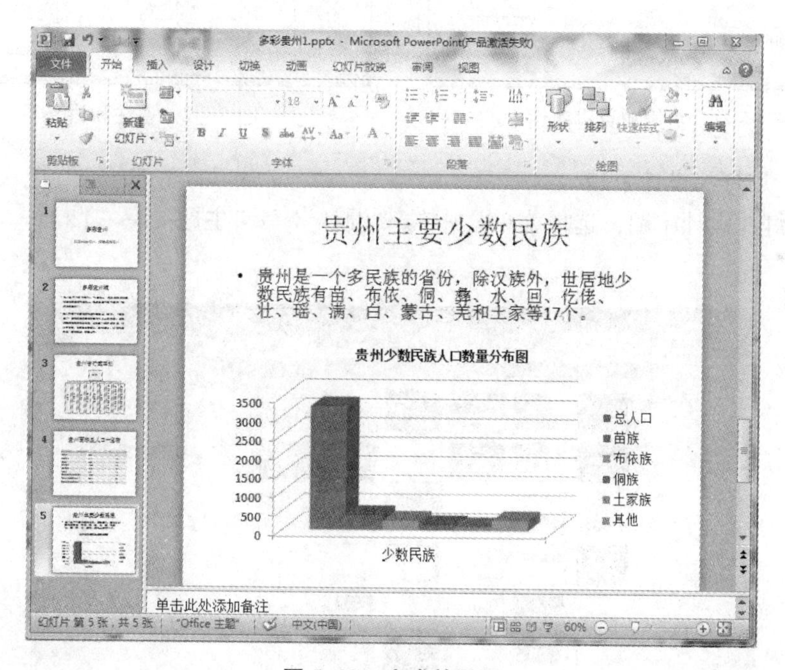

图 5-39　完成效果图

步骤 4　设置页眉和页脚

（1）菜单栏中选择“插入”→“文本”→“页眉和页脚”，如图 5-40 所示。

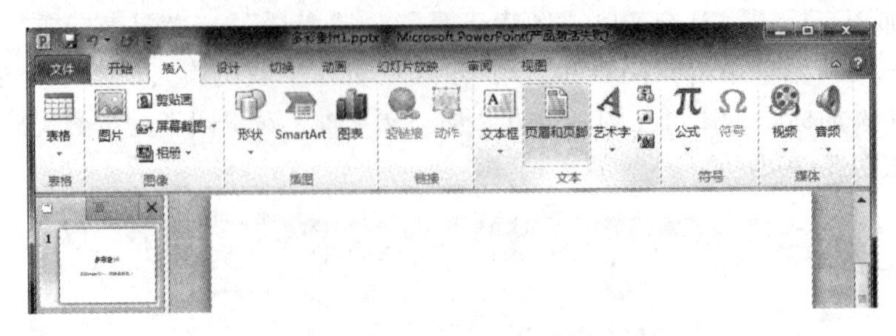

图 5-40 插入页眉和页脚

（2）弹出“页眉和页脚”对话框，如图 5-41、图 5-42 所示。

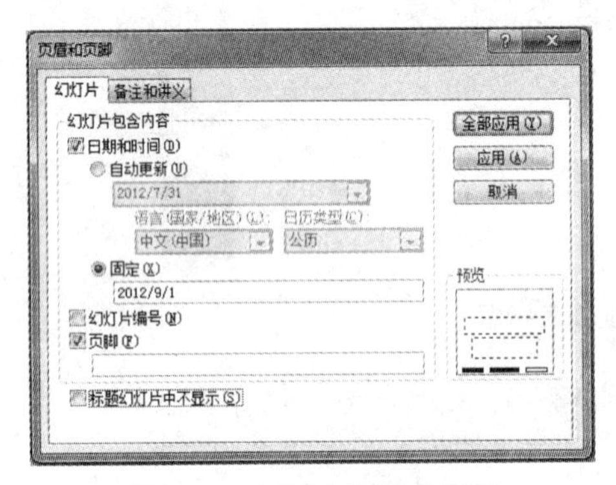

图 5-41 页眉和页脚对话框

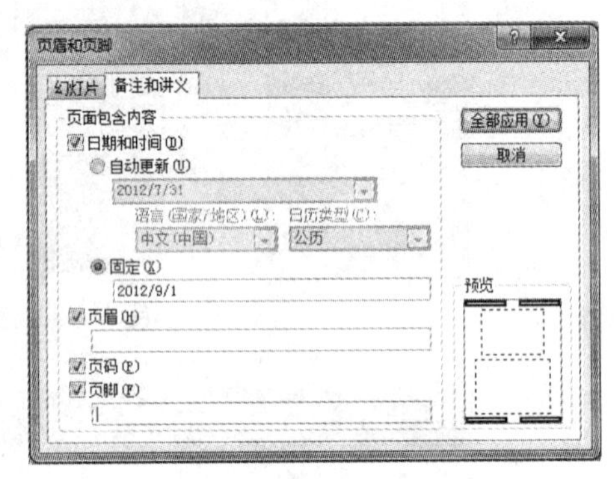

图 5-42 备注和讲义

步骤 5 幻灯片设计主题

（1）幻灯片设计主题，选择菜单栏中的“设计”→“主题”→“凸显”，如图 5-43 所示。

图 5-43 幻灯片主题

幻灯片主题

主题是一组格式选项，包括一组主题颜色、一组主题字体(包括标题字体和正文字体)和一组主题效果(包括线条和填充效果)。

用户通过应用主题可以便捷地赋予整个文档专业而时尚的外观。

（2）更改主题颜色，选择“设计”→“主题”→“颜色”→“奥斯汀”，如图 5-44 所示。

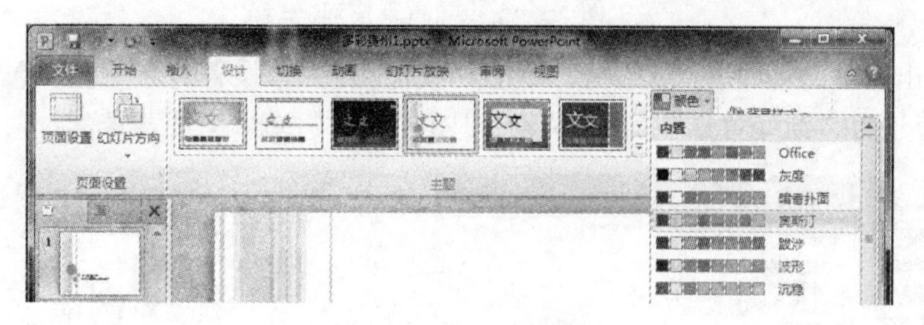

图 5-44　更改主题颜色

（3）更改字体，选择“设计”→“主题”→“字体”→“奥斯汀幼圆”，如图 5-45 所示。

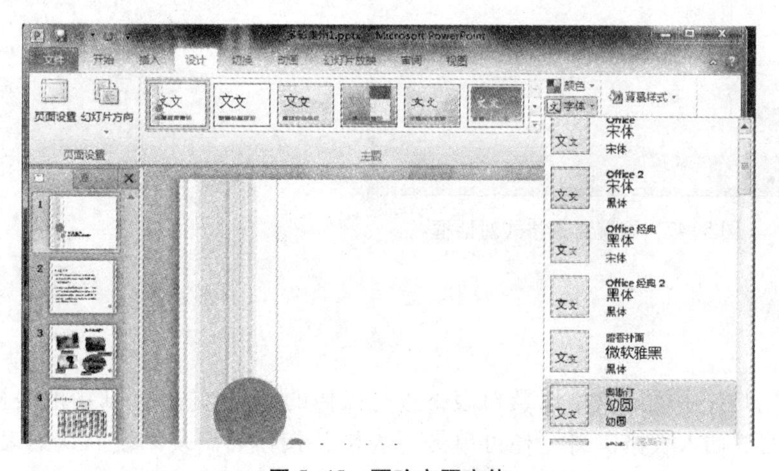

图 5-45　更改主题字体

步骤 6　设置幻灯片背景

幻灯片背景可以设置为颜色背景、渐变背景、纹理背景、图案背景和图片背景等。

（1）单击菜单中的“设计”→“背景”→“背景样式”→“设置背景格式”，如图 5-46 所示。

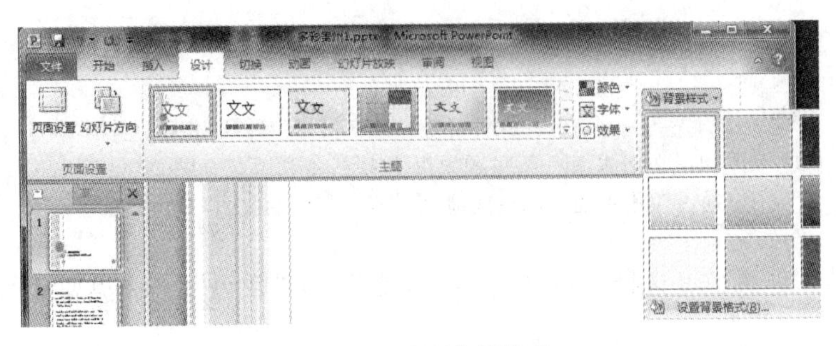

图 5-46　设置背景格式

（2）弹出如图 5-47 所示对话框，单击“其他颜色”，设置背景颜色；单击“填充效果”，设置背景为“渐变背景”“纹理背景”“图案背景”或“图片背景”。

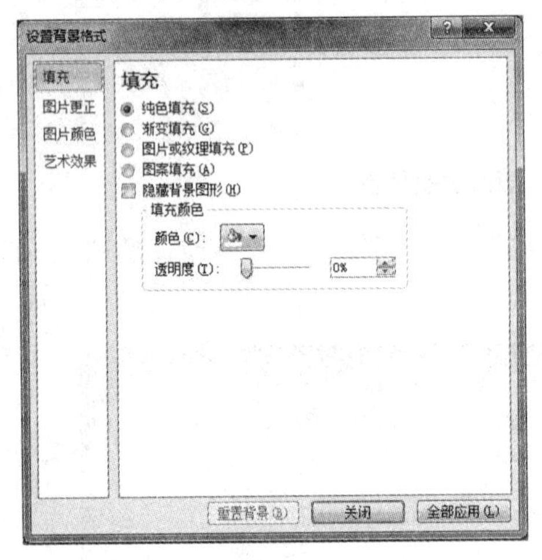

图 5-47　设置背景格式对话框

> **提示**
>
> “设置背景格式”对话框
>
> 在“设置背景格式”对话框的“填充”选项卡中，提供“纯色填充”“渐变填充”“图片或纹理填充”三种填充方式，每种方式的设置选项有较大差异；在“图片”选项卡中可以设置图片的效果。
>
> 重置背景：重置主题背景。

归纳提高

（1）在幻灯片中插入表格以及对表格进行操作的方法与在 Word 中的表格操作相似，除之前介绍的“插入表格”外，还可单击“表格”按钮后出现系统默认的表格，拖动鼠标选择所需行、列数后单击左键，即可在幻灯片中插入所需表格。

（2）如图 5-48 所示，在新建幻灯片中有“单击此处添加文本”字样，中间有六个按钮，可选择“插入表格”“插入图表”“插入 SmartArt 图形”“插入来自文件的图片”“剪贴画”“插入媒体剪辑”直接进行插入。

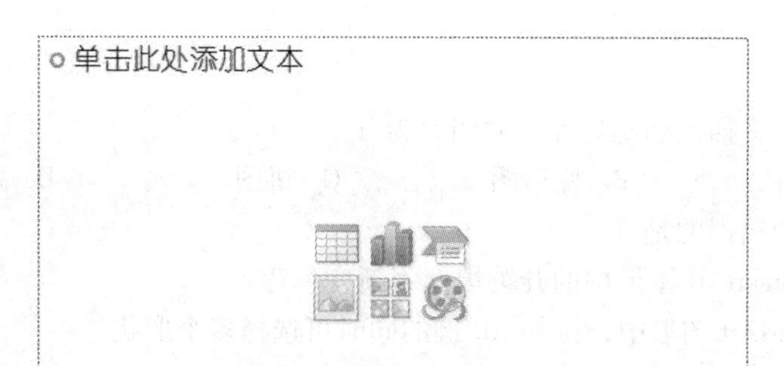

图 5-48　六个按钮示意图

任务评估

任务二评估细则		自评	教师评
1	会在幻灯片中插入并修饰表格		
2	会在幻灯片中创建图表并修饰图表		
3	会在幻灯片中插入图片、自选图形并设置图片及自选图形格式		
4	会在幻灯片中绘制组织结构图并设置组织结构图样式		
5	会使用幻灯片主题		
6	会使用幻灯片背景		
任务综合评估			

讨论与练习

交流讨论：

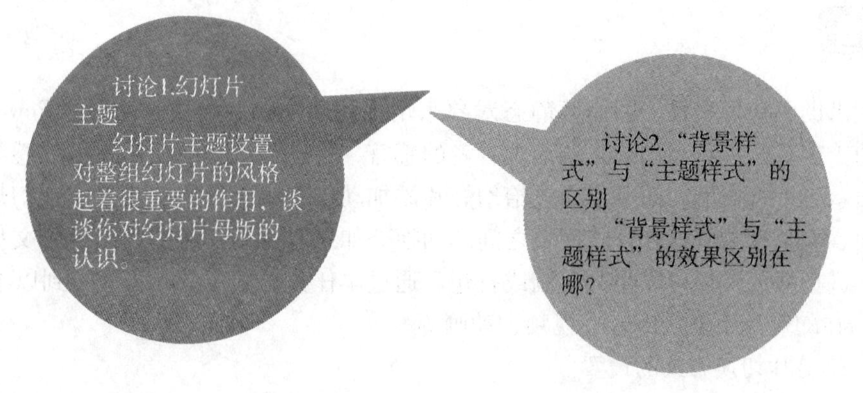

思考与练习:

一、选择题

1. 默认情况下，插入到幻灯片中的图表为（　　）。

A. 条形图　　B. 柱形图　　C. 饼图　　D. 雷达图

2. 下列说法中错误的是（　　）。

A. 可将 SmartArt 图形中的开关填充为渐变色背景

B. 在 SmartArt 图形中，按住 Alt 键的同时可选择多个形状

C. 循环图主要用于显示持续循环的过程

D. 可将形状中的文本设置为艺术字

二、思考与操作题

在制作幻灯片时要将几处文本设置为相同的格式，但进行重复操作比较麻烦，你有没有快捷的方法来完成?

任务拓展

一、幻灯片的页面设置

设计制作宽 12cm、高 10cm 的幻灯片，并在每张幻灯片的页脚左侧显示固定日期“2008-08-08”，主题为“奥运”，素材资源自行收集。

二、在幻灯片中添加 SmartArt 图形

SmartArt 图形类似于组织结构，主要用来说明一些层次关系、循环过程、操作流程、关系结构等。SmartArt 图形有“列表”“流程”“循环”“层次结构”“关系”“矩阵”“棱锥图”等多种类型。请在幻灯片中添加 SmartArt 图形的各种类型。

任务三　设置与输出“多彩贵州”演示文稿

任务背景

除了借助图片、表格、图表等静态对象来增强演示文稿的视觉效果外，Powerpoint 还可以借助于声音、视频和动画来调动观看者的感官，更进一步提高演示文稿的感染力。为了方便演示者进行操作，还可以通过给幻灯片添加动作按钮或设置链接来实现幻灯片与幻灯片之间、幻灯片与其他软件或网页之间的切换。如果需要将已经完成的演示文稿在其他计算机上进行播放，还可以将其复制或打包。通过本任务的学习，你将学习到以下内容:

（1）在幻灯片中插入声音、视频、动画等。

（2）幻灯片切换方式的设置。

（3）幻灯片超级链接和按钮的设置。
（4）设置幻灯片中各对象的动画效果。
（5）掌握播放演示文稿的方法。

任务分析

现在我们要为“多彩贵州”这篇演示文稿添加相关的音乐、视频，设置文字、图片等对象的动画效果，并设置幻灯片之间的切换及幻灯片与相关内容的链接，最后完成整个演示文稿的制作并输出。完成本次任务主要有以下步骤：
（1）为演示文稿添加声音文件。
（2）为演示文稿添加视频。
（3）为幻灯片中的文本、图片等对象设置动画效果。
（4）设置幻灯片切换效果。
（5）播放演示文稿。

任务学习准备

本任务主要是对上一任务建立的“多彩贵州”演示文稿进行艺术处理，学会在 Powerpoint 演示文稿中插入音频、视频等多媒体对象，做一些动画效果，增加幻灯片的感染力，让观看者在视觉和听觉上得到全方位的体验。

任务实施

一、实施说明

本任务主要是对上一任务建立的“多彩贵州”演示文稿进行一些动画设置、超链接设置等，学会 Powerpoint 演示文稿中幻灯片间的切换，幻灯片中各个对象的动画设置、超链接和动作按钮的设置，幻灯片的播放和幻灯片的保存。

二、实施步骤

步骤 1　在幻灯片中插入声音

（1）打开需要插入声音文件的演示文稿。本例中我们打开“多彩贵州”这篇演示文稿。

（2）准备好需要的声音文件，如 mp3 声音文件。

（3）选择需要插入声音的幻灯片，单击“插入”菜单中的“媒体”→“音频”→“文件中的声音”命令，如图 5-49 所示。

图 5-49　插入声音

（4）弹出“插入音频”对话框，选择已经准备好的声音文件后单击“插入”按钮，幻灯片上出现一个小喇叭图标，如图 5-50 所示。

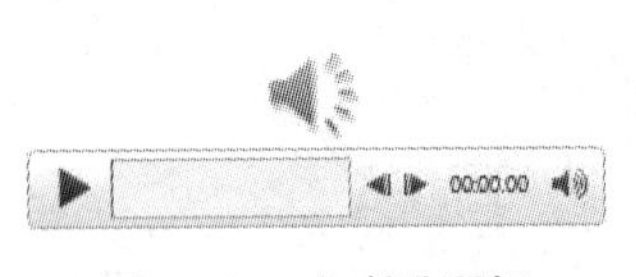

图 5-50　小喇叭图标

提示

隐藏小喇叭

如果在幻灯片放映时不想让观看者看到小喇叭图标，还可以通过“音频工具”中的“音频选项”选择“放映时隐藏”，就可以隐藏小喇叭了。

（5）单击“音频工具”→“播放”可对声音文件进行设置，如图 5-51 所示。

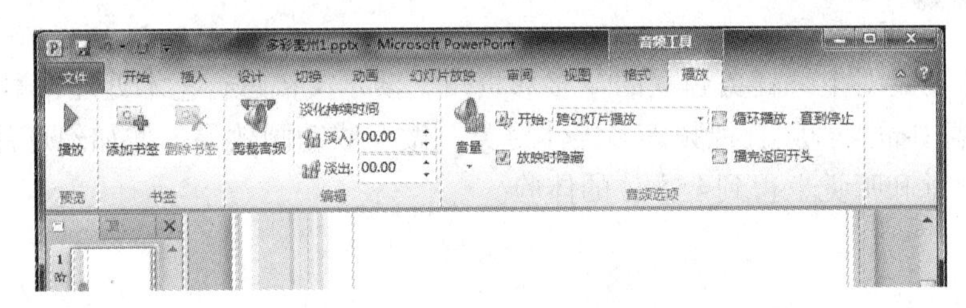

图 5-51　设置声音文件

步骤 2　在幻灯片中插入视频

（1）打开演示文稿，选择需插入视频文件的幻灯片。

（2）选择需要插入声音的幻灯片，单击“插入”菜单中的“媒体”→“视频”→“文件中的视频”命令，如图 5-52 所示。

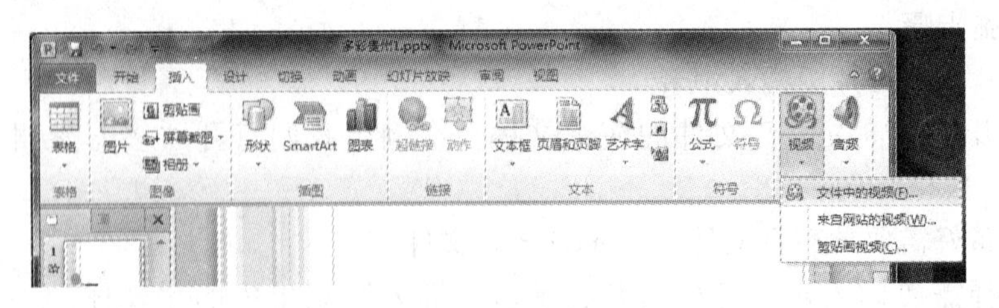

图 5-52　插入视频

（3）选择已经准备好的影片文件，单击“插入”按钮，即可在幻灯片中插入所选择的影片文件。

步骤 3　为幻灯片设置动画效果

（1）选择需要设置动画效果的幻灯片，选中需要设置动画效果的文本、图片等对象。

（2）单击“动画”菜单中的“动画”命令，对选中的对象做动画处理，如图 5-53 所示。

图 5-53　设置动画效果

（3）单击“动画”→“高级动画”→“添加动画”按钮，弹出动画效果方案，如图 5-54 所示。

图 5-54　动画效果方案

> **提示**
>
> 添加动画如图5-54所示，其中：
>
> “进入”是指所选对象进入幻灯片中的动画效果。
>
> “强调”是指所选对象在幻灯片中的强调效果，起到引起观看者注意的作用。
>
> “退出”是指所选对象退出幻灯片的动画效果。
>
> “动作路径”是指所选对象在幻灯片中的运动路线，可以是指定路径，也可以自己绘制路径。

步骤 4　为幻灯片设置超链接或添加按钮

1. 建立超链接

（1）打开演示文稿，新建第 7 张幻灯片“黄果树瀑布”，对黄果树瀑布进行介绍，如图 5-55 所示。

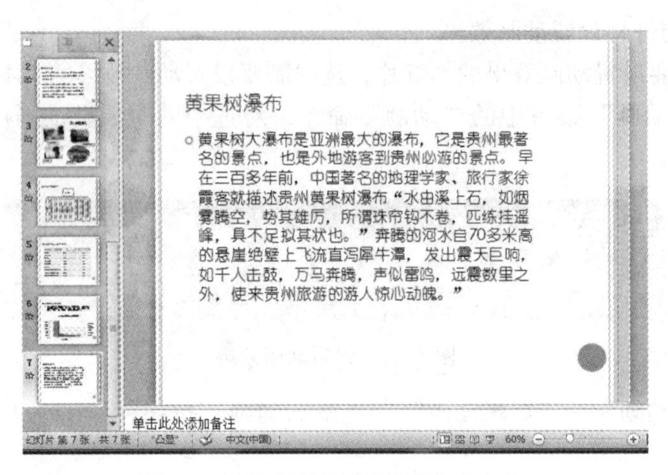

图 5-55　新建“黄果树瀑布”幻灯片

（2）把第 3 张幻灯片“贵州主要景点”的“黄果树瀑布”文本框，设置超链接，链接到第 7 张幻灯片。单击菜单栏“插入”→“链接”→“动作”，弹出“动作设置”对话框，如图 5-56 所示。

图 5-56　动作设置

> **提示**
> “动作设置”
> 通过“动作设置”对话框，可以给幻灯片对象设置各类动作，如用鼠标单击对象或鼠标移动到对象上时可以超链接到指定幻灯片、播放声音、运行程序等。超链接设置是最常用的动作设置，通常通过对项目符号、表格、按钮、图片等进行超链接设置来实现灵活的幻灯片导航。

（3）在“动作设置”对话框中，单击“超链接到”，选择幻灯片，弹出“超链接到幻灯片”对话框，选择“7. 黄果树瀑布”，点击确定，完成超链接（如图 5-57 所示）。这样，在第 3 张幻灯片中点击“黄果树瀑布”，就可以跳到第 7 张幻灯片，对黄果树瀑布有一个详细了解。

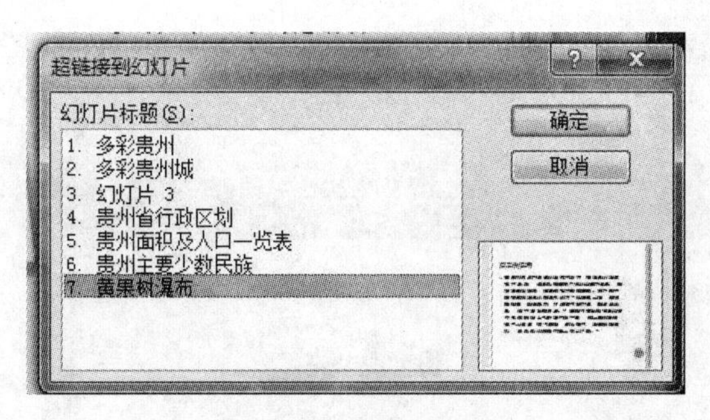

图 5-57 设置超链接

2. 添加按钮

(1) 选中“黄果树瀑布”幻灯片，单击“插入”→“插图”→“形状”按钮，插入“箭头总汇”中的“右弧形箭头”，在幻灯片右下角画出右弧形箭头，如图 5-58、图 5-59 所示。

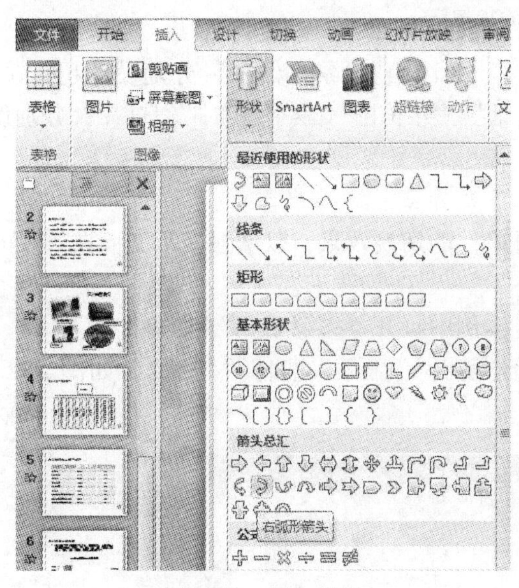

图 5-58 插入形状

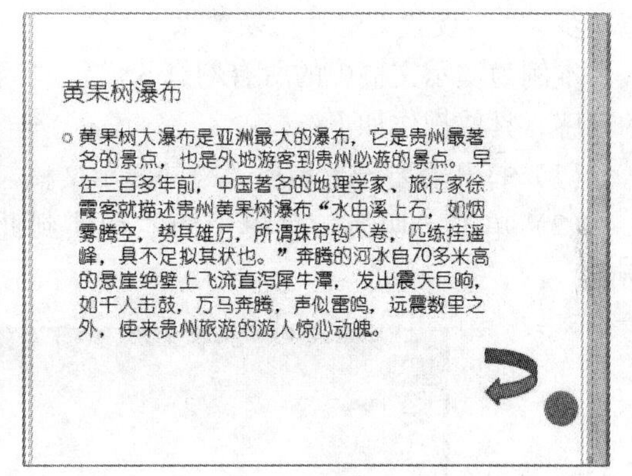

图 5-59 右弧形箭头

(2) 给“右弧形箭头”设置超链接动作，链接返回到“幻灯片 3”。选中右弧形箭头，单击“插入”→“链接”→“超链接”，弹出“插入超链接”对话框，选择“本文档中的位置”→“请选择文档中的位置”→“3. 幻灯片 3”，单击确定即可，如图 5-60 所示。

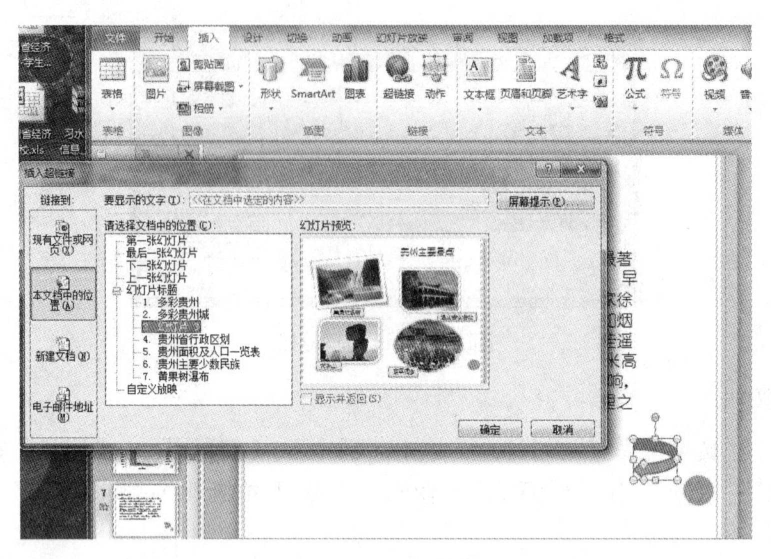

图 5-60　添加按钮

同理，给第 3 张幻灯片的“遵义会议会址”“梵净山”“黎平侗乡”分别设置超链接，链接到相对应的新建介绍中；给“遵义会议会址”“梵净山”“黎平侗乡”幻灯片，分别设置动作按钮，超链接到第 3 张幻灯片。

步骤 5　设置幻灯片切换效果

本例为演示文稿中的所有幻灯片设置“闪耀”的切换效果，以增强演示文稿在放映时的动感。具体操作如下：

（1）打开需要设置切换效果的演示文稿。本例中打开“多彩贵州”演示文稿。

（2）单击“切换”菜单中的“切换到此幻灯片”命令，选择“闪耀”，如图 5-61 所示。

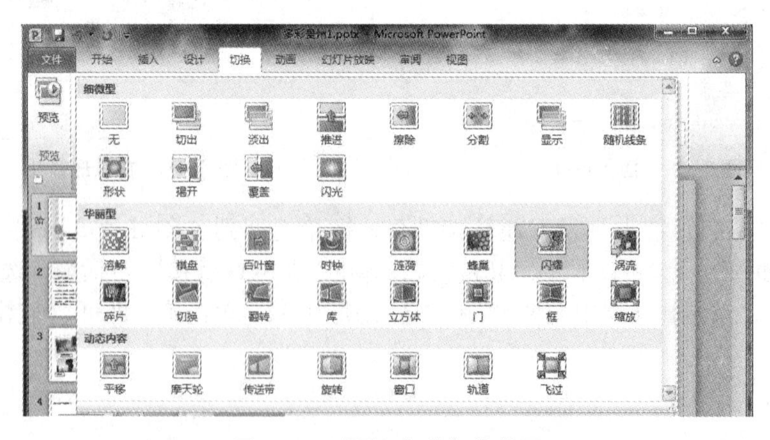

图 5-61　设置幻灯片切换效果

（3）设置“声音”选项。还是在“切换”菜单栏中，选择“声音”，系统提供了多种切换时的声音，从中选择所需要的即可。如果对这些声音都不满意，也可另外添加声音。在“其他声音”上单击鼠标，打开“添加声音”对话框，从计算机中选择自己喜欢的声音添加即可，如图 5-62 所示。

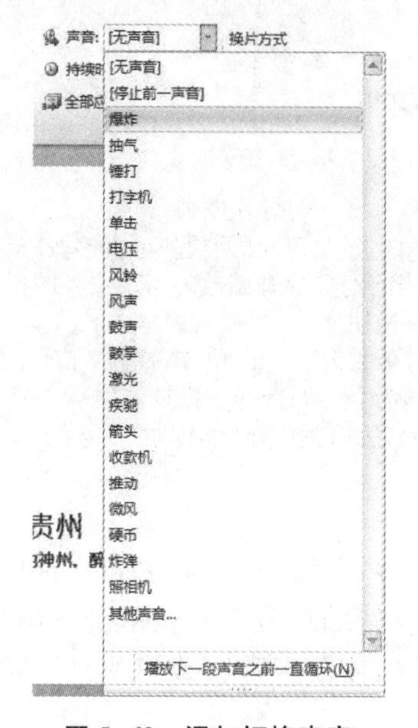

图 5-62　添加切换声音

提示

幻灯片切换效果

切换效果有淡出和溶解、擦除、推进和覆盖、条纹和横纹、随机等大五类，每一大类中又有平滑淡出、向下擦除等各种效果。

此外，还可以设置切换的速度和切换时的声音效果。

（4）设置“换片方式”。可选择单击鼠标时换片，也可选择按固定间隔时间换片，如图 5-63 所示。

（5）最后点击“全部应用”，就可让演示文稿中的所有幻灯片都实现这种切换效果，如图 5-64 所示。

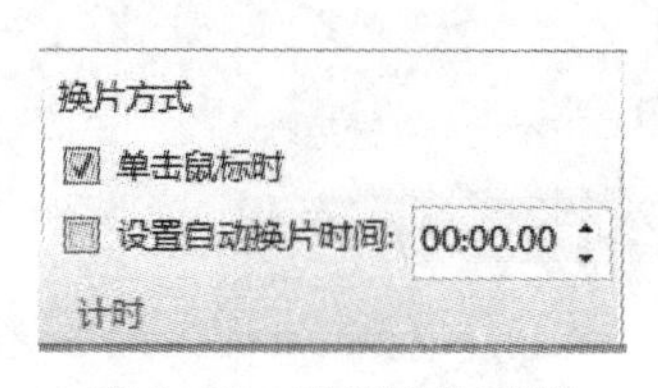

图 5-63　设置换片时间

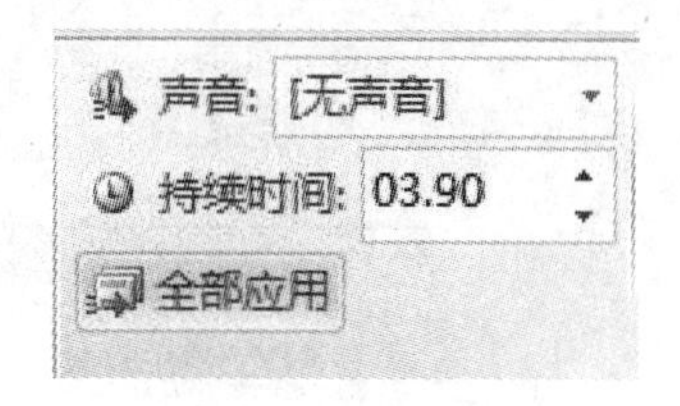

图 5-64　全部应用

步骤 6　播放演示文稿

选中任意 1 张幻灯片，单击“幻灯片放映”→“开始放映幻灯片”→“从头开始”按钮，就可以从第 1 张幻灯片开始播放，如图 5-65 所示。

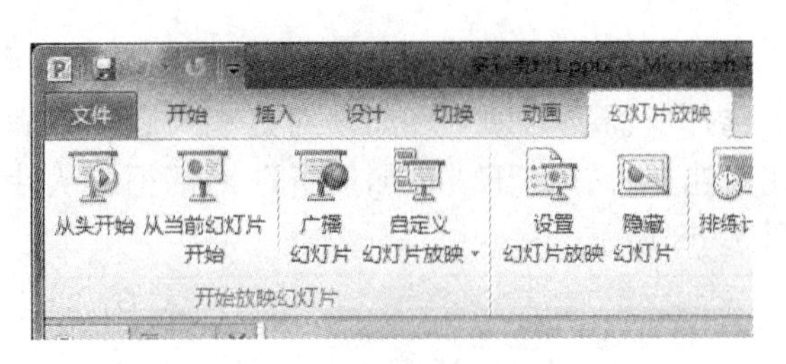

图 5-65　播放演示文稿

步骤 7　保存演示文稿

将演示文稿另存到 D 盘，文件名为“多彩贵州-‘自己的名字’.pptx”。

提示　幻灯片放映

(1)从第1张幻灯片开始放映可直接按F5键。

(2)从当前幻灯片开始放映可单击视图栏中的“幻灯片放映”按钮。

(3)在幻灯片放映时，可以单击右键，在弹出的快捷菜单选择控制命令，如选择“指针选项”“荧光笔”命令可以在演示文稿上做标记和书写。

归纳提高

（1）声音文件和视频文件的操作相似，都是选择“插入”菜单中的“媒体”命令，然后选择“来自文件中的声音或影片”，打开“插入声音或影片”对话框，选择准备好的声音影片，单击“确定”按钮，就会在屏幕上弹出“您希望在幻灯片放映时如何开始播放声音（或影片)?”提示框，我们根据需要选择“自动”或“在单击时”即可。

（2）对于不同的场合，可以设置不同的幻灯片放映方式，使之各取所需，达到最佳的放映效果。

单击“幻灯片放映”→“设置”→“设置幻灯片放映”按钮，出现“设置放映方式”对话框，如图 5-66 所示。

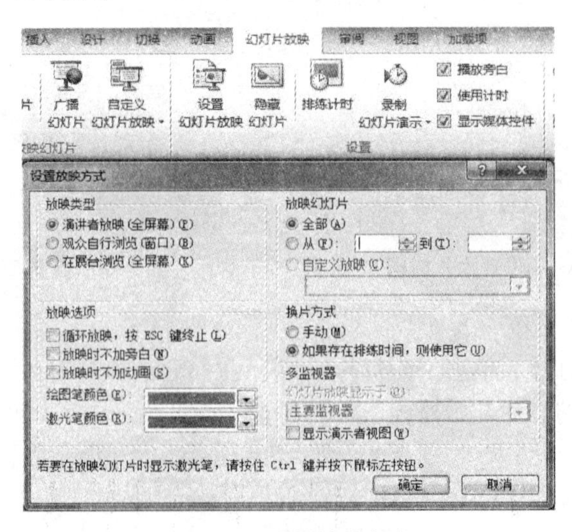

图 5-66　设置放映方式

设置放映方式主要有放映类型、放映选项、放映幻灯片、换片方式等选项。放映类型有“演讲者放映”“观众自行浏览”“在展台浏览”等。

与幻灯片播放相关的两个实用功能是录制旁白和排练计时。利用录制旁白可以为幻灯片录制解说声音。利用排练计时，可以记录幻灯片的手工播放过程，再根据排练过程自动播放，可以统计出放映整个演示文稿和放映每张幻灯片所需的时间。

任务评估

任务三评估细则		自评	教师评
1	会为演示文稿添加声音文件并设置声音文件的格式		
2	会为演示文稿添加视频		
3	会为幻灯片中的文本、图片等对象设置动画效果		
4	会为幻灯片添加按钮		
5	会为幻灯片设置超链接		
6	会设置幻灯片切换效果		
7	会播放演示文稿		
任务综合评估			

讨论与练习

交流讨论：

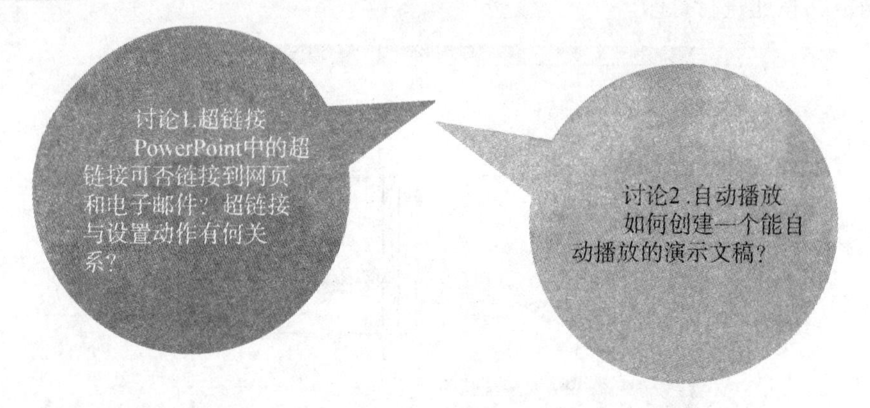

思考与练习：

一、选择题

1. 在演示文稿放映过程中，如果要中断放映，可以按____________键，停止放映，返回到原来的视图中。

2. 放映演示文稿时，如果直接按 F5 键则是从____________开始放映演示文稿，如果单击放映按钮则是从____________开始放映演示文稿。

3. 幻灯片在放映过程中，若需要用鼠标指针勾画重点，方法是先____________，再选择 ____________。

二、操作题

1. 打开文件“多彩贵州”，按要求设置：

（1）为演示文稿添加背景音乐，要求音乐播放到演示文稿结束。

（2）为演示文稿除首、尾页外的其他幻灯片添加前一页、后一页和结束按钮。

（3）将幻灯片切换效果全部设置为“随机水平线条”，切换声音为“单击”，并设置自动换片时间“00：03.00”。

（4）为演示文稿中的标题设置进入效果为“空翻”，退出效果为“中心旋转”。

（5）为演示文稿中的其他文字设置进入效果为“圆形扩展”。

2. 自己查找资料，补充“多彩贵州”中关于“遵义会议会址”“梵净山”“黎平侗乡”的页面，并为“幻灯片 3”建立相应的链接。

3. 根据所学知识创建《我的班级》的演示文稿，要求不得少于五个页面。

任务拓展

一、幻灯片的打印

演示文稿制作完成后，可以将其打印出来，以便在演讲时随时浏览。

单击“文件”→“打印”→“打印”命令，出现“打印”对话框，如图 5-67 所示。单击“确定”按钮进行打印。

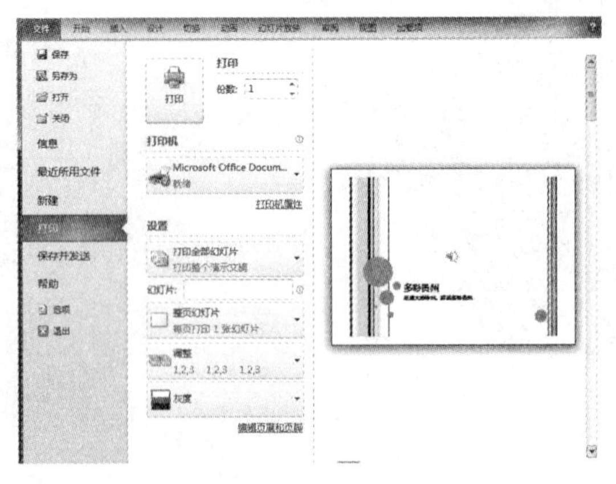

图 5-67　幻灯片打印

二、自定义动画的效果选项

在“自定义动画”窗口中，单击某个自定义动画右侧的下拉按钮，从中选择“效果选项”可以打开与当前对象关联的效果设置对话框，用于设置动画效果，如让声音在连续的几张幻灯片中播放、让过渡效果重复多次等。

试把“多彩贵州”演示文稿首页中的声音播放贯穿整个演示过程。

小　结

本项目学习了演示文稿软件 Powerpoint 2010 的基本操作，掌握了演示文稿的创建、修改、保存幻灯片的插入、复制、移动、删除等常规操作，掌握了幻灯片的修饰、幻灯片对象的插入与编辑、超链接的设置及动画的设置等。

通过探究与合作，了解了电子相册的制作、个性化模板的设计等。

项目六　飞吧电子邮件
——Outlook 2010 的应用

职业情景描述

电子邮件信箱几乎是所有上网人士的必备之物。每个经常上网的人都会拥有一个或多个电子邮件信箱。相信很多同学都通过网站收发过电子邮件，比如拥有 QQ 号的同学就自动拥有一个 QQ 邮箱账号，可以通过 www.qq.com 这个网站提供的邮箱服务实现邮件的收发。用于收发电子邮件的软件有很多，如微软公司的 Outlook 2010、网景公司的 Mailbox 以及国产软件 Foxmail 等。今天我们就来学习微软公司的 Outlook 2010 这个软件，通过它你可以完成电子邮件的收发工作。它也是办公自动化软件包 Office 2010 当中的一员。

通过本章的学习，我们将完成以下任务：

（1）完成 Outlook 2010 的基本配置。

（2）完成电子邮件的发送/接收任务。

（3）在 Outlook 2010 中导入和导出文件。

（4）设置一次约会。

任务一　完成 Outlook 2010 的基本配置

任务背景

使用 Outlook 收发电子邮件，首先必须在 Outlook 中设置你的电子邮件账户。只有正确设定你的账户，Outlook 才能连接邮件服务器来收发邮件。如果你是第一次使用 Outlook，在启动 Outlook 之后会先出现“Outlook 2010 启动”向导，帮助你完成必要的设置。

下面我们通过具体的任务来学习 Outlook 的基本配置。

假设你已经有了一个邮箱账号：today-2012@ qq.com，密码是 1234567（最好使用自己已经拥有的邮箱账号）。在本任务中，你需要启动 Outlook 来完成邮箱账号的必要设置。

任务分析

邮箱账号的配置没有特殊的操作要求，只要根据窗口的提示就可以顺利完成。只是在选择“电子邮件服务器的类型”时需要做出正确的判断。通过本任务，同学们可以顺利地为 Outlook 配置自己的邮箱账号。

任务学习准备

一、相关概念

1. 电子邮件

电子邮件作为一种方便、快捷、廉价的通信联络工具，在我们的生活中正起着越来越重要的作用。电子邮件的英文名称是 Electronic Mail，缩写为 E-mail，在网上有“伊妹儿”的谐音美称。

2. 电子邮箱

如果要收发电子邮件，首先应该拥有一个电子邮件信箱。获得邮件信箱的渠道很多，主要的有以下几种：

（1）ISP 提供：一般的 ISP 都会提供电子邮件服务，在用户在开户时，他们应该给我们一个邮件信箱及地址，可以和 ISP 联系。

（2）申请免费电子邮件信箱：提供免费电子邮件信箱的站点比比皆是，只需简单的注册，我们就可以申请到一个不错的免费邮箱。

（3）专网提供：如果你是通过单位的专用网络上网的，并且所在单位装备有自己的邮件服务器，就可以使用网络管理员给我们提供的专用电子邮箱了。

3. 申请免费电子邮件信箱的过程

Internet 上很多站点都提供免费的电子邮件服务，我们可以先去申请一个。现在我们以国内拥有很多用户的新浪网为例，介绍申请免费邮箱的过程。

（1）在 IE 浏览器的地址栏中输入新浪网站的网址：www.sina.com.cn，在网站主页的上方单击“邮箱”链接，进入新浪邮箱网页，在“免费邮箱”区域单击“注册免费邮箱”，如图 6-1 所示。

（2）进入新浪会员注册页，输入邮箱名称、登录密码、验证码等各项信息，并查看《新浪网络服务使用协议》及《新浪免费邮箱服务条款》后单击“提交”按钮，如图 6-2 所示。

（3）进入邮箱激活页面，输入验证信息，验证成功。申请免费邮箱的过程到此结束，如图 6-3 所示。

图 6-1 新浪邮箱

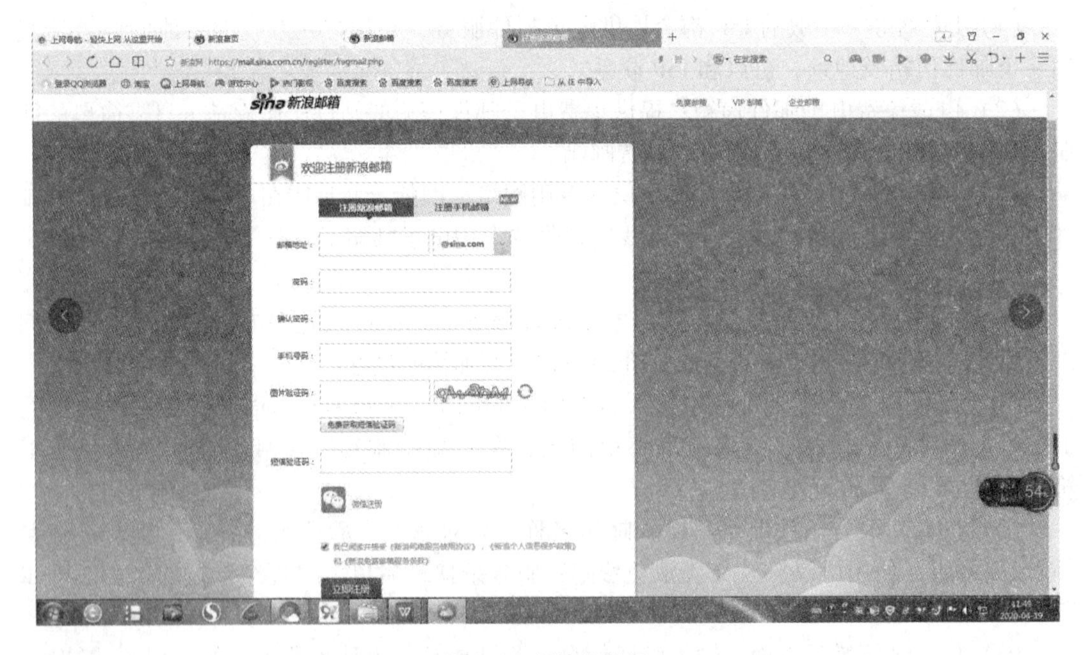

图 6-2 新浪注册页

图 6-3　新浪邮箱登录页

二、关于电子邮件账户

Outlook 支持 Microsoft Exchange、POP3（从互联网电子邮件服务器中检索电子邮件的常用协议）和 IMAP（互联网邮件访问协议）：与仅提供一个服务器收件箱文件夹的 POP3 等互联网电子邮件协议不同，IMAP 允许创建多个服务器文件夹，以便保存和组织邮件，这些邮件可从多台计算机访问。ISP（互联网服务提供商：一种以提供互联网接入，使用诸如电子邮件、聊天室或万维网为业的企业。有些 ISP 是跨国的，在许多地方提供接入服务，而其他服务商则局限在一个特定地区内）或电子邮件管理员可为您提供在 Outlook 中设置电子邮件账户所必需的配置信息。

电子邮件账户包含在配置文件中。配置文件包含账户、数据文件以及指定电子邮件保存位置的设置。首次运行 Outlook 时将自动创建一个新配置文件。有关配置文件的详细信息，请参阅创建配置文件。

任务实施

一、实施说明

我们已经了解电子邮箱的相关内容，在发送和接收电子邮件之前，还必须配置 Outlook，使之能够和所用邮件账号所在的邮件服务器进行通信。下面我们就来介绍一下收发电子邮件的专用软件——Outlook 的基本配置。

二、实施步骤

步骤 1　启动 Outlook

我们可以用下列几种方法中的任意一种启动该程序：

（1）双击电脑桌面上的 Outlook 图标（如果桌面上放置了快捷方式）。

（2）单击“开始”按钮，并选择“程序/所有程序”→“Microsoft Office”→“Outlook 2010”。

（3）如果已经打开 Internet Explorer，可单击标准工具栏上的“邮件”按钮，然后单击“阅读邮件”选项。

（4）如果已经打开 Internet Explorer，可从 Internet Explorer 菜单栏中选择“工具”→“邮件和新闻”→“阅读邮件”。

启动 Outlook 之后，我们可以看到其界面窗口，如图 6-4 所示。

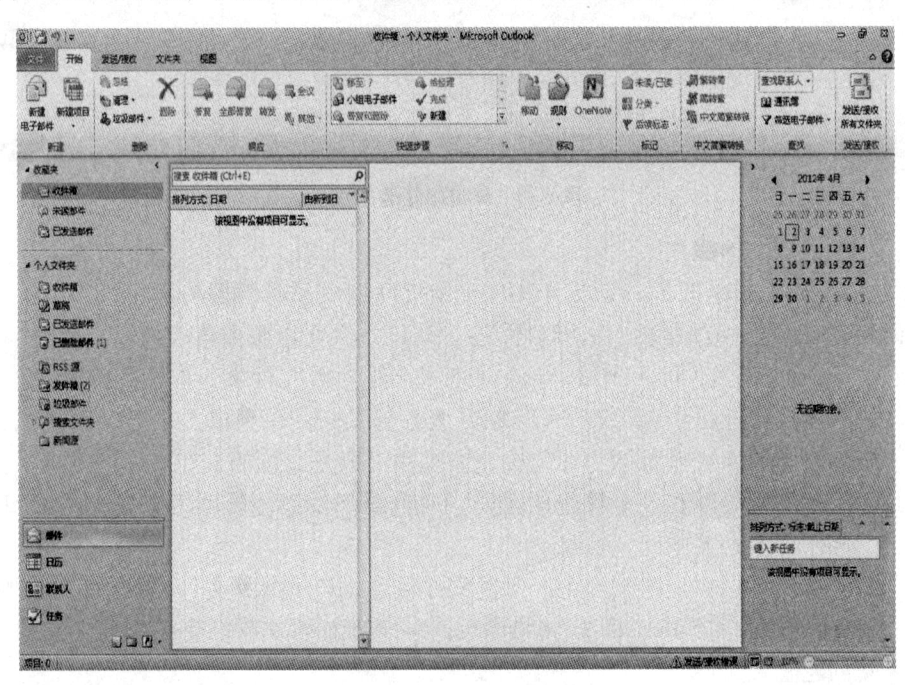

图 6-4　Outlook 界面窗口

步骤 2　在 Outlook 中设置电子邮件账号

（1）单击“文件”选项卡。在“信息”选项卡上的“账户信息”下，单击“账户设置”，如图 6-5 所示。

（2）单击“新建”，在“添加新账户”对话框中选择默认设置，单击“下一步”。

（3）输入您的姓名、电子邮件地址和密码。

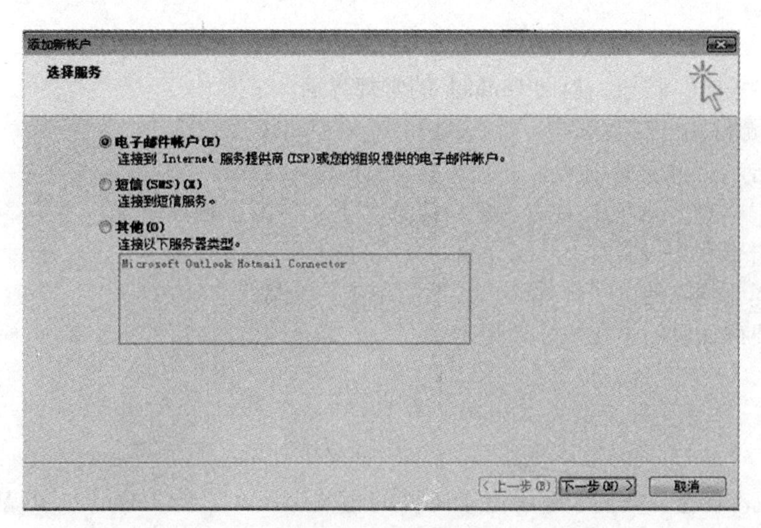

图 6-5　账户设置页

（4）如果输入以 hotmail.com 或 msn.com 结尾的电子邮件地址，则必须使用 Windows Live Hotmail 的 Microsoft Outlook Connector 来添加电子邮件账户。

（5）单击“下一步”。在配置账户时，会显示一个进度指示器。设置过程可能需要几分钟时间。

（6）成功添加账户后，可以通过单击“添加其他账户”来添加其他账户。

（7）若要退出“添加新账户”对话框，请单击“完成”。

> 提示
>
> 设置电子邮件账号
>
> 很多人即便严格按照以上步骤来操作，也不一定能成功配置Outlook，因为许多网站的邮件发送服务器都要求用户在使用Outlook时先要验证身份。然后才允许发邮件，所以我们要学会邮件发送服务器的一些设置方法。

步骤 3　更改电子邮件账户的设置

在使用“Internet 连接向导”设置了电子邮件账号之后，查看或更改该设置便非常简单易行，可以按照以下步骤：

（1）单击“文件”选项卡。

（2）在“信息”选项卡上的“账户信息”下，单击“账户设置”。

（3）选择要更改的电子邮件账户，单击要查看或更改的账号（使其加亮显示），然后进行下列操作之一：

①如果要使选中的账号成为默认电子邮件账号，则选择“设置默认值”。

②如果要更改选中的设置，则单击“更改”按钮（或双击账号名）。然后根据需要填写或更改邮件账号和“高级”选项卡的内容。完成了对账号属性的修改，单击“确定”

按钮。

③单击“关闭”按钮，返回 Outlook 的常规界面。

步骤 4　删除电子邮件账户

（1）单击“文件”选项卡。

（2）在“信息”选项卡上的“账户信息”下，单击“账户设置”。

（3）单击“账户设置”。

（4）选择要删除的电子邮件账户，然后单击“删除”。

（5）若要确认删除该账户，请单击“是”。

归纳提高

通过完成本任务，我们了解了电子邮件的相关知识，学会了 Outlook 的基本配置，这为今后进行邮件的收发做好了基本的准备工作。同时，在这个过程中，我们还掌握了一些小技巧，希望它们能为我们使用 Outlook 顺利收发邮件提供帮助。

任务评估

任务一评估细则		自评	教师评
1	了解自己的电子邮件账号		
2	会启动 Outlook		
3	能够根据向导完成账号配置		
4	能够更改/删除电子邮件账号		
任务综合评估			

讨论与练习

交流讨论：

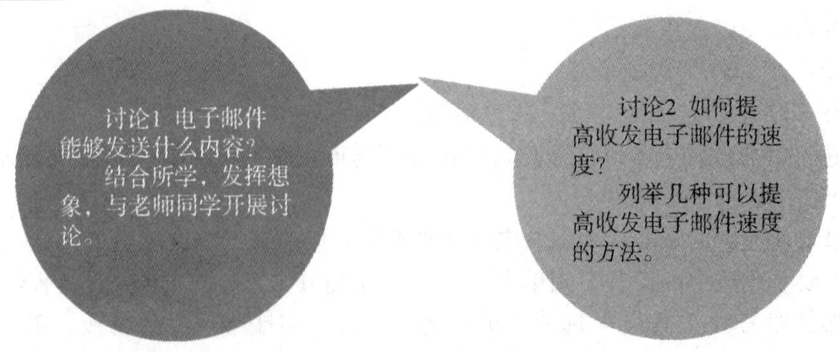

思考与练习：

一、选择题

1. 假设用户名为 xyz，邮件服务器的域名为 sina. com，则该用户的电子邮件地址为（　　）。

A. sina.com,xyz　　B. xyz.xyz.com
C. sina.com@ xyz　　D. xyz@ sina.com

2. 用户的电子邮箱是（　　）。

A. 通过邮局申请的个人信箱　　B. 邮件服务器内存中的一块区域
C. 邮件服务器硬盘上的一块区域　　D. 用户计算机硬盘上的一块区域

二、操作题

1. 在网上申请一个免费邮箱（提供免费电子邮箱服务的站点，如网易、新浪、腾讯等）。申请到的邮箱地址为：wanggang@ 163. com 或 wanggang@ sina. com 或 wanggang@ qq.com。

2. 在 Outlook 中建立一个新账户，显示名为“王刚”，电子邮件地址为 wanggang@ qq. com，接收和发送邮件服务器分别为 POP3.qq.com 和 smtp.qq.com，账户名为 wanggang，密码为 w123g123。

任务拓展

电子邮件的安全问题

Internet 是一个庞杂的世界，很多人都在强调密码的重要性，然而事实上，大部分人的邮箱的密码都设置得很简单，并且很少更换密码。据调查显示，50%以上的人从来没有更换过自己的电子邮件密码，一个月更换一次的人不到 10%。破解者最容易想到的密码就是用户的生日、用户名、电话号码、QQ 号码等，在字母中夹杂数字和符号就可以确保密码的安全性。另外，要注意定期更换电子邮箱的密码，这样可以有效提高我们使用电子邮件的安全。

任务二　完成电子邮件的发送/接收任务

任务背景

邮箱账号配置好以后，就可以给朋友发送邮件或接收邮件了。发送邮件是 Outlook 最基本的功能之一。已知朋友的邮箱是 wangxia123@ 126. com 请给她发送一封邮件，表示问候，并且要附带发送一张照片。

任务分析

要完成本任务，需要从以下几方面入手：

（1）了解 Outlook 的操作界面。

（2）掌握邮件的编写过程。

（3）掌握添加附件的操作。

（4）学会设置与使用通信簿。

任务学习准备

一、相关概念

1. 认识 Outlook 的操作界面

Outlook 的操作界面如图 6-6 所示。

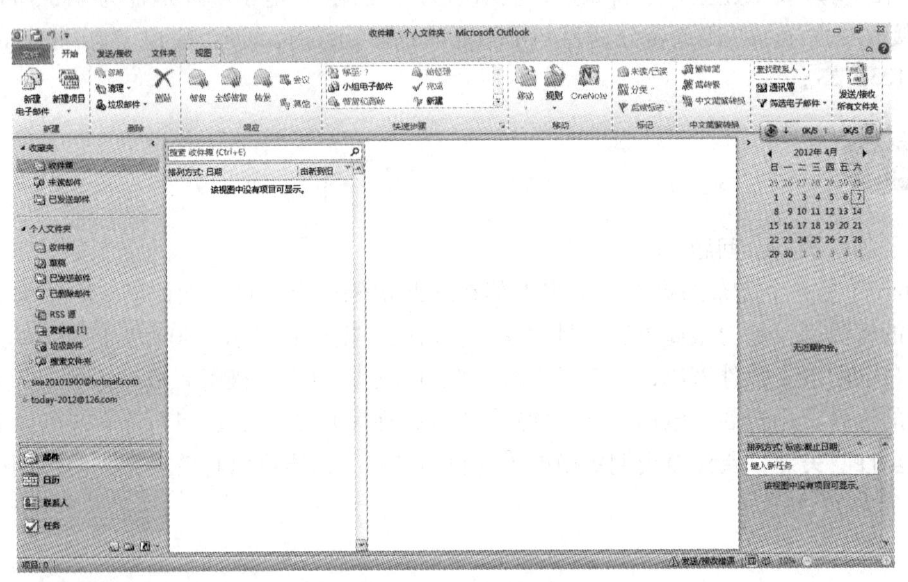

图 6-6　Outlook 操作界面

2. 使用功能区

功能区界面涉及整个 Outlook 2010，替换了许多菜单。功能区内分组出现的命令如图 6-7 所示，可以使其更易于查找和使用。在 Outlook 2007 中，功能区仅可用于打开的 Outlook 项目，如电子邮件或日历项目，而现在功能区在 Outlook 中随处可见，包括主窗口。

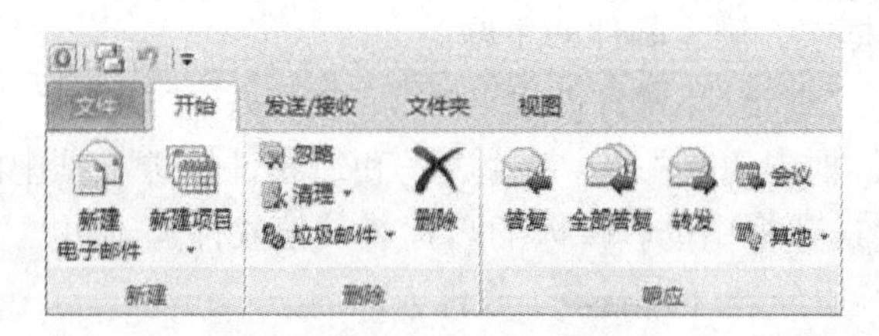

图 6-7　功能区略图

使用视图顶部的选项卡来选择命令组。位于“开始”选项卡上的命令可用于创建并使用 Outlook 项目，如邮件、日历项目和联系人。单击“发送/接收”选项卡上可用于检查服务器上的新 Outlook 项目或者发送项目的相关命令。位于“文件夹”选项卡上的命令可用于创建、移动或共享文件夹。在“视图”选项卡上可以更改和自定义查看文件夹的方式。

3. 使用邮件

最常用的邮件命令位于“开始”选项卡上。这些命令包括“新建电子邮件”“答复”“转发”和“删除”。单击任何邮件都可以在阅读窗格（阅读窗格：Outlook 中的一个窗口，你可以在其中预览项目而无须打开它。若要在“阅读窗格”中显示项目，请单击该项目）中查看，或者通过双击打开邮件。如果邮件带有附件，则单击附件以在“阅读窗格”中进行查看，或者通过双击在与之关联的程序中打开附件。下面提供了一些更有用的邮件功能：邮件列表按对话进行排列。对话视图将相关邮件（包括已发送邮件和其他文件夹中的邮件）一起进行分组，如图 6-8 所示，帮助你轻松管理数量庞大的邮件。你可以看到整个对话过程，从而更加便于选定对你最为重要的邮件。

图 6-8　邮件排列表

任务实施

一、实施说明

使用电子邮件，最主要的目的就是要发送和接收邮件。下面我们就详细介绍使用 Outlook 撰写和发送邮件的问题。

二、实施步骤

步骤 1　撰写邮件

（1）在“开始”选项卡上的“新建”组中，单击“新建电子邮件”，如图 6-9 所示。键盘快捷方式若要从 Outlook 的任意文件夹中创建电子邮件，请按 Ctrl+Shift+M。

（2）在“主题”框中，键入邮件的主题。

（3）在“收件人”“抄送”“密件抄送”框（“收件人”“抄送”和“密件抄送”按钮：邮件发送给“收件人”框中的收件人。“抄送”和“密件抄送”框中的收件人也会收到该邮件；但是，“密件抄送”框中的收件人的名称对其他收件人不可见）中，输入收件人的电子邮件地址或姓名，用分号可分隔多个收件人。

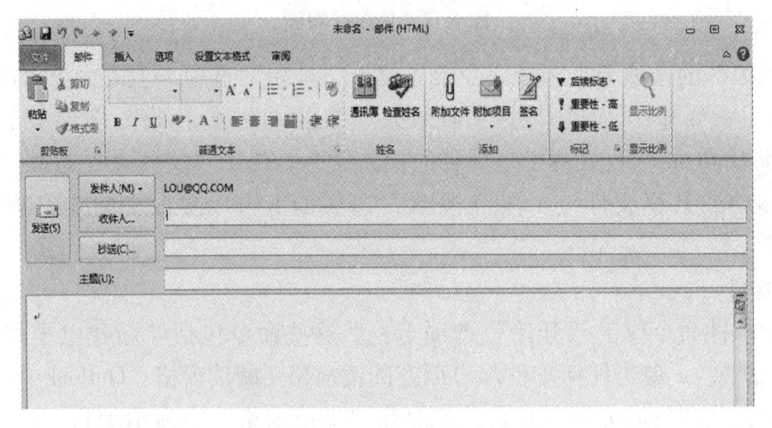

图 6-9　新建邮件窗口

若要为这封邮件和将来的所有邮件显示“密件抄送”框，请在“选项”选项卡上的“显示字段”组中单击“密件抄送”。

按照下列步骤填写相关内容：

（1）在“收件人”文本框中，输入收件人的完整邮件地址，例如：wangxia123@125.com。要把该邮件发送给多个收件人，可同时输入多个邮件地址，彼此之间以分号隔开。

（2）在“抄送”框中输入要把这个邮件抄送给某个人的电子邮件地址。同样，可以输入多个收件人地址，两个地址之间用分号隔开。

（3）在“主题”框中输入一个简要的主题说明，例如：“问候”。这部分内容将出现在收件人的“收件箱”中，并且在打开邮件之前就可以看到。发送邮件的时候添加主题，可以让收件人先看出来这封信的目的，方便接收者查收，这也是发电子邮件的一种“礼仪”。

（4）要设置邮件的优先级或重要性，可从“新邮件”窗口的菜单栏中选择“邮件”→“设置优先级”，然后在弹出的菜单中选择“高”“普通”“低”。默认的优先级是“正常”。

（5）地址部分下方更大的编辑窗口是我们输入邮件内容的区域。文字的格式可以自由设置，与 Word 相似，在此不再赘述，如图 6-10 所示。

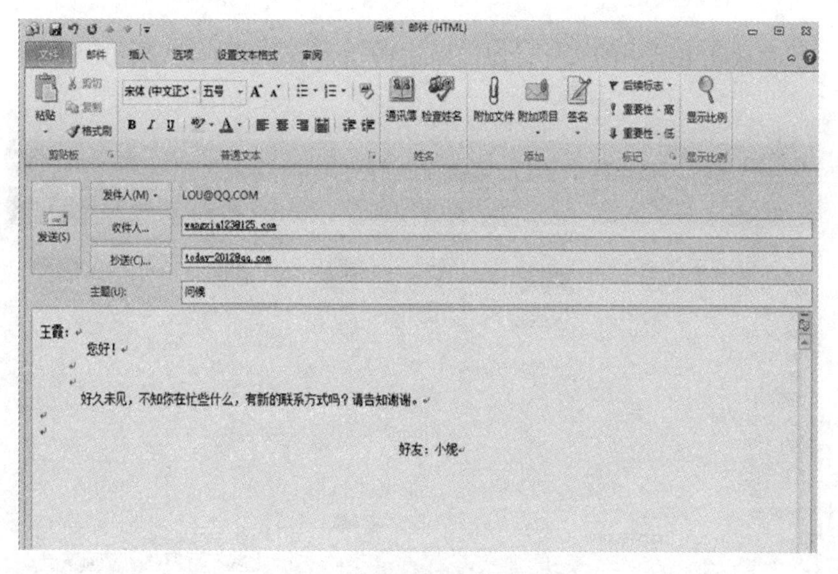

图 6-10 完成后的邮件窗口

提示

撰写邮件

可以单击活页小卡片图标，从自己的“通信薄”列表中选择一个电子邮件地址，这种方法可替代直接输入。

输入文字时，可以使用工具栏的“格式”中的选项为文本设定格式、设置邮件的外观风格。

要选中邮件中的所有文本，可从“新邮件”窗口的菜单栏中选择“编辑”→“全选”，或按组合键Ctrl+A。

步骤 2 发送邮件

撰写完邮件后，可选择以下发送方法：

（1）若要立即发送邮件，则单击“新邮件”窗口工具栏左上角的“发送”按钮或按组合键 Alt+S。如果在 Outlook 中设有多个电子邮件账号，该邮件将用默认账号发送。

（2）若要使用具体的某个账号发送邮件，可以在邮件窗口的“发件人”下拉菜单中进行选择（在“Internet 账户”窗口中已经设置了多于一个的电子邮件账号时这个选项才可用）。

（3）要想以后再发送邮件，可选择菜单栏中的“文件”→“以后发送”。文件将保存在“发件箱”中，并在下次使用“发送和接收”命令时发送出去。

步骤 3 发送邮件附件

附件是指随邮件发送的其他文件，如照片、音频、视频等。发送附件（本例中为照片），则需要做以下操作：

（1）单击“插入”菜单，选择“附件文件”，或直接单击工具栏中的插入“附件文件”按钮。

（2）查找存放在电脑中的文件，如“照片 01.jpg”，如图 6-11 所示。

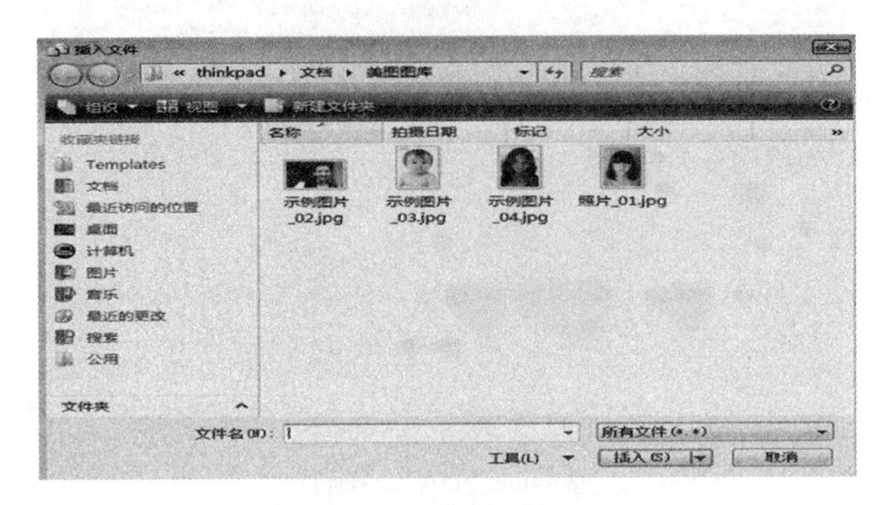

图 6-11　选择插入文件

（3）以上工作完成后，单击“发送”按钮，将邮件发送给你的朋友，如图 6-12 所示。

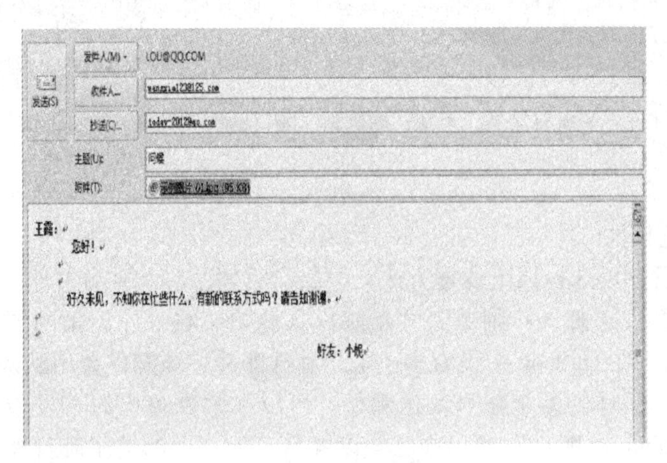

图 6-12　邮件发送

步骤 4　接收和阅读电子邮件

要检索和查看新的电子邮件是一件很容易的事情，只要遵循下面的步骤即可：

（1）打开 Outlook。

（2）单击“发送/接收”按钮（或按组合键 Ctrl+M）。

（3）当用 Outlook 发送“收件箱”中的任何邮件，并把新邮件从电子邮件服务器复制到我们的电脑上时将出现发送和接收邮件进程的提示框。

要查看新邮件，可打开“收件箱”。尚未阅读的新邮件，其标题以粗体字列在邮件列表中，且它的前面有一个封了口的信封图示。若要阅读一个特定的邮件，只需单击它即可。底部的预览窗格将显示电子邮件的内容。如果要在一个单独的窗口中打开邮件，只要双击该邮件名即可，阅读过的邮件图标是开了口的信封，如图 6-13 所示。

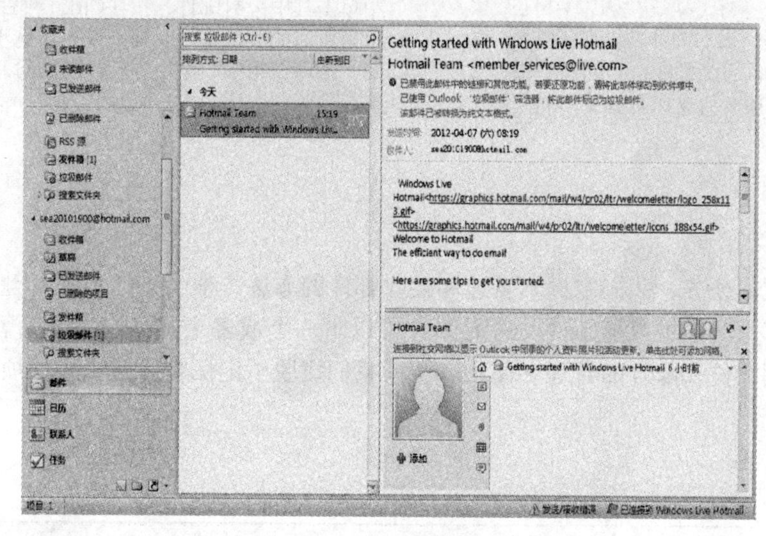

图 6-13　阅读邮件

步骤 5　答复或转发电子邮件

答复电子邮件时，原始邮件的发件人会自动添加到“收件人”框中。同样，在使用“全部答复”时，将创建一封以原始邮件的发件人及所有其他收件人为目标的邮件。无论选择哪个命令，您都可以更改“收件人”“抄送”“密件抄送”框中的收件人。在转发邮件时，“收件人”“抄送”和“密件抄送”框均为空，您必须至少输入一个收件人。

1. 答复发件人或其他收件人

（1）在“开始”或“邮件”选项卡上的“响应”组中，单击“答复”或“全部答复”。

（2）撰写邮件。

（3）单击“发送”。

单击“全部答复”时要非常谨慎，尤其是答复中含有通讯组列表或大量收件人时更应如此。平时最好使用“答复”，然后只添加必要的收件人，或者使用“全部答复”但删除不需要的收件人和通讯组列表。

2. 转发邮件

转发邮件时，原始邮件中包括的所有附件都将包含在转发的邮件中。

在“开始”或“邮件”选项卡上的“响应”组中，单击“转发”。

> **提示**
> 答复或转发电子邮件
> 根据邮件是已在邮件列表中选中，还是已在自己的窗口中打开，选项卡的名称会有所不同。

> **提示**
> 答复或转发多封电子邮件
> 如果要将两封或更多封邮件作为一封邮件转发给相同的收件人，请在“邮件”中单击其中一封邮件，按住Ctrl，然后逐个单击所需的其他邮件。在“开始”选项卡上的“响应”组中，单击“转发”。每封邮件将在新邮件中作为附件进行转发。

归纳提高

通过完成本任务，我们掌握了发送和接收邮件的方法，学会了通信簿的建立和使用方法。在发送邮件时还可以随邮件发送附件（可以附一个或多个文件）。通信簿的使用方便了我们对常用收件人账号的管理和使用，帮助我们摆脱了记忆收件人账号的烦恼。

任务评估

任务二评估细则		自评	教师评
1	熟悉 Outlook 操作界面		
2	编写并发送邮件和带附件的邮件		
3	会接收邮件和阅读邮件		
4	会建立和使用通信簿		
任务综合评估			

讨论与练习

交流讨论：

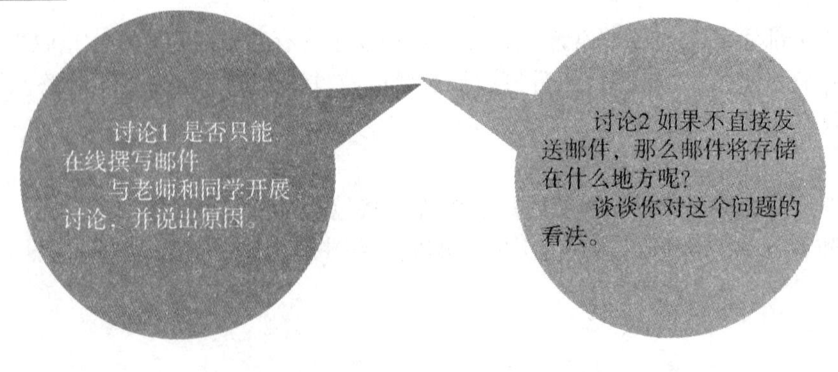

思考与练习：

一、选择题

1. 如果电子邮件到达时，用户的计算机没有开机，那么电子邮件将（　　）。

A. 退回给发信人　　　　B. 保存在 ISP 的邮件服务器上

C. 过一会对方再重新发送　　　　D. 丢失

2. 如果用户希望将一封邮件转发给另一个人，应使用 Outlook 工具栏中的按钮为（　　）。

A. 新邮件　　　　B. 回复作者

C. 全部回复　　　　D. 转发

二、操作题

使用 Outlook 软件，给你的好友张龙发送一封主题为“暑假计划”的邮件，信的内容为“附件中为暑假计划，请查收。”在正文中插入图片（保存在 D:\my\fly.jpg)，同时请把 D:\my 文件夹下的“暑假计划.txt”和“heka.jpg”一起以附件的形式发送给对方。张龙的邮箱地址为：Zhanlong@ 126.com。

任务拓展

通信簿的应用

1. 设置朋友通信簿

将朋友 wangxia123@ 126. com 添加到通信簿中。

（1）单击“联系人”按钮，选择“新建联系人”。

（2）在“通信簿”窗口中，单击“新建”按钮下拉列表中的“新建联系人”选项，在联系人属性窗口中输入联系人的基本内容。例如，姓氏：王；名字：霞；电子邮件：wangxia123@ 126.com 等。

（3）输入完毕后单击“保存并关闭”按钮，即将王霞的账号存放到通信簿中。以后我们要给王霞发邮件的时候，就可以直接从通信簿中查找并选择她了，如图 6-14 所示。

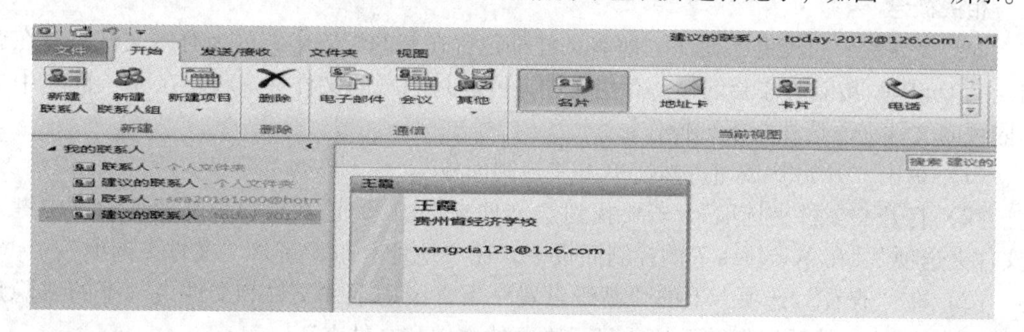

图 6-14　通信簿的应用

2. 应用朋友通信簿

（1）在新邮件内容输入窗口，当光标在收件人后面的文本框中闪动时，单击“收件人/通信簿”按钮，则出现选择姓名的窗口。

（2）在名称列表中找到“王霞”，单击“收件人”按钮，再单击“确定”按钮。这样我们发邮件时，就可以不必每次都用键盘自己输入地址了。

任务三　在 Outlook 2010 中导入和导出文件

任务背景

随着使用 Outlook 的时间增加，Outlook 中储存的邮件会越来越多，新旧邮件将窗口堆得满满的，令人眼花缭乱，查收信件也很不方便。定期备份旧邮件，使收件箱里的数量总保持在 10~20 封，这样查找起邮件来就会方便很多。这里介绍的是利用 Outlook 的“文件导入导出”功能来备份邮件的方法。

任务分析

“邮件的导出”就是将邮件导出后存放到硬盘的某个位置，而“文件的导入”则是将导出的文件再次导入 Outlook 收件箱中。本任务中我们主要学习如下内容：

（1）掌握邮件的导出操作。

（2）掌握邮件的导入操作。

任务学习准备

相关概念

隐藏文件夹：可能并不是下列所有文件都包含在您的配置中，因为有些文件只有在您自定义 Outlook 功能时才会创建。有些文件夹可能是隐藏的文件夹。若要在 Windows 中显示隐藏的文件夹，请执行下列操作：

（1）单击“开始”按钮，然后单击“控制面板”。

（2）打开“文件夹选项”。若要找到“文件夹选项”，请在窗口顶部的搜索框中键入“文件夹选项”。在 Windows 7 的控制面板中，在“地址”框中键入“文件夹选项”。

（3）在“查看”选项卡上的“高级设置”下，滚动至“文件和文件夹”下的“隐藏文件和文件夹”，然后选中其下的“显示隐藏的文件和文件夹”。

任务实施

一、实施说明

对 Outlook 信息进行存档时，项目保存在 . pst 文件中。Outlook 数据文件（.pst）（计算机上的数据文件，用来存储邮件和其他项目。可以分配一个 . pst 文件作为电子邮件的默认送达位置。可以使用 . pst 来组织和备份项目以保护项目）包含您的电子邮件、日历、联系人、任务和便笺。必须使用 Outlook 对.pst 文件中的项目进行处理。“邮件的导出”就是将邮件信息以 Outlook 数据文件（.pst）形式存放在硬盘的某个位置，而“邮件的导入”则是将导出的邮件信息再次导入 Outlook 中。

二、实施步骤

步骤 1　邮件的导出

（1）执行“文件”菜单下的“打开”下拉菜单中的“导入”命令，如图 6-15 所示。

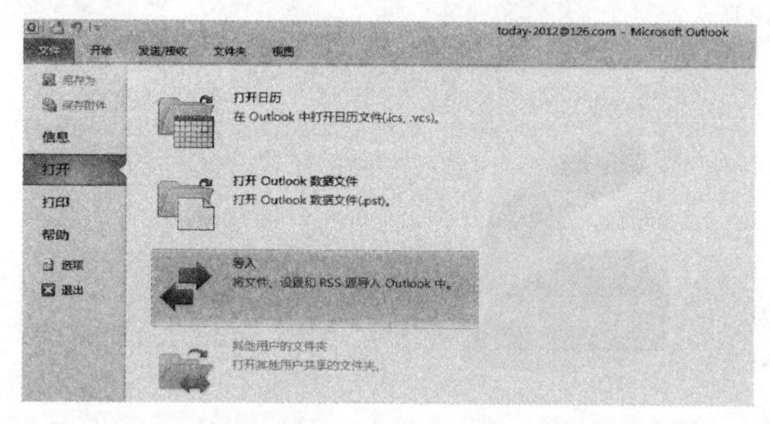

图 6-15　邮件导出窗口

（2）选择要导出的文件及类型，这里选择“导出到文件”，单击“下一步”按钮，如图 6-16 所示。

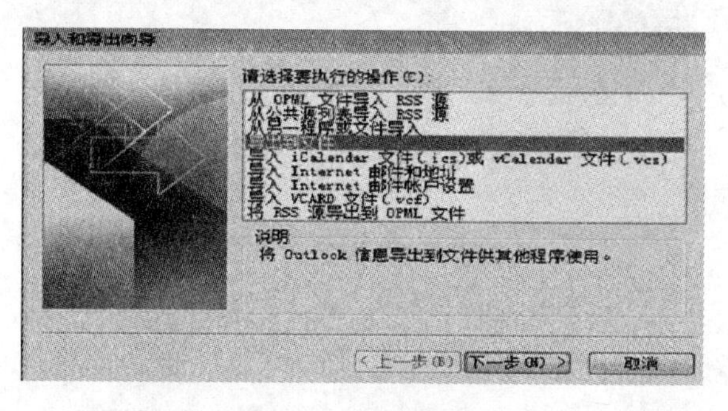

图 6-16　导出向导

（3）在“导出到文件”框中选择文件类型，这里选择“Outlook 数据文件（.pst）”，单击“下一步”按钮，如图 6-17 所示。

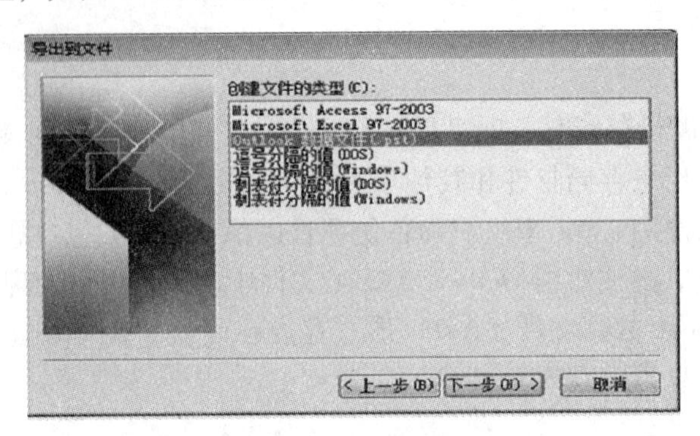

图 6-17　导出向导

（4）在导出 Outlook 数据文件对话框中选择要导出的文件夹名称，单击“下一步”按钮，如图 6-18 所示。

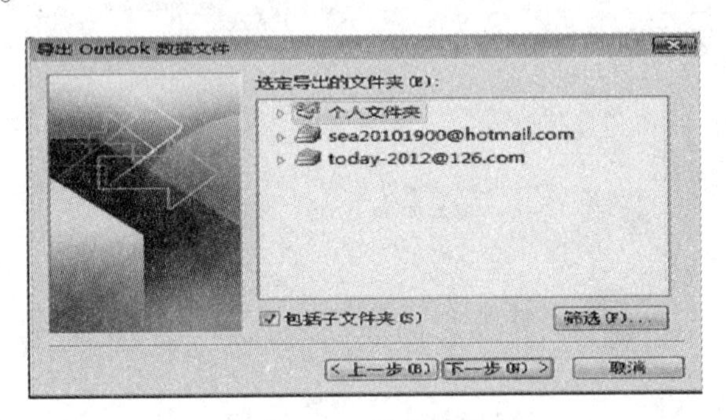

图 6-18　导出向导

（5）在将导出文件另存为中选择“选项”，单击“完成”按钮，如图 6-19 所示。

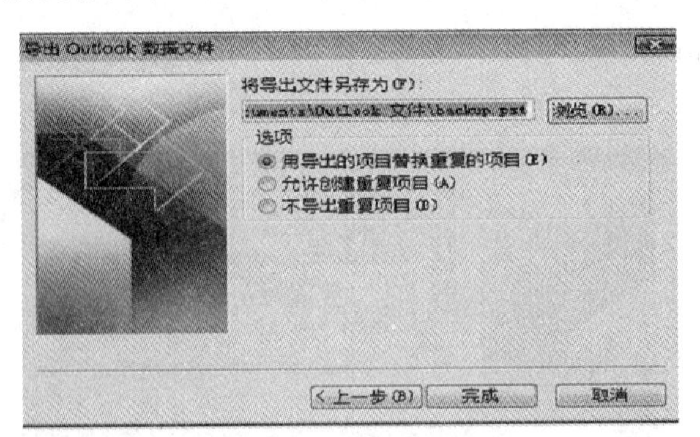

图 6-19　导出向导

这样，就可以将生成的文件妥善保存起来，一旦需要还原 Outlook 的信息时，我们可以再次使用“导入”功能，进行数据的还原。

步骤2　导入旧邮件

（1）选择“文件”菜单中的“打开”下拉菜单的“导入”命令。

（2）选择要导入的文件类型，如选择“从另一文件或程序导入”，单击“下一步”按钮。

（3）选择要导入的文件类型，这里选择“Outlook 数据文件（.pst）”，单击“下一步”按钮。

（4）选择要导入的文件及选项，单击“下一步”按钮。

（5）选择要导入的文件夹，单击“完成”按钮。

归纳提高

通过完成本任务，我们主要掌握了对旧邮件的导出和导入操作。不管是邮件的导出还是导入，都需要单击“文件”菜单下的“导入”命令，然后按照向导完成相关操作。并且要记住，如果电脑中没有旧邮件，那么导入操作将无法进行。

任务评估

任务三评估细则		自评	教师评
1	掌握邮件的导出操作		
2	掌握邮件的导入操作		
任务综合评估			

讨论与练习

交流讨论：

讨论1　为什么要进行邮件的导入和导出？

请同学开展讨论，老师归纳总结。

讨论2　邮件的导入与导出操作中应注意些什么？

通过讨论，列出需要注意的事项。

思考与练习：

一、问答题

如何接收电子邮件？阅读过的邮件和未阅读过的邮件在字体和图标显示上有什么不同？

二、操作题

在D盘上创建一个“我的邮件”文件夹，将自己的邮箱账户导出该文件夹中。重新启动Outlook后，再将该文件导入Outlook中。

任务拓展

创建任务和待办事项

许多人会将待办事项列表列在纸上、记在电子表格中或使用纸和电子方式双管齐下。在Outlook中，你可以将各种列表合并为一个列表，获得提醒和跟踪任务进度。

创建任务

（1）在任何文件夹中的“开始”选项卡上的“新建”组中，单击“新建项目”，然后单击“任务”。

（2）若要从Outlook中的任何文件夹创建新任务，可按快捷方式键Ctrl+Shift+K。

（3）在“主题”框中，键入任务的名称。可以在任务正文中添加更多详细信息。

（4）在“任务”选项卡上的“动作”组中，单击“保存并关闭”。

任务四　设置一次约会

任务背景

日常生活中，我们经常要参加一些约会。如果提前在Outlook中设置约会的时间、地点和内容，Outlook就在约会之前提醒相关的人准时参加约会。

任务分析

本任务的具体要求是定制约会。

主题：新产品分析；

地点：西三会议室；

时间：2012年5月19日，11:30开始，13:00结束，需提前一天提醒。

任务学习准备

相关概念

Outlook 2010 中的功能区提供大图标来显示安排和查看日历的可能方式。使用“视图”选项卡命令进一步自定义在日历中所看到的信息。通过双击打开任何日历项目，然后编辑或查看其详细信息。

在“开始”选项卡上，使用“新建”组命令创建日历项目。打开的约会或会议具有许多与 Outlook 2007 中相同的功能区命令，包括重复周期和提醒选项。

任务实施

一、实施说明

约会是你在日历中计划的活动，不涉及邀请其他人或保留资源。通过将每个约会指定为忙、闲、暂定或外出，其他 Outlook 用户将可以知道你的空闲状况。

二、实施步骤

步骤 1　新建约会

在“开始”选项卡上的“新建”组中，单击“新建约会”。你也可以右键单击日历网格中的时钟，然后单击“新建约会”，如图 6-20 所示。

键盘快捷方式：若要从 Outlook 的任意文件夹中创建约会，请按 Ctrl+Shift+A。

（1）在“主题”框中，键入说明。

（2）在“地点”框中，键入地点。

（3）输入会议开始和结束时间。

（4）若要向他人表明你在此期间的空闲状况，请在“约会”选项卡上的“选项”组中单击“显示为”框，然后单击“闲”“暂定”“忙”或“外出”。

（5）若要将约会设置为定期约会，请在“约会”选项卡上的“选项”组中单击“定期”。单击想让约会重复发生的频率（“按天”“按周”“按月”“按年”），然后选定该频率的选项，单击“确定”，如图 6-21 所示。

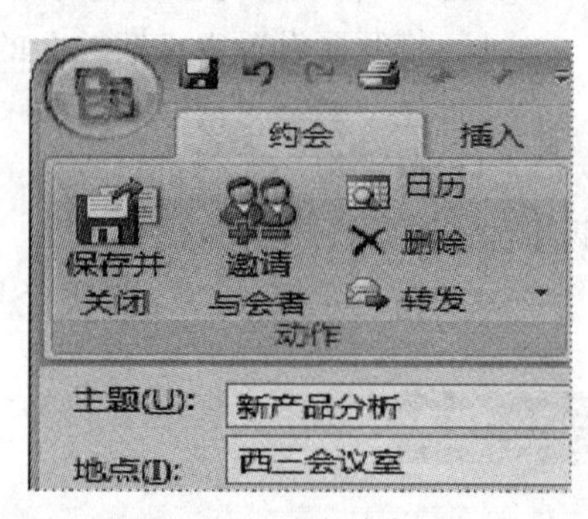

图 6-20　约会地点

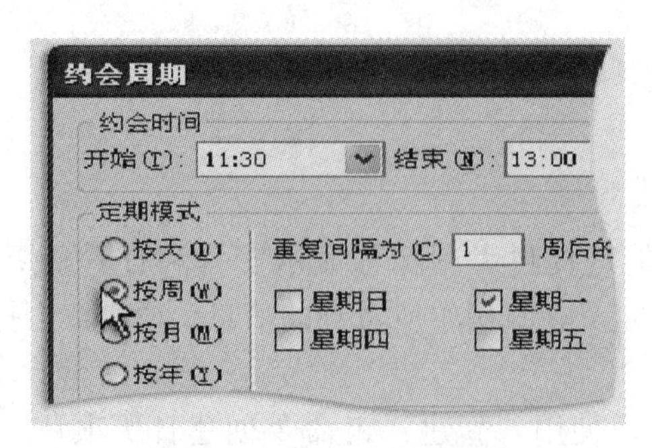

图 6-21　约会时间、周期

（6）默认情况下，在约会开始前 15 分钟就会显示提醒。若要更改提醒的显示时间，请在“约会”选项卡上的“选项”组中单击“提醒”框旁边的箭头，然后单击新的提醒时间。若要关闭提醒，请单击“无”。

（7）在“约会”选项卡上的“动作”组中，单击“保存并关闭”。

步骤 2　更改约会

（1）打开要更改的约会。

（2）请执行下列操作之一：

①更改不属于序列一部分的约会的选项。

②更改想要更改的选项，例如主题、地点和时间。

③更改序列中所有约会的选项。

④更改属于序列一部分的某个约会的选项。

> 提示
>
> 新建约会
>
> 可以在“开始时间”和“结束时间”框中键入特定的字词和短语，而不是日期。例如，您可以键入“今天”“明天”“元旦”“从明天开始的两周”“元旦前的三天”以及大多数节假日名称。

步骤 3　将现有约会设置为定期约会

（1）打开要设置为定期约会的约会。

（2）在“约会”选项卡上的“选项”组中，单击“重复周期”。

（3）单击想让约会重复发生的频率（“按天”“按周”“按月”“按年”），然后选定该频率的选项。

（4）在“定期约会”选项卡上的“动作”组中，单击“保存并关闭”。

归纳提高

通过完成本任务，我们学习了对“约会”的设置，设置过程主要包括设置约会的主题、约会的时间、约会的地点、参加约会的人员、约会提醒的周期等，除了设置约会，我们还可以设置一些会议提醒等事务，它们的设置与约会的设置相似。Outlook 的这一功能，为我们今后及时处理事务提供了便利。

任务评估

任务四评估细则		自评	教师评
1	会创建约会		
2	会更改约会		
3	会设置定期约会		
任务综合评估			

讨论与练习

交流讨论：

思考与练习：

一、判断题

1. 创建约会必须首先选择“日历”按钮才能进行设置。（　）
2. 创建好的约会是不能进行更改和删除的。（　）
3. 用 Outlook 管理邮件时，是将电子邮件和联系人等信息保存在本地计算机里的。（　）

二、操作题

设置一次会议提醒，主题：高职评审会议。

时间：2012 年 10 月 20 日至 25 日，每天上午 9：00 至 12：00 安排会议。

地点：省教育厅五楼会议室。

注意事项：携带职评档案袋和论文复印件。

任务拓展

查看您的任务

在 Microsoft Outlook 2010 中，任务显示在三个位置：“待办事项栏”“任务”以及“日历”中的“日常任务列表”。如果您订阅了 SharePoint 任务列表，则从此列表中分配给您的任何任务也会显示在这三个位置。

若要查看您的任务，请执行以下任一操作：

①在“导航窗格”中单击“任务”。

②单击某个任务以在阅读窗格（阅读窗格：Outlook 中的一个窗口，您可以在其中预览项目而无须打开它。若要在“阅读窗格”中显示项目，请单击该项目。）中进行查看，或双击该任务以在新窗口中将其打开。

小　结

通过学习本项目，我们了解了 Outlook 2010 的基本配置、邮箱的申请、电子邮件账户的相关设置、撰写邮件、发送邮件、通信簿的设置与使用、电子邮件的导入与导出、创建约会、安排会议的基本操作，学会了正确使用 Outlook 2010 这个软件收、发和管理电子邮件的基本操作。

项目七 因特网的应用

职业情景描述

Internet，中文名称为因特网，它把位于世界各地的计算机通过线路相互连接在一起，形成计算机与计算机之间的一条条通路，各类信息就在这一条条信息路上高速飞奔。如同高速公路把许多不同城市连接在一起，汽车就可以在这些城市之间畅通往来。学校机房中的台式计算机、飞驰列车上的笔记本电脑、办公室桌面上的苹果机，甚至身在旅途的人身上的智能手机，所有这些机器都可以通过因特网连接起来，相互问候并传递信息。“计算机连上因特网，也就连上了世界”。可以说因特网是遍布世界的网络，为人们的工作、学习和生活带来了革命性的便利。

本章通过对因特网信息的浏览、信息交流等网络平台的应用技能学习，让因特网成为大家工作、学习和生活的资源库。

任务一 认识 Internet

任务背景

小明同学对 Internet 非常感兴趣，想多了解一些有关 Internet 的知识。请帮助他系统地了解 Internet 相关知识。

任务分析

本任务要求同学们结合当前 Internet 的使用情况，列举 Internet 的基本概念和常用术语。该任务要从以下几个方面入手：

（1）了解 Internet 的基本概念。

（2）掌握网页、主页、网站的含义。

（3）掌握 URL、IP 地址和域名的含义。

任务学习准备

相关概念

1. Internet 基本概念

因特网（Internet）是一组全球信息资源的总汇。有一种粗略的说法，认为 Internet 是由许多小的网络（子网）互联而成的一个逻辑网，每个子网中连接着若干台计算机（主机）。Internet 以相互交流信息资源为目的，基于一些共同的协议，并通过许多路由器和公共互联网而成，它是一个信息资源和资源共享的集合。

2. Internet 常用术语

（1）网页、主页和网站。

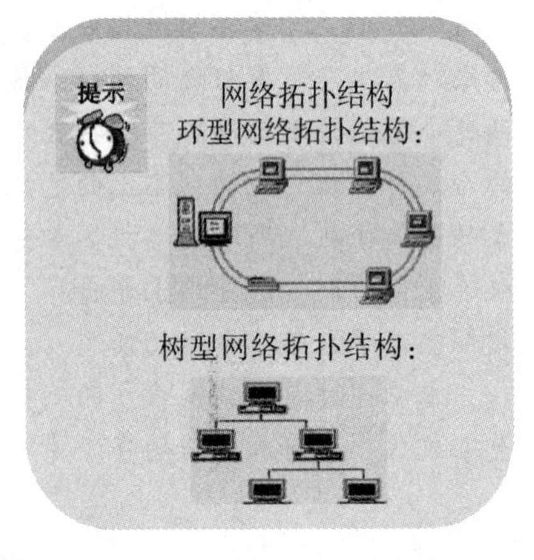

主页是要和网页、网站区分开的，主页不是网站或是网页中的任何一种，它只是你电脑本地浏览器浏览网站的起点站或者说主目录。网站的更新内容一般都会在主页上突出显示。

至于网页和网站，网页是构成网站的基本元素，是承载各种网站应用的平台。网页是网站中的一“页”，通常是 HTML 格式（文件扩展名为.html 或.htm 或.asp 或.aspx 或.php 或.jsp 等）。而网站就是该站点所有网页的一个集合，如果说网站是一个商场，那么网页就是这个商场里的一个小型柜台，网站是由网页构成的。

（2）URL。

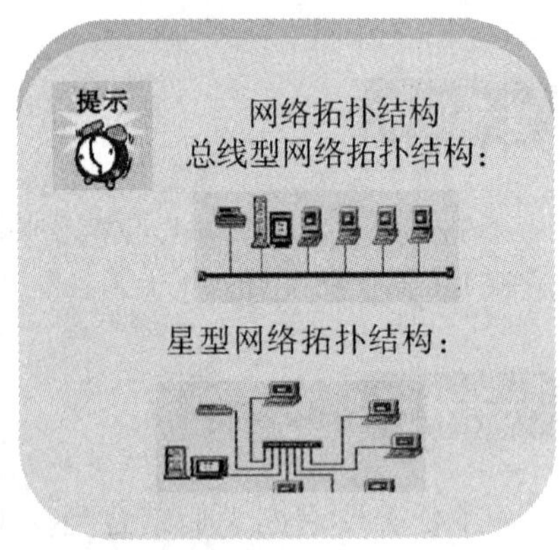

统一资源定位符（URL，英语 uniform resource locator 的缩写）也被称为网页地址，是因特网上标准的资源的地址（address），用于定位一个 www（world wide web）资源信息地址。它最初是由蒂姆·伯纳斯·李发明并用来作为万维网的地址的。现在，它已经被万维网联盟编制为因特网标准 RFC1738 了。

URL 的组成：

“协议名：//域名（或 IP 地址）：端口号/资源存放路径及名称”。

例如 http://www.gzjj.cn:8080/rsxx/uploadfile/201209241348456303.JPG

其中“http”为协议类型，“gzjj.cn”为域名，“:8080”为端口号，“/rsxx/uploadfile/”为所在文件夹路径，“/201209241348456303.JPG”为文件名称。

（3）IP 地址。

IP 地址是唯一确定某台主机在 Internet 中位置的标识。

IP 地址共 32 位（四个字节），由句点分为四组，每个字节用十进制数表示，其取值范围为 0~255。字节之间以圆点“.”分隔，称为点分十进制表示。

例如：58.42.230.238 为贵州省经济学校的 IP 地址，IP 地址具有唯一性。

（4）域名。

为了便于记忆和网络地址的分层管理和分配，Internet 采用了域名管理系统，IP 地址与域名之间存在一一对应关系。例如 www.gzjj.cn 与 IP 地址 58.42.230.238 对应。

①域名地址的结构：

主机名.三级域名.二级域名.顶级域名

或者：主机名.机构名.网络名.顶级域名

②顶级域名的分类：

常见的国家或地区顶级域名如表 7-1 所示。

表 7-1　常见的国家或地区顶级域名

域名缩写	国家或地区	域名缩写	国家或地区	域名缩写	国家或地区
au	澳大利亚	hk	中国香港	mo	中国澳门
ca	加拿大	in	印度	ru	俄罗斯
cn	中国	jp	日本	sg	新加坡
de	德国	it	意大利	tw	中国台湾
fr	法国	kp	韩国	uk	英国

常见的组织或机构顶级域名如表 7-2 所示。

表 7-2　常见的组织或机构顶级域名

域名缩写	组织/机构类型	域名缩写	组织/机构类型
com	商业机构	edu	教育机构
gov	政府机构	mil	军事机构
net	网络服务提供组织	org	非营利组织

任务实施

一、实施说明

（1）请按老师的要求打开 IE 浏览器，键入相应地址进入目标网站，并观察结果。

（2）输入 cmd 命令，ping 域名得到网站 IP 地址。

二、实施步骤

步骤 1　输入地址

打开 IE 浏览器，在地址栏输入 www.baidu.com，如图 7-1 所示。

图 7-1　打开百度网站

按下回车键，观察页面返回结果。

步骤 2　输入“cmd”命令

打开“开始”菜单打开“运行命令”，输入“cmd”并按下回车，接着输入“ping www.baidu.com”并观察返回的 IP 地址，如 7-2 所示。

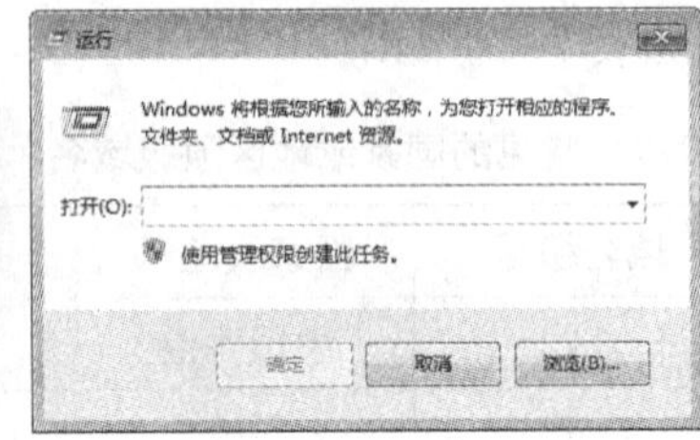

图 7-2　“ping”命令

归纳提高

请看看 IP 地址是____________________________。

英文域名虽然说记忆比较简便，但是对于使用中文的我们来说，仍存在网址不便记忆的问题。于是，现在的国内网站还使用中文域名，用户只需在地址栏中输入网站的名字，即可进入相应的网站。如在地址栏中输入“百度”，就可直接访问百度网站。当然，现在许多的导航网站也对我们有很大的帮助。例如网址之家 http://www.hao123.com，360 安全网址 http://hao.360.cn。

任务评估

任务一评估细则		自评	教师评
1	Internet 基本概念		
2	网页、主页、网站的含义		
3	URL、IP 地址和域名的含义		
任务综合评估			

讨论与练习

交流讨论：

讨论1 如何查看网站的IP地址？
提示：开始菜单下选择运行，输入cmd，打开MS-DOS，运行ping命令，例ping www.gzjj.cn。

讨论2 如何查看我们自己主机的IP地址？
提示：开始菜单下选择运行，输入cmd，打开MS-DOS，输入ipconfig命令。

思考与练习：

一、填空题

1. 请辨别下列网站的类别。

http://www.sina.com.cn ________________。

http://www.gzgov.gov.cn ________________。

http://www.gzu.edu.cn ________________。

2. IP 地址由句点分开的________________组小于________________的十进制整数表示。

3. URL 的中文意思是________________。

二、简答题

1. 列举出五个以上机构区分的顶级域名及其含义。

2. 简述网页、主页和网站的含义。

任务拓展

一、网络拓扑结构

计算机网络的拓扑结构是指计算机物理上的连接方式，也就是所形成的网络的连接形状。

网络的拓扑结构主要有总线型结构、星形结构、树形结构、环形结构和网状结构。

任务二　家庭 ADSL 接入 Internet

任务背景

小明家新装了 ADSL 宽带（ADSL 调制解调器和网线已经连好），插入网线后却不能如愿地上网，请你想办法为他进行网络配置，帮他连上 Internet。家庭 ADSL 硬件连接，如图 7-3 所示。

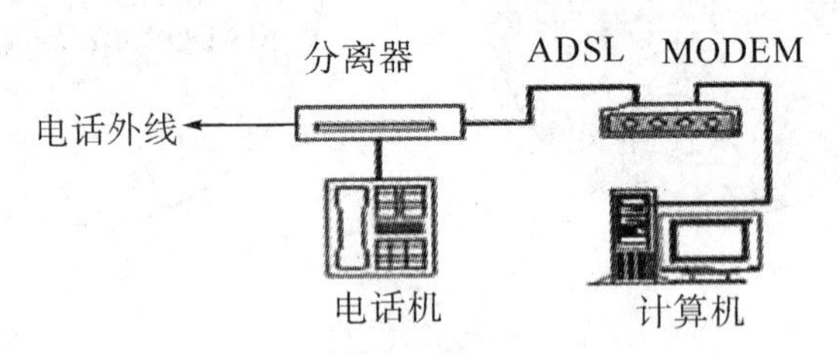

图 7-3　家庭 ADSL 硬件连接图

任务分析

通过描述可知小明家的 ADSL 宽带及硬件连接都没有问题，无法上网的原因主要是他的电脑没有进行正确的宽带连接设置。我们只需要帮他正确配置宽带连接即可。

任务学习准备

ADSL（Asymmetric Digital Subscriber Line，非对称数字用户环路）是一种新的数据传输方式。它的上行和下行带宽不对称，因此被称为非对称数字用户线环路。它采用频分复用技术把普通的电话线分成了电话、上行和下行三个相对独立的信道，从而避免了相互之间的干扰。即使边打电话边上网，也不会发生上网速率和通话质量下降的情况。通常 ADSL 在不影响正常电话通信的情况下可以提供最高 3.5Mbps 的上行速度和最高 24Mbps 的下行速度。

该任务要从以下几个方面入手：

（1）了解家庭 ADSL 的连接和安装。

（2）掌握如何创建一个新的网络连接。

任务实施

一、实施说明

打开“网上邻居”，进行宽带连接设置，填写 ISP 账户名称，键入密码。

二、实施步骤

步骤 1　用鼠标右键单击桌面上的“网上邻居”图标，在快捷菜单中选择“属性”命令，弹出“网络连接”窗口，如图 7-4 所示。

步骤 2　选择左侧“网络任务”中的“创建一个新的连接”，选择“下一步”，如图 7-5 所示。

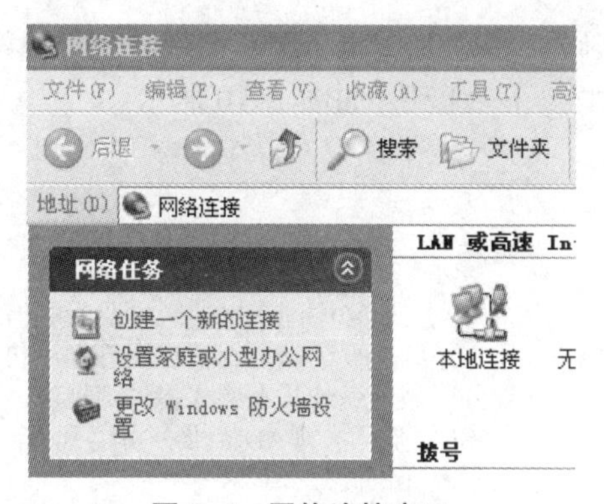

图 7-4　网络连接窗口

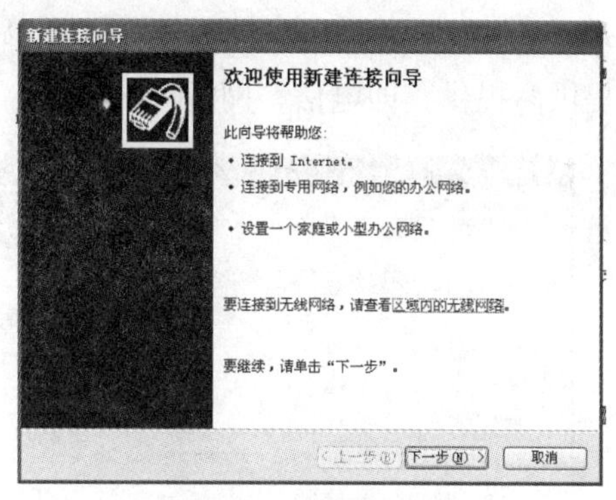

图 7-5　网络连接向导

步骤 3　选择“连接到 Internet”，点击“下一步”，如图 7-6 所示。

步骤 4　选择“手动设置我的连接”，点击“下一步”，如图 7-7 所示。

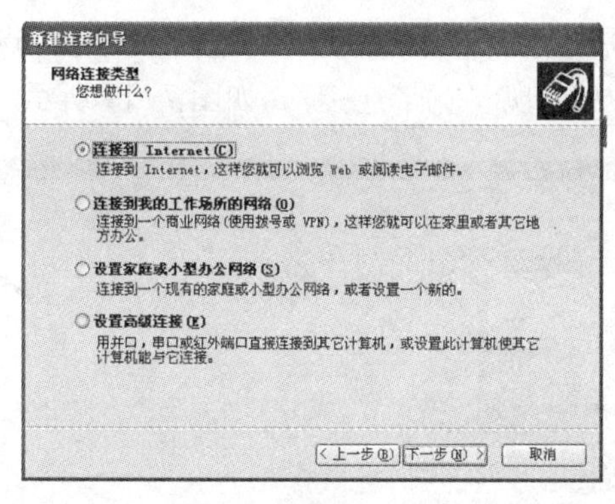

图 7-6　连接到 Internet

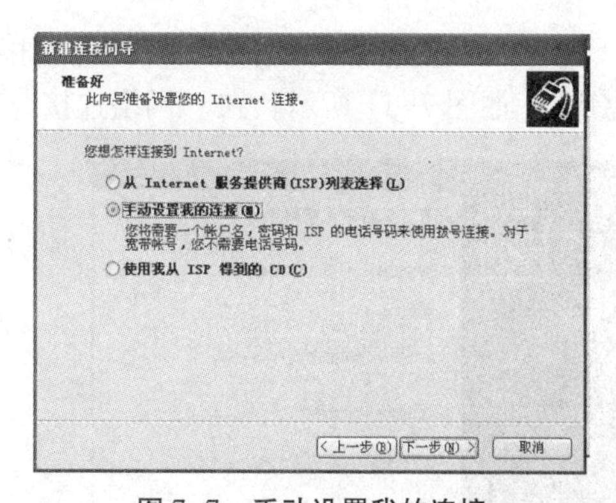

图 7-7　手动设置我的连接

步骤 5　选择“用要求用户名和密码的宽带连接来连接”，点击“下一步”如图 7-8 所示。ISP 名称不需要填写，点击“下一步”，如图 7-9 所示。

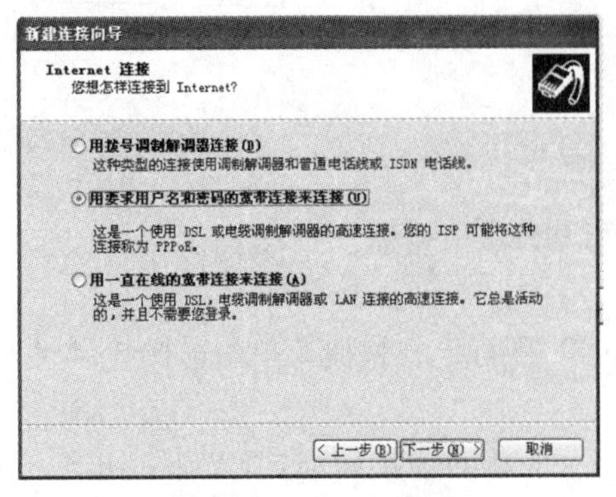

图 7-8　用户名和密码

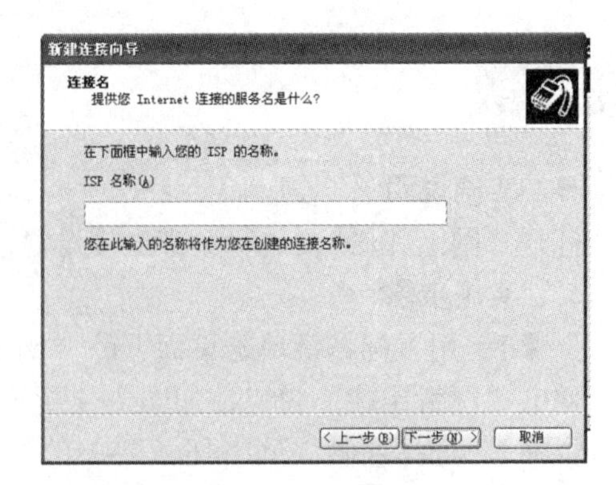

图 7-9　ISP 名称

步骤 6　填写宽带用户名和密码，并确认密码（密码在申请 ADSL 宽带时由 ISP 网络服务提供商提供，即电信、网通等提供商），点击“下一步”，如图 7-10 所示。

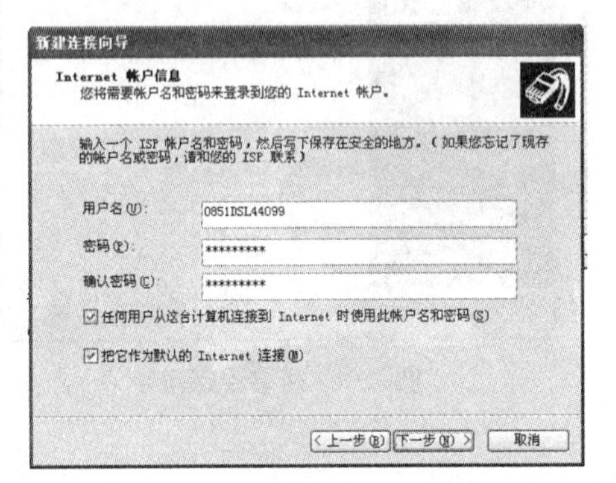

图 7-10　填写用户名和密码

提示

ISP提供商分布

原来中国南方地区主要为电信，北方地区主要为网通，而现在已经不再划分区域，各地均有各大提供商提供ADSL服务。办理ADSL业务可以到各大服务提供商处办理。

选择“在我的桌面上添加一个到此连接的快捷方式”（方便以后进行拨号），点击“完成”，如图 7-11 所示；在“网络连接”窗口中出现“宽带连接”，如图 7-12 所示。

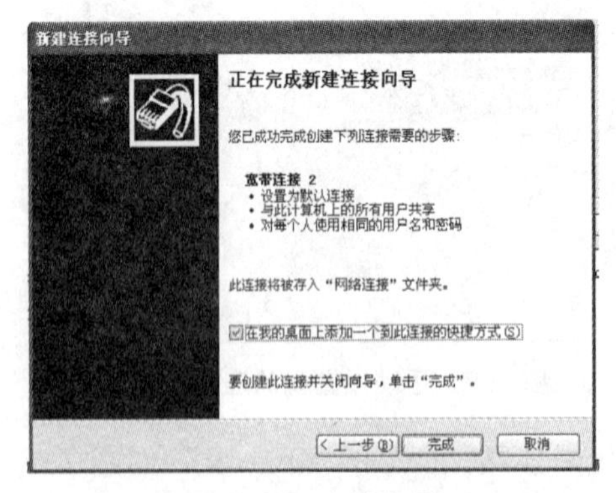

图 7-11　完成设置

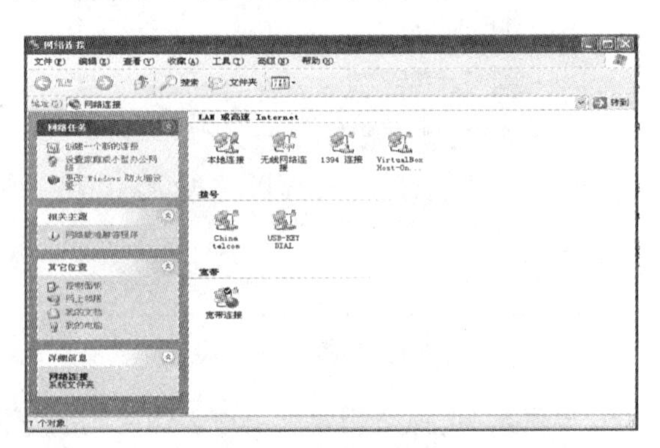

图 7-12　宽带连接

同时桌面上也会出现“宽带连接”的快捷方式，双击“宽带连接”，试试现在输入用户名和密码是否可以上网了。你可以选择“为下面用户保存用户名和密码”，这样以后拨号前就无须输入用户名和密码了，如图 7-13 所示。

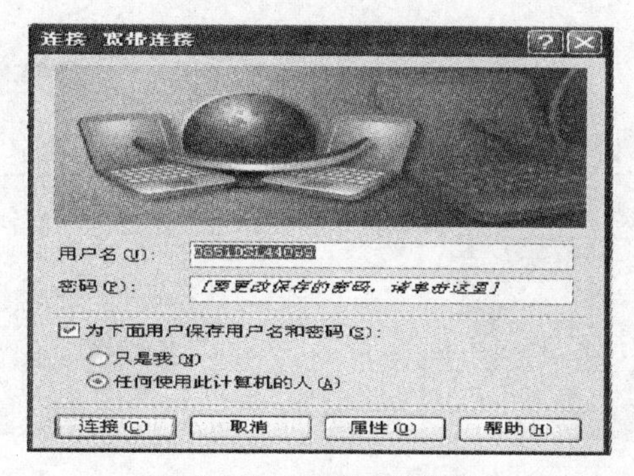

图 7-13　宽带连接界面

归纳提高

在 ADSL 接入成功后如果出现如图 7-14、图 7-15 所示的错误报告，应结合相应代码联系 ISP 服务提供商来解决。

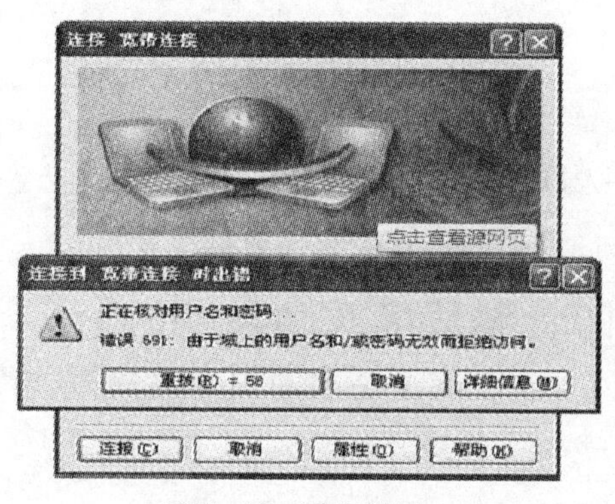

图 7-14　错误提示 1

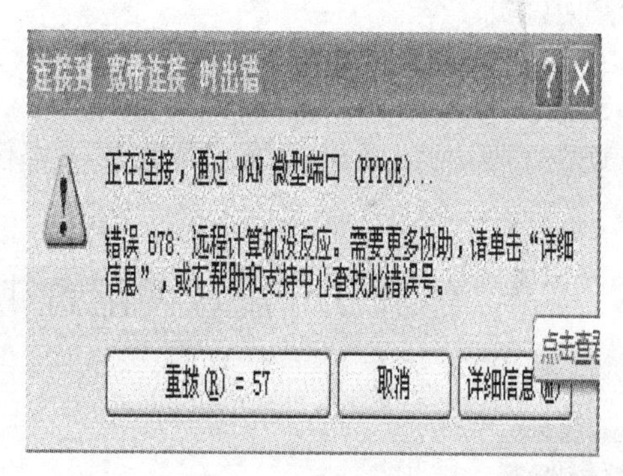

图 7-15　错误提示 2

任务评估

任务二评估细则		自评	教师评
1	家庭 ADSL 的连接和安装		
2	创建一个新的连接		
任务综合评估			

讨论与练习

交流讨论：

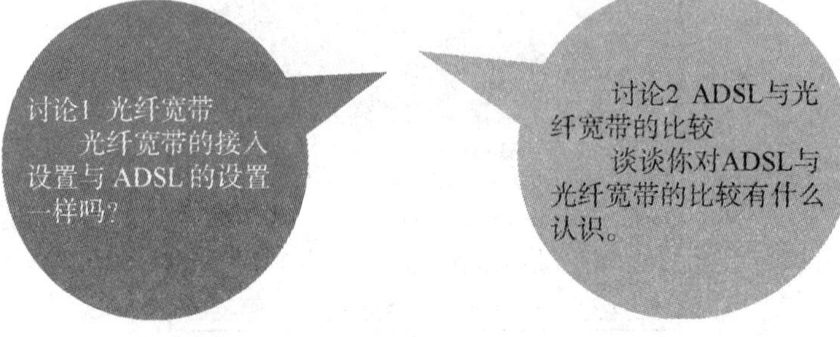

思考与练习：

问答题

1. 什么是 ADSL？
2. 接入 ADSL 需要哪些设备？
3. 如何配置 ADSL 宽带连接？

任务拓展

主要办理 ADSL 的 ISP 提供商有哪些？

现在主要办理 ADSL 业务的网络服务提供商为移动电信、广电、联通。

任务三　局域网配置 TCP/IP 参数接入 Internet

任务背景

小明的学校为每位班主任老师配置了一台办公电脑，操作系统为 Windows 7 且已经安装。小明想要利用所学知识通过对电脑进行相关配置，使老师能够访问 Internet。学校使用路由器和交换机连接成局域网，所有线缆已接好。

任务分析

学校分配的 IP 地址是固定的：192. 168. 2. 124，子网掩码：255. 255. 255. 0，默认网关：192. 168. 2. 1，首选 DNS 服务器：202. 98. 192. 67，备用 DNS 服务器：202. 98. 192. 66。

任务学习准备

使用局域网连接访问 Internet，只需要设置一下本地连接的 TCP/IP 相应参数即可。该任务主要从以下几方面入手：

（1）了解局域网连接到 Internet 的相关设置。

（2）掌握如何设置本机 IP 地址和 DNS 域名解析服务器配置。

任务实施

一、实施说明

按实施步骤一步一步地对 IP 地址进行设置，在输入 IP 地址时，切记每项数值都不能超过 255。

二、实施步骤

步骤 1 用鼠标右键单击桌面上的“网上邻居”图标，在弹出的快捷菜单中选择“属性”命令，弹出“网络连接”窗口，如图 7-16 所示。

然后用鼠标右键单击“本地连接”图标，在快捷菜单中选择“属性命令”，弹出“本地连接属性”对话框，如图 7-17 所示。

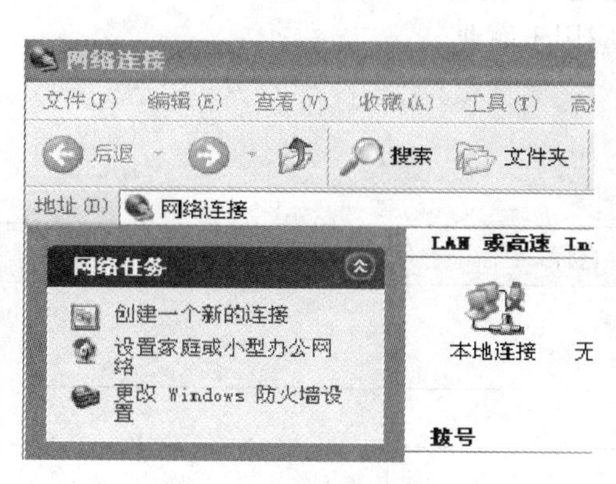

图 7-16 网络连接窗口

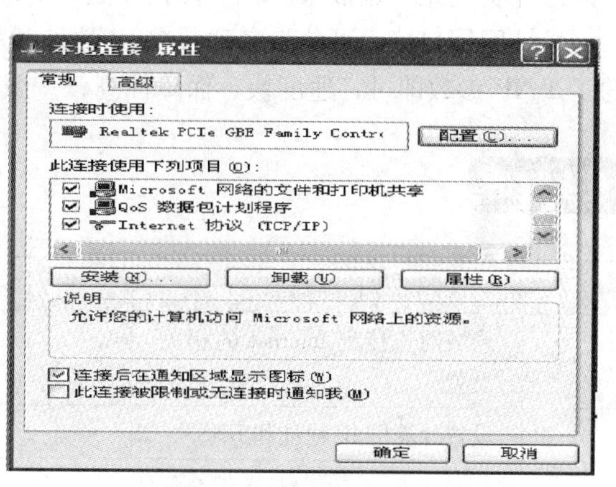

图 7-17 本地连接属性

步骤 2 选择“Internet 协议（TCP/IP）属性”复选框，然后单击“属性”按钮，在弹出的“Internet 协议（TCP/IP）属性”对话框中填写相应的信息，单击“确定”按钮，如图 7-18 所示。试一试现在老师的电脑是否可以正常访问 Internet 了。

> **提示**
>
> 咨询宽带业务
>
> 在安装宽带业务之前，要先了解宽带业务提供的带宽，对我们上网速度至关重要，要了解清楚各项资费。

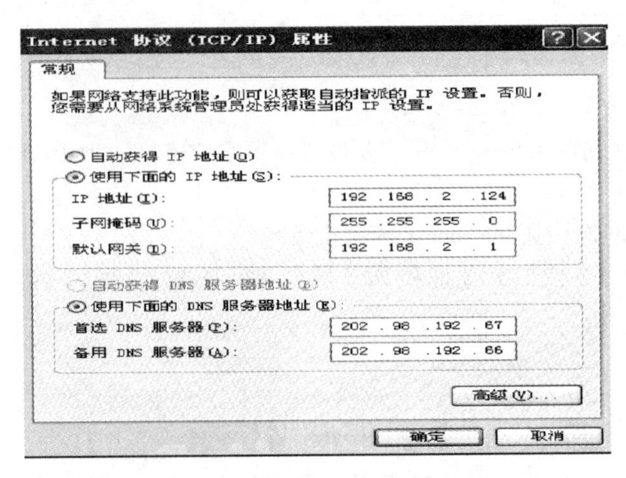

图 7-18　TCP/IP 属性

归纳提高

早期的 ADSL 使用的是 USB 接口，需要安装驱动程序，比较烦琐。现在的 ADSL 使用的是网线接口，与以往的 USB 接口相比，速度有所提高，软件配置比较方便。现在很多的小区已经实现光纤宽带入户，其设置办法与 ADSL 设置是一样的。

局域网用户接入可分为自动获取 IP 地址和静态 IP 地址，无须拨号，只需要输入相应的 TCP/IP 参数即可，速度快、保障性高，一般应用于商业。

任务评估

任务三评估细则		自评	教师评
1	局域网连接到 Internet 的相关设置		
2	设置计算机 IP 地址和 DNS		
任务综合评估			

讨论与练习

交流讨论：

思考与练习：

1. 利用本节所学知识，将计算机的 IP 地址更改为 192.168.2.212，子网掩码设置为 255.255.255.0，设置首选 DNS 为 202.98.192.67。

2. 为计算机添加 ADSL 宽带连接，用户名为：08510T022667，密码为 23309，并将其设置为默认连接。

3. 尝试将你家里的 ADSL 宽带连接添加至启动项，使计算机每次开机时都自动运行宽带拨号。

任务拓展

利用周末业余时间去电信营业厅咨询宽带上网有哪些方式，提供的服务有些什么区别，并了解资费情况。

任务四　网页收藏、清除历史记录和临时文件

任务背景

小明家安装了 ADSL 宽带后，经过配置能正常上网了，但小明发现使用浏览器浏览一些比较感兴趣的网页后，下次再想找这个网页就很难找了，而地址栏又经常会显示一些以前访问的网址。另外，上网一段时间后，浏览器的响应时间明显变长了。请你帮助他解决这些问题。

任务分析

这是关于收藏网页和清除历史记录的问题。上网一段时间后浏览器变慢，主要原因是临时文件比较多，只需要清除临时文件即可。

任务学习准备

该任务要从以下几方面入手：

（1）对网页进行收藏。

（2）清除历史记录和清理临时文件。

任务实施

一、实施说明

打开贵州省经济学校网站，收藏该网站，并根据实施步骤执行各项命令。

二、实施步骤

小明在上网过程中，对贵州省经济学校网站非常感兴趣，如图 7-19 所示。

步骤 1　小明可以在打开贵州省经济学校网站的状态下单击浏览器工具栏中的 收藏夹 按钮或者选择菜单栏“收藏”→“添加收藏夹”命令，弹出“添加到收藏夹”对话框，单击“确定”按钮完成，如图 7-20 所示。

图 7-19　学校网站

图 7-20　收藏夹按钮

以后在浏览这个网页时，就可以通过单击“收藏”菜单或者收藏夹中的相应标题来打开已收藏的网页，如图 7-21 所示。

步骤 2　清除历史记录、清理临时文件

在 IE 浏览器中，选择菜单栏中的“工具”→“Internet 选项”命令，弹出“Internet 选项”对话框，如图 7-22 所示。

> **提示**
>
> 为什么要清除Cookies
>
> Cookies是一些小文本文件，用于保存诸如网址、登录用户名、密码或个人资料、身份识别等信息。Cookies可以让我们更加方便地登录某些网站，但是同时也容易造成个人隐私的泄露，因此有必要及时对计算机中的Cookies进行清理。

图 7-21　打开收藏的网页

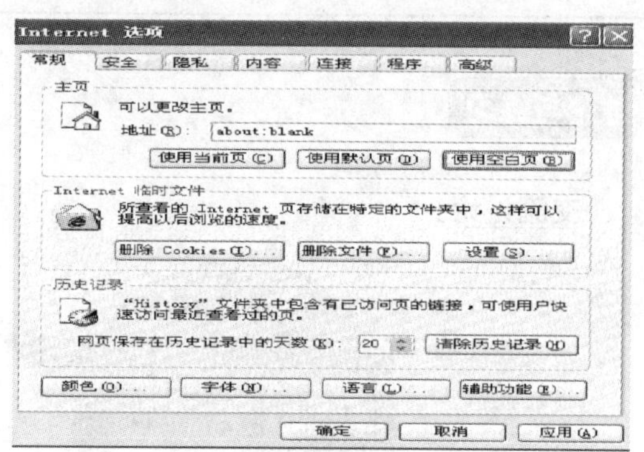

图 7-22　Internet 选项

选择“清除历史记录”按钮，即可清除历史记录，如图 7-23 所示。

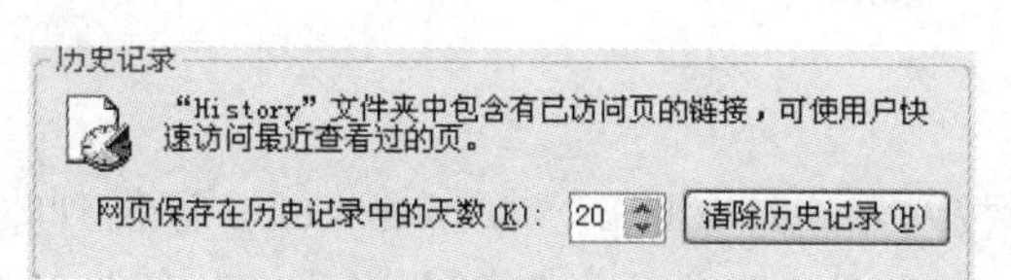

图 7-23　清除历史记录

选择“删除文件”按钮，即可删除 Internet 临时文件，如图 7-24 所示。

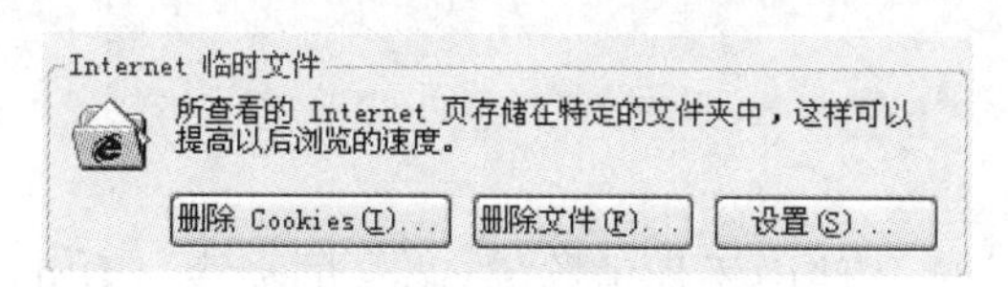

图 7-24　删除 Internet 临时文件

归纳提高

网页的收藏可以使用户更快捷地打开所需页面，为用户节省时间。清理历史记录和删除临时文件可以为浏览器减负，提高响应速度。

任务评估

任务四评估细则		自评	教师评
1	网页的收藏		
2	历史记录和临时文件的删除		
任务综合评估			

讨论与练习

交流讨论：

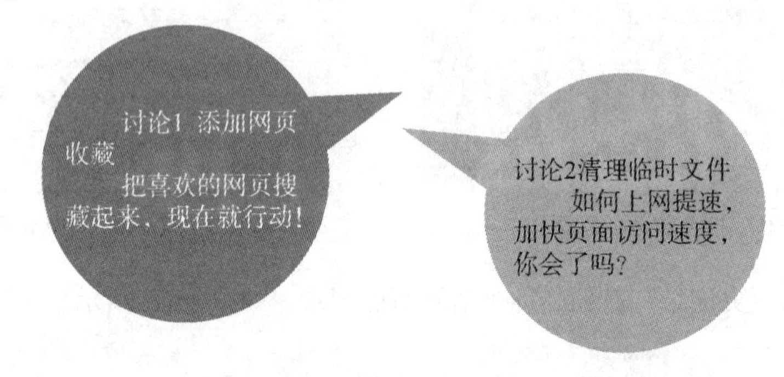

思考与练习：

1. 将贵州省经济学校网站地址（http://www.gzjj.cn）添加到收藏夹，方便以后打开。

2. 上网一段时间后。IE 浏览器地址栏和历史记录中的网址比较多且杂乱，请清除历史记录和临时文件。

任务拓展

清除 Cookies

在 Cleanup. bat 批处理文件中添加清除 Cookies 的命令 “DEL/Q ‘C:\Documents and Settings\<用户名>\Cookies’” 即可。

任务五　网络信息浏览与资料下载

任务背景

我们需要通过一些工具软件来访问网络上的各种资源，浏览器就是帮助人们浏览网上信息资源的软件，微软公司的 Internet Explorer（IE）浏览器是其中之一，此外，还有诸如世界之窗、360 安全浏览器、傲游浏览器等功能比较完善的浏览器。

小明学会了浏览网页，对有些资料和图片比较感兴趣，想把它们下载下来，保存在自己的电脑中，供以后学习用。

> 提示
>
> 页面上的Flash
>
> 在有些网站上，它的图片格式是以 flash 格式来进行读取的，这样的图片是不能下载的。

任务分析

此任务主要是关于网页中信息的保存，如网页文本和图片的保存。

任务学习准备

该任务要从以下两方面入手：

（1）网页文本的下载和保存。

（2）网页图片的下载和保存。

任务实施

一、实施说明

对网页文本及图片下载时要创建一个文件夹，将下载的文件统一存放在一个文件夹中，养成的命名习惯，将每个文件逐一命名，方便以后查找。

二、实施步骤

步骤 1　双击桌面 IE 浏览器图标，找到自己需要的资料，如图 7-25 所示。

步骤 2　选定待复制的文字，如图 7-26 所示。

步骤 3　在所选文字上单击鼠标右键，在弹出的快捷菜单中选择“复制”命令，如图 7-27 所示。

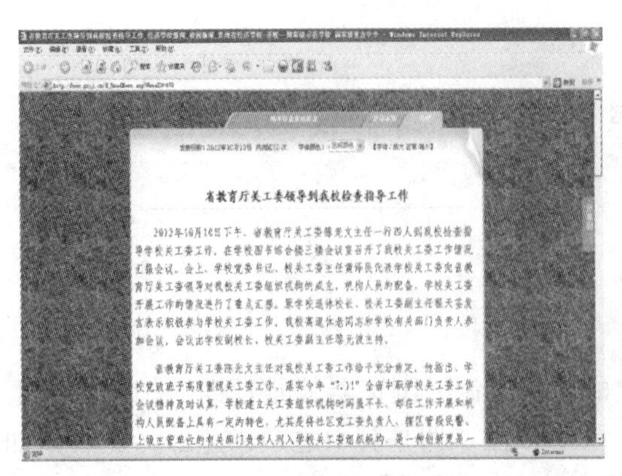

图 7-25　找到需要的资料

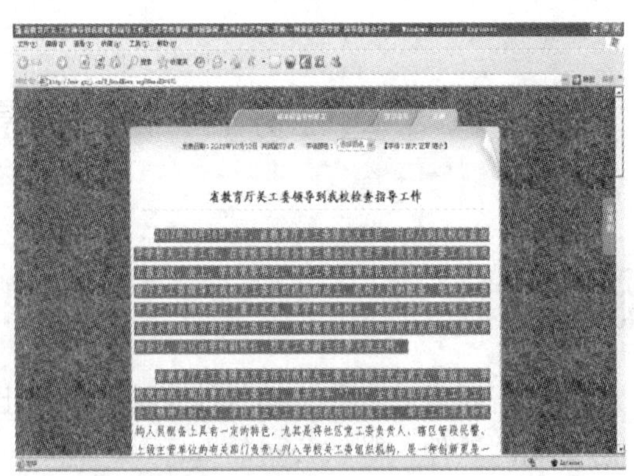

图 7-26　选定待复制的文字图

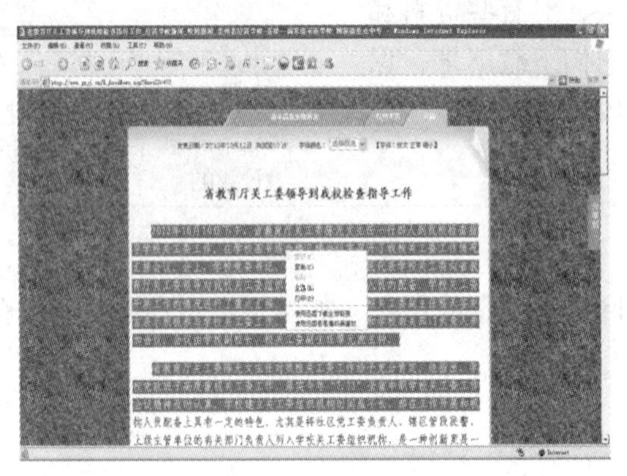

图 7-27　复制文字

然后在打开的 Word 或其他文字处理软件中，选择“粘贴”命令。

步骤 4　保存图片只需要在图片上单击鼠标右键，在弹出的快捷菜单中选择“图片另存为”命令，在弹出的“图片保存”对话框中选择保存路径，点击“保存”即可，如图 7-28、图 7-29 所示。

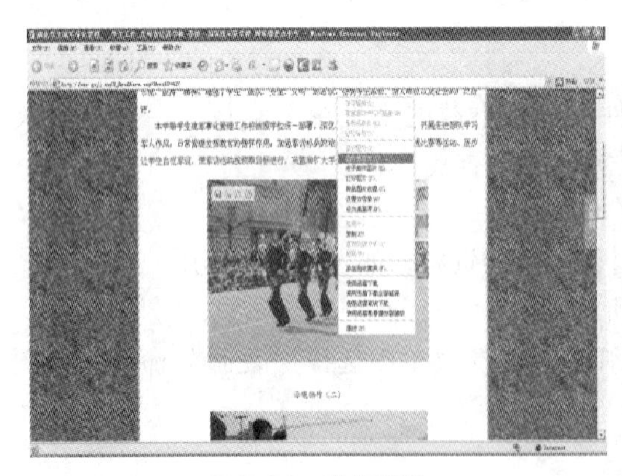

图 7-28　选择图片

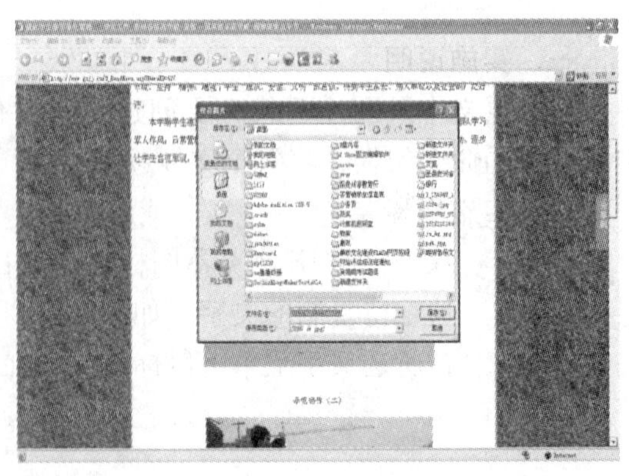

图 7-29　另存图片

归纳提高

在下载网页内容时，有的网页内容会提示无法保存或根本无法使用鼠标右键，这是因为用户使用的客户端脚本代码限制使用此项功能。此时用户可以通过浏览器“文件”菜单→“保存”命令，选择保存类型为“文本文件”，保存网页中的文本，如图 7-30、图 7-31 所示。

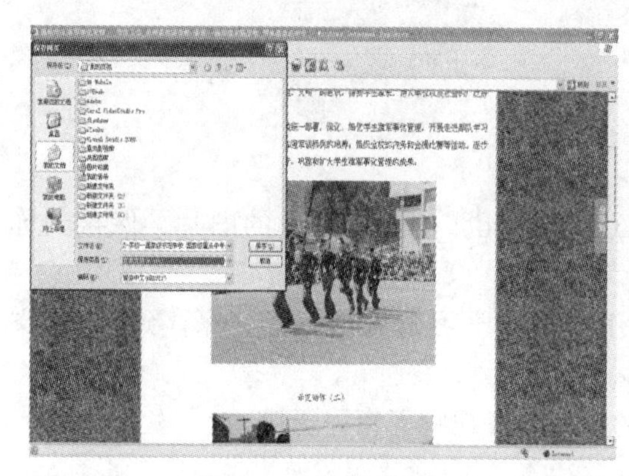

图 7-30 保存对话框

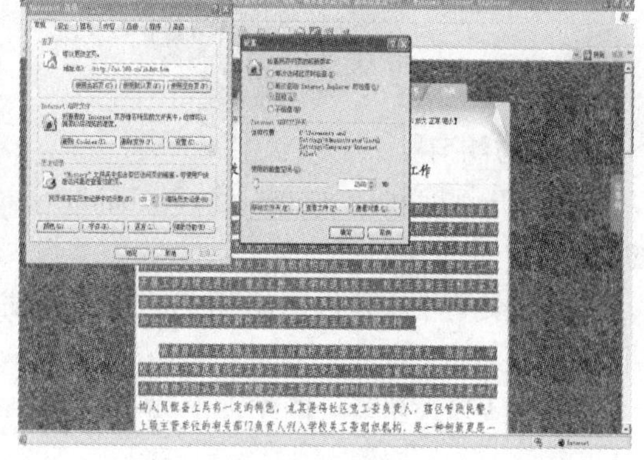

图 7-31 保存文件

若要下载图片等多媒体内容，可以打开临时文件夹查找。通过浏览器“工具”菜单→“Internet 选项”命令，在打开的对话框中选择“常规”选项卡，点击“Internet 临时文件”中的“设置”按钮，然后再选择“查看文件”即可打开临时文件夹。

任务评估

任务五评估细则		自评	教师评
1	网页文本的下载和保存		
2	网页图片的下载和保存		
任务综合评估			

讨论与练习

交流讨论：

思考与练习：

1. 打开百度网站（http://www.baidu.com），搜索几张比较感兴趣的图片，保存到你的电脑中。

2. 搜索一些计算机网络相关的知识，使用本任务学习的方法，将其保存到 Word 文档中。

3. 自己尝试在某一网站上下载一些需要的图片或者视频等相关资料。

任务拓展

下载一些页面上的文本和图片案例保存到你的计算机上。

任务六　认识及使用网络通信服务

任务背景

小明对网络知识有了一定的了解，而最近他的许多朋友为了方便联系又都使用了网络寻呼等通信软件，请你指导他使用这些软件。

任务分析

比较常用的即时通信软件有微信、QQ、阿里旺旺、飞信、Skyper，用户只需在计算机上安装这些软件，并注册号码即可使用。

任务学习准备

该任务主要从以下几方面入手：

（1）申请注册即时通信软件账号。

（2）登录网络通信软件进行联络。

任务实施

一、实施说明

根据实施步骤按要求注册并使用网络通信软件。本案例仅对腾讯 QQ 进行注册并使用，请同学们在课后尝试注册其他一些通信工具并使用。

二、实施步骤

步骤 1　注册账号

如图 7-32 中左图所示，在 QQ2012 登录界面中点击左下角的“注册账号”按钮，然后填写相关信息，即可成功注册 QQ 号码。

步骤 2　登录

在 QQ2012 登录界面中输入账号和密码，单击“登录”按钮，即可成功登录，如图 7-32 中右图所示。

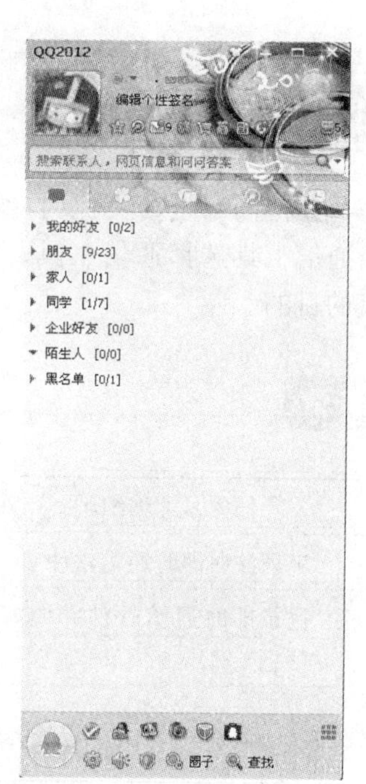

图 7-32　QQ 登录界面

步骤 3　发送消息

在发送对象的头像图标上双击鼠标左键，在弹出的界面中输入信息，单击“发送”按钮即可向对方发送即时消息。单击可以进行视频和语音通话，单击可以传输文件，如图 7-33 所示。

图 7-33　发送消息对话框

归纳提高

在与其他网友进行交流时应根据其提供的网络通信工具选择通信工具，才能达到网络交流的目的。

> **提示**
>
> 网络通信工具
>
> 在现代化的城市里面，网络通信工具已经成为一种不可或缺的重要通信手段，使用网络通信工具是工作中不可缺少的一项基本能力。

任务评估

任务六评估细则		自评	教师评
1	申请注册即时通信软件 QQ 账号		
2	登录即时通信软件并向好友发送信息		
任务综合评估			

讨论与练习

交流讨论：

思考与练习：

1. 申请一个 QQ 号。
2. 添加一个好友。
3. 向好友发送消息。

任务拓展

世界上著名的即时通信工具有哪些？

ICQ：最早的网络即时通信工具。ICQ 由以色列的几名学生开发，其最大的特点是具有网上信息实时交流的功能。ICQ 改变了整个互联网的意识形态，重新定义了现代交流的含义。

OCQ（腾讯 QQ）：最流行的中文即时通信工具。它为用户提供寻呼、聊天、新闻、音频视频聊天、移动 QQ、群组会议、游戏等服务，全球用户数量第一。

MSN Messenger：软件巨头微软开发的即时通信工具。仰仗超强的操作系统平台、资金实力、技术开发能力（如将 MSN Messenger 嵌入 Windows 7 操作系统中），已经成为 QQ 最大的竞争对手。

GAIM：笔者认为它也许是世界上最好的即时通信软件之一。它能与更多的即时通信系统兼容，可以在微软及 Linux 操作系统使用，兼容较旧的 ICQ、jabber。GAIM 自带简体中文语言。

Trillian：功能非常强大的即时通信软件，能使用户在同一个软件上使用包括 AOL 的 AIM 和 ICQ、雅虎的 Messenger、微软的 MSN Messenger 在内的多个即时消息系统，不支持中文。

RealLink：类似于普通即时通信软件的功能，有独特的身份认证和数据加密技术，极大提高了网络传输的安全性。不过遗憾的是，RealLink 的许多功能都是有偿使用的。

TOMQ：这是 TOM 集团开发的在线即时通信软件。内容接近于 ICQ 和 OICQ，语音技术和自定义聊天头像是其最大特色。

时刻通（SICQ）：WestDog小组开发的一款共享绿色软件。SICQ无须安装，体积小，扩充性强，使用户名登录，而不是传统聊天工具的ID号码，缺点是功能不够强大。

Hello：由著名搜索引擎google发布，笔者尚没有使用经验。据说这款软件将其强大的图片管理功能与旗下的Blogger紧密结合起来，以此为最大卖点。

AGOO：较新的即时通信工具。AGOO将通信、游戏、档案寄存的功能合为一体，拥有精密的信息加密技术和全球独有的“随身宝”功能，但人气欠缺是其致命的弱点。

小　结

本项目学习了Internet的一些基础知识，其中包括如何浏览网页，如何查询IP地址，如何进行ADSL拨号设置，如何设置IP地址，注册并使用网络通信工具，注册邮箱等，请同学们认真学习，课后多思考，完善自己的知识结构。

项目八　常用工具软件的应用

职业情景描述

随着科学技术的不断发展，网络技术的广泛应用，计算机越来越普及，出现了多种多样的计算机工具软件，计算机也因此能更好地为我们的学习、工作和生活服务。计算机软件分为很多种类型。由于计算机常用软件过多，本项目我们只选择了其中的几个常用软件供同学们学习。通过本项目的学习，我们将学习到以下知识：

（1）压缩、加密、伪装和解压文件“收购计划资料”。

（2）IE 浏览器的使用。

（3）360 杀毒软件的使用。

（4）阅读电子书《常用工具软件》。

任务一　压缩、加密、伪装和解压文件“收购计划资料”

任务背景

王经理是某大公司的项目经理，为了能顺利进行公司的收购计划，王经理做了一份项目计划书，该项目计划书是绝对机密的，因此王经理对自己使用的电脑加密，并且将该计划的相关资料用 WinRAR 打包后伪装成了 MP3 文件并且加了密码，文件图标是 栀子花.mp3 。那么，什么是 WinRAR？我们如何使用 WinRAR 来加密伪装文件呢？加密伪装了文件后，我们又如何将它还原呢？

为了使用户能够更加灵活地使用文件压缩工具（WinRAR），本项目主要是让读者了解文件的压缩、加密、伪装和解压等知识。

知识链接

WinRAR 的优势特点

一、压缩率更高

WinRAR 的 RAR 格式一般要比其他的 ZIP 格式高出 10%~30% 的压缩率，尤其是它还提供了可选择的、针对多媒体数据的压缩算法。

二、对多媒体文件有独特的高压缩率算法。

三、能完善地支持 ZIP 格式并且可以解压多种格式的压缩包。

四、设置项目非常完善，并且可以定制界面。

五、对受损压缩文件的修复能力极强。

六、辅助功能设置细致。

七、压缩包可以锁住。

任务分析

本次任务主要让学生熟练掌握 WinRAR 的使用技巧。能够对文件进行压缩、加密、伪装和解压等操作。常用的压缩工具软件是 WinRAR 和 WinZIP。本例中我们使用 WinRAR 来完成文件的压缩、加密、伪装和解压任务。

任务学习准备

一、相关概念

WinRAR 是现在最好的压缩工具，界面友好，使用方便，在压缩率和速度方面都有很好的表现。WinRAR 压缩率比 WinZIP 之流要高，它采用了更先进的压缩算法，是现在压缩率较大、压缩速度较快的格式之一。新增无须解压就可以在压缩文件内查找文件和字符串、压缩文件格式转换功能。WinRAR 是目前主流的压缩文件管理器，可以轻松地创建、管理和控制文件，还可以将一个大的文件或文件夹变成一个相对较小的文件，并且可以对文件或文件夹进行加密伪装。压缩文件的扩展名有多种，如 rar、zip、cab、arj 等。而本例中的“栀子花.mp3”是用它加密伪装压缩后的格式。

二、任务准备

（1）每人 1 台电脑。

（2）每台电脑都连接在互联网上，采用 TCP/IP 协议进行通信。

（3）WinRAR 4.01 简体中文版安装包。

任务实施

一、实施说明

对文件进行压缩、加密、伪装和解压等操作。使用 WinRAR 来完成本次任务。

二、实施步骤

步骤 1　安装 WinRAR

（1）首先，需要下载 WinRAR 简体中文版，然后双击文件“WinRAR 简体中文版.exe”运行安装程序，如图 8-1 所示。

（2）在对话框上的“目标文件夹”栏中输入安装的路径（一般我们不安装在 C 盘），或点击“浏览”按钮选择安装的文件夹，然后点击下方的“安装”按钮进行安装，如图 8-2 所示。

（3）安装成功后，会出现如图 8-3 所示的界面。

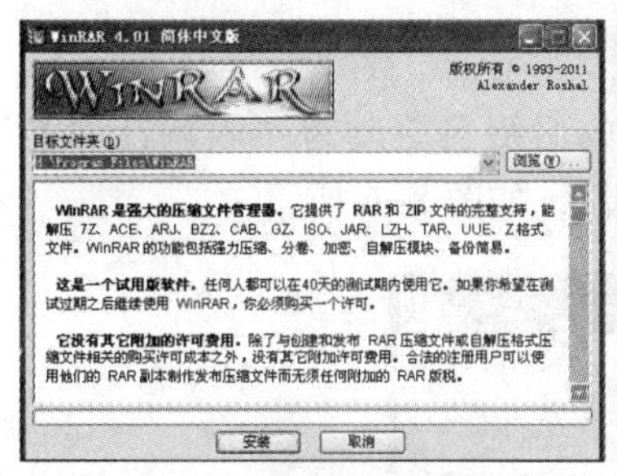

图 8-1　WinRAR 安装（1）

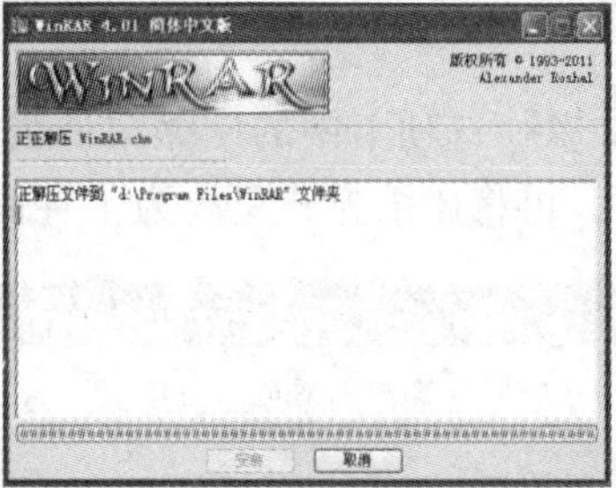

图 8-2　WinRAR 安装（2）

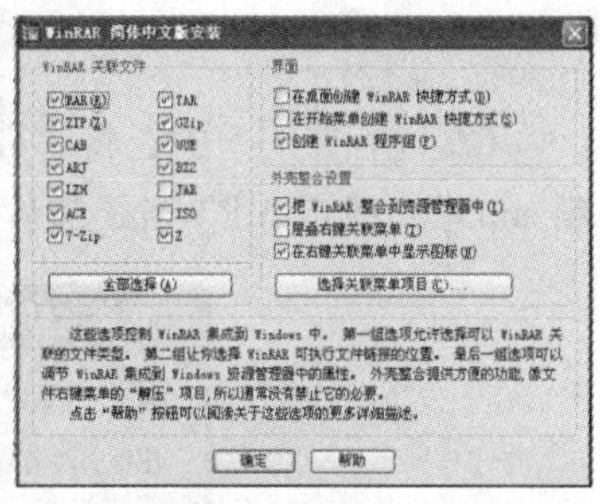

图 8-3　WinRAR 安装（3）

（4）此界面是对 WinRAR 的一些参数设置，一般无须修改，直接单击“确定”就可以完成安装。

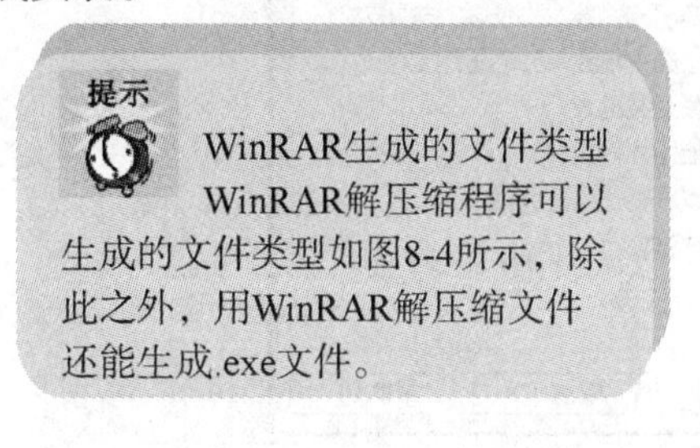

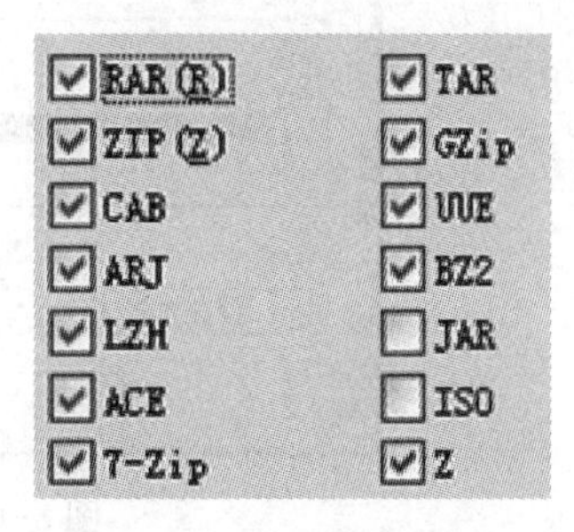

图 8-4　WinRAR 关联文件

步骤 2　使用 WinRAR 对文件进行压缩、加密和伪装

（1）右键单击“收购计划资料”文件资料，单击选择“添加到压缩文件”，弹出如图 8-5 所示的界面。

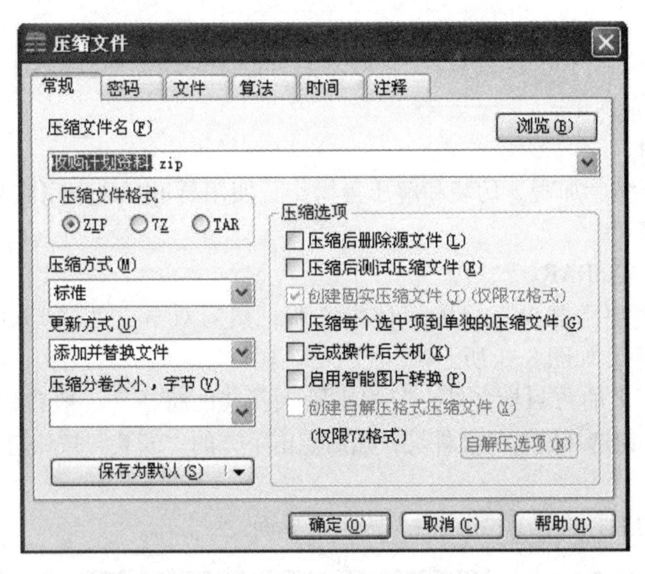

图 8-5　WinRAR 的压缩

（2）在图 8-5 中，将“常规”选项卡中的压缩文件名的后缀名更改为“收购计划资料.mp3”，改成 MP3 格式文件，再将压缩方式更改为“存储”，如图 8-6 所示。

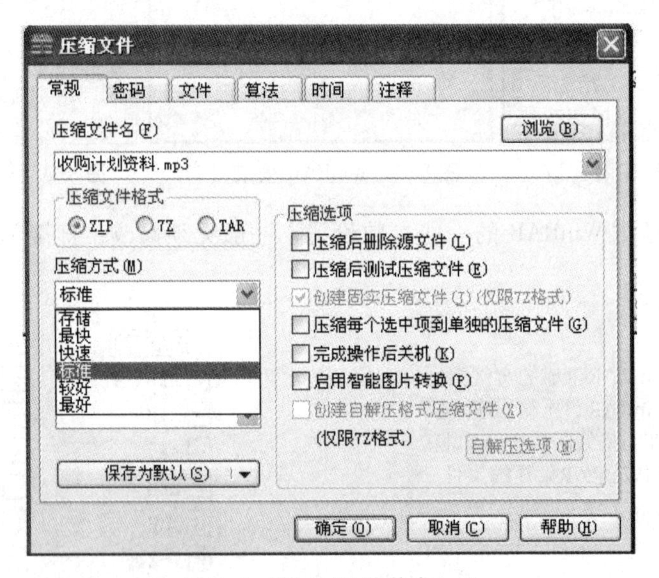

图 8-6　WinRAR 伪装成.mp3

（3）在“密码”选项卡中设置密码后，如图 8-7 所示。

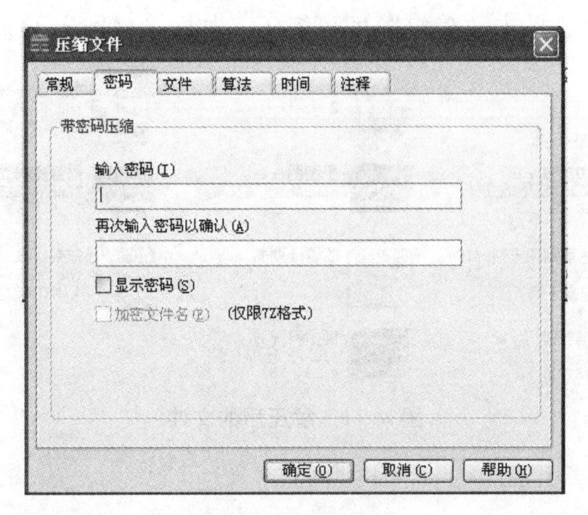

图 8-7　加密设置

(4) 点击“确定”按钮，压缩完成生成压缩、加密和伪装后的文件，如图 8-8 所示。

步骤 3　将压缩、加密和伪装后的文件解压

(1) 将文件压缩、加密和伪装后的文件“收购计划资料.mp3”的后缀名更改为.rar 即可，更改后如图 8-9 所示。

图 8-8　伪装后的文件

图 8-9　更改后缀名

(2) 右键单击压缩包，选择“解压文件”，弹出如图 8-10 所示的窗口。

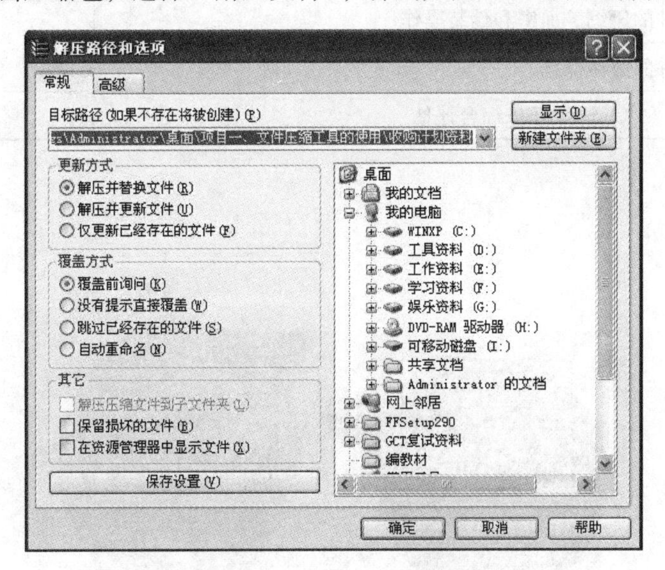

图 8-10　WinRAR 的解压

（3）在图 8-10 中，单击“确定”即可解压（如图 8-11 所示）。

图 8-11　解压后的文件

归纳提高

通过本次任务，我们了解了什么是 WinRAR 压缩文件，熟练掌握对文件的压缩、加密、伪装和解压的操作方法，今后同学们就可以使用 WinRAR 软件了。

任务评估

任务一评估细则		自评	教师评
1	熟悉 WinRAR 的操作界面		
2	掌握 WinRAR 的安装方法		
2	掌握文件的压缩、加密和伪装操作		
3	掌握文件的解压操作		
任务综合评估			

讨论与练习

交流讨论：

思考与练习：

选择题

1. WinRAR 解压缩程序不可以生成______类型的文件。

A. arj　　B. zip　　C. rar　　D. exe

2. 在使用 WinRAR 对文件进行压缩时，如果要改变压缩文件的存放路径，可以单击________进行路径选择。

A. 浏览　　B. 下拉列表　　C. 列表框中的路径　　D. 选择

3. 下列对于单个独立的分文件 aaa 001. rar 的说法错误的是________。

A. WinRAR 支持分卷压缩和解压，可以只解压这一个分卷

B. 可以使用 WinRAR 软件生成类似的文件

C. 无法通过直接单击鼠标调用 WinRAR 解压

D. 只是分卷压缩包中的第一个文件

4. 在 WinRAR 的“压缩文件名和参数”对话框中，可以设置密码的选项是______。

A. 常规　　B. 高级　　C. 文件　　D. 备份

任务拓展

当一个文件的容量比较大，我们在对它进行移动的时候，对其打包压缩，移动的速度相对会比较慢，想一想，我们有没有什么更好的解决方法？可不可以将其分卷压缩成几个小的文件进行移动？

任务二　IE 浏览器的使用

任务背景

随着科学技术的不断发展，网络技术的广泛应用，计算机越来越普及，现已成为我们学习、工作和生活中必不可少的一部分。当我们遇到问题时，该怎么办呢？我们可以借助网络，通过 IE 浏览器在搜索引擎上输入我们要查找的内容，就可以迅速解决我们的问题了。

任务分析

因特网信息检索的主要实训内容包括：IE 浏览器的基本操作，保存网页文件的基本方法，期刊论文的检索和阅读等。本任务主要帮助学生熟练掌握 IE 浏览器的使用方法。

任务学习准备

一、什么是浏览器

浏览器是显示网页服务器或档案系统内的文件，也是让用户与此类文件互动的一种软件。浏览器可以显示包括万维网或局域网络等在内的文字、影像及其他资讯。这些文字或影像，可以是连接其他网址的超链接，帮助用户方便、迅速地浏览各种资讯。

常见的浏览器包括微软的 Internet Explorer、Mozilla 的 Firefox、Apple 的 Safari、Opera、HotBrowser 和 Google 的 Chrome。

二、任务准备

（1）每人 1 台电脑。

（2）每台电脑连接在互联网上，采用 TCP/IP 协议进行通信。

任务实施

一、实施说明

通过本次任务，熟练掌握 IE 浏览器的使用技巧。

二、实施步骤

步骤 1　启动 Internet Explorer 浏览器（以下简称 IE），了解其窗口组成

1. 启动 IE 浏览器

方法一：双击桌面上的图标，即可打开 Internet Explorer 窗口。

方法二：单击【开始】→【程序】→【Internet Explorer】命令。

2. Internet Explorer 窗口组成

Internet Explorer 的窗口组成如图 8-12 所示。

图 8-12

（1）IE 工具栏：常用工具栏提供了部分常用菜单命令的工具按钮。

① 为向前、向后翻动浏览过的页面；

② 为停止当前浏览器对某一链接的访问；

③ 为更新当前的页面；

④ 用于返回到默认的起始页；

⑤ 为在搜索框中输入关键字可搜索相关的网页；

⑥ 可以把经常浏览的 Web 页或站点地址存储下来，便于以后使用“收藏”菜单或按钮，轻松地打开这些站点。

（2）地址栏：用于输入和显示 URL（网页地址），在输入地址时，可以省略“http://”。

（3）菜单栏：在 Internet Explorer 的菜单栏中包括“文件”“编辑”“查看”“收藏夹”“工具”“帮助”六个菜单。

①“文件”菜单。

A. 新建：使用文件菜单中的“新建选项卡”“新窗口”子命令项，可在浏览器主窗口中打开多个子窗口，每一个子窗口都可以独立查看各自网页。

B. 另存为：“另存为”命令可将当前网页中的内容保存至硬盘中。单击【保存类型】框右侧的下拉按钮，选择要保存的文件类型。

②“收藏夹”菜单。

使用“收藏夹”菜单，可以把经常浏览的网页或站点地址存储下来，便于以后快速打开这些站点。用户可以通过“添加到收藏夹”命令，将准备收藏的网址加入收藏夹。还可以通过“整理收藏夹”命令，将已收藏的网页进行归类、区别，便于以后查看。

步骤 2　IE 浏览器的基本操作

1. 设置首页

单击【工具】→【Internet 选项】命令，弹出【Internet 选项】对话框，如图 8-13 所示，在【常规】选项卡中输入网址，单击【确定】按钮即可完成设置。

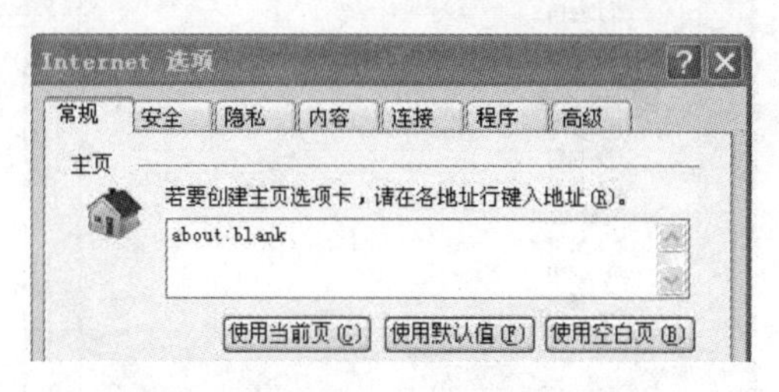

图 8-13　【Internet 选项】对话框

2. 清除临时文件

利用 IE 提供的清除临时文件功能，可将 IE 缓冲区中存放的临时文件全部清除。

单击【工具】→【Internet 选项】命令，弹出【Internet 选项】对话框，单击【常规】选项卡中的【删除】按钮，弹出【删除浏览的历史记录】对话框，如图 8-14 所示，可进行各项删除操作。

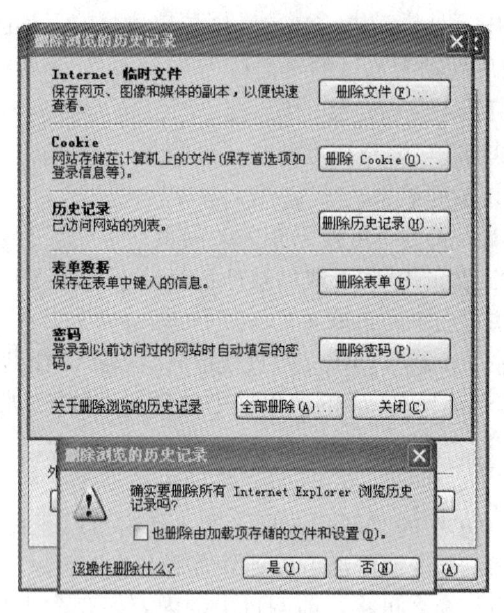

图 8-14 【删除浏览的历史记录】对话框

3. 网页安全设置

单击【工具】→【Internet 选项】命令，弹出【Internet 选项】对话框，单击【安全】选项卡中的【自定义级别】按钮，弹出【安全设置】对话框，如图 8-15 所示，即可对诸如 ActiveX、JavaScript 等选项进行安全设置。

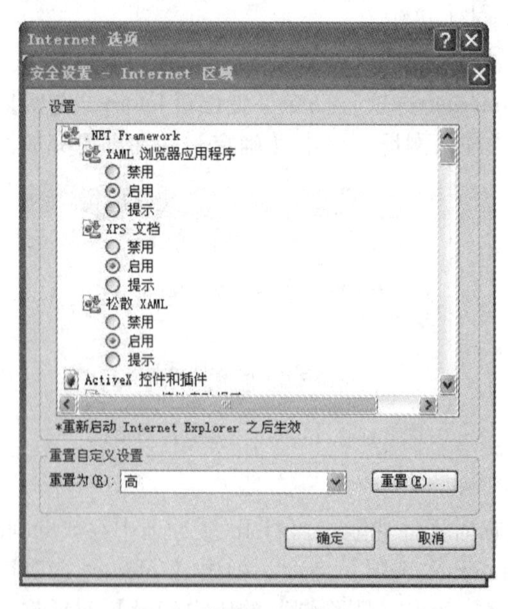

图 8-15 【安全设置】对话框

4. 内容审查程序

单击【工具】→【Internet 选项】命令，弹出【Internet 选项】对话框，在【内容】选项卡中单击分级审核中【启用】按钮，弹出【内容审查程序】对话框，如图 8-16 所示，可设置访问站点安全级别，拦截一些不良内容。

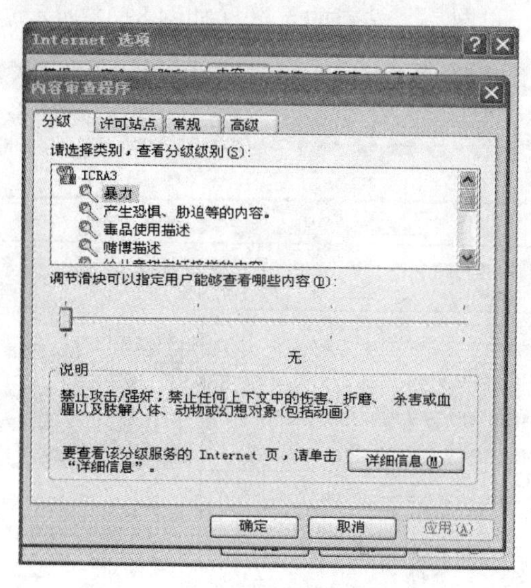

图 8-16 【内容审查程序】对话框

5. 恢复 IE 默认设置

单击【工具】→【Internet 选项】命令，弹出【Internet 选项】对话框，在【程序】选项卡（如图 8-17 所示）中单击【设为默认值（D）】按钮，可恢复 IE 默认设置。

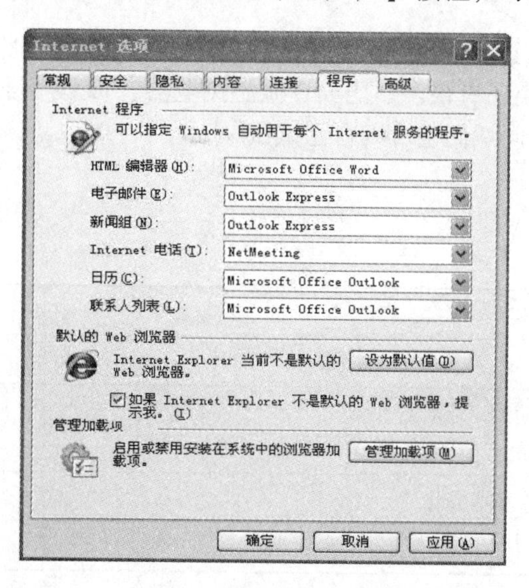

图 8-17 【程序】选项卡

6. 利用浏览器查找网站

启动 IE 浏览器，然后在 IE 浏览器地址栏中输入需要查找网站的域名，即可找到需要的网站。

例如，如果我们需要查找“网易”网站，只需要在 IE 浏览器地址栏中输入：www.163.com，回车后即可打开“网易”站点的首页（如图 8-18 所示）。

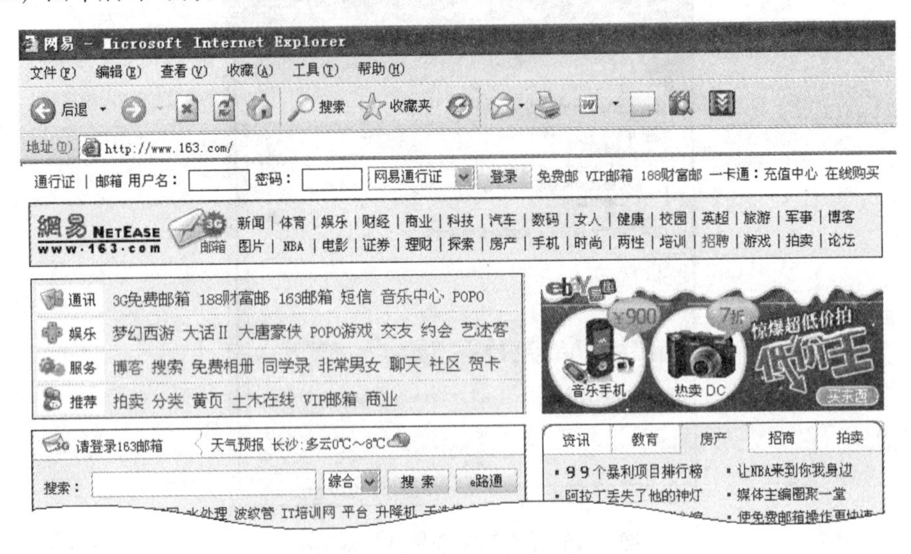

图 8-18 “网易”站点的首页

归纳提高

通过本次任务，我们了解了什么是 IE 浏览器，并且熟练掌握了 IE 浏览器的使用技巧。当然，浏览器的种类还有很多，比如：傲游浏览器、TT 浏览器、QQ 浏览器等，但其功能与 IE 浏览器相似，同学们也可以自己试试。

任务评估

任务二评估细则		自评	教师评
1	了解相关概念		
2	掌握的方法启动 IE 浏览器、了解其窗口组成		
3	掌握 IE 浏览器的基本操作		
任务综合评估			

讨论与练习

交流讨论：

讨论：如何清除使用IE浏览器后的历史浏览记录？

思考与练习：

1. IE 7.0 的窗口组成包括____、____、____、____、____、____、____。
2. 将 www.hao123.com 网页保存为脱机网页。
3. 将 Internet 的安全级别设置为中—高。
4. 利用地址栏打开“我的电脑”“控制面板”窗口。
5. 将 IE 7.0 设为默认打开的浏览器。
6. 简述如何清理临时文件。
7. 什么是搜索引擎？

任务拓展

通过搜索引擎搜索计算机的相关知识，并写一篇与计算机基础相关的文章，不少于 500 字。在查找资料的过程中，可以多加运用本项目所学的知识。

任务三　360 杀毒软件的使用

任务背景

随着科学技术的不断发展，电脑已经成为我们学习、工作和生活中必不可少的工具。我们在使用电脑的过程中，电脑经常会出现各种各样的问题，比如：受到病毒、蠕虫、木马和其他恶意程序的侵害；文件受到病毒感染打不开等。其实我们不必为这些问题发愁，“360 杀毒软件”可以帮助你。自从“杀毒软件”诞生以来，它帮助了不少电脑初学者简单有效地管理好自己电脑。

任务分析

本次任务主要让学生熟练掌握 360 杀毒软件的使用技巧，能够很好地运用 360 杀毒软件对电脑进行维护，保护计算机免受病毒、蠕虫、木马等恶意程序的危害，使电脑能够在我们的学习、工作和生活中起到最大的作用。

任务学习准备

一、相关概念

360 家族系列软件还拥有 360 安全卫士、360 杀毒软件、360 绿色浏览器、360 软件管家等多款系统维护应用软件。360 杀毒软件是 360 家族系列软件之一，它是国内最受欢迎免费软件。

360 杀毒软件具有以下优点：查杀率高、资源占用少、升级迅速等。同时，360 杀毒软件可以与其他杀毒软件共存，是一个理想杀毒的备选方案。360 杀毒是一款一次性通过 VB100 认证的国产杀毒软件。目前，支持 32/64 位 Windows XP / Windows Vista / Windows 7/ Windows 10 的操作系统。

二、任务准备

（1）每人 1 台电脑。

（2）每台电脑连接在互联网上，采用 TCP/IP 协议进行通信。

（3）360 杀毒软件安装包。

任务实施

一、实施说明

使用 360 杀毒软件对电脑进行全方位的杀毒，保护电脑能够正常的使用。

二、实施步骤

步骤 1　下载并安装和卸载 360 杀毒软件

1. 安装 360 杀毒软件

要安装 360 杀毒，首先请通过 360 杀毒官方网站 http：//www. 360.cn 下载最新版本的 360 杀毒安装程序。下载完成后，运行下载的安装程序，会看到如图 8-19 所示的欢迎窗口。点击“下一步”，会出现如图 8-20 所示的最终用户使用协议窗口。

请阅读许可协议，并点击“我接受”。如果您不同意许可协议，请点击“取消”退出安装。接下来出现选择安装路径的窗口，如图 8-21 所示。

在此界面中，可以选择将 360 杀毒安装到哪个目录下（建议不要安装在 C 盘系统盘中）。点击“浏览”按钮选择安装目录即可。选择好后，接下来会出现安装选项窗口，如图 8-22 所示。

输入想在开始菜单显示的程序组名称，然后点击“安装”，安装程序会开始复制文件，如图 8-23 所示。安装完成后，如图 8-24 所示。

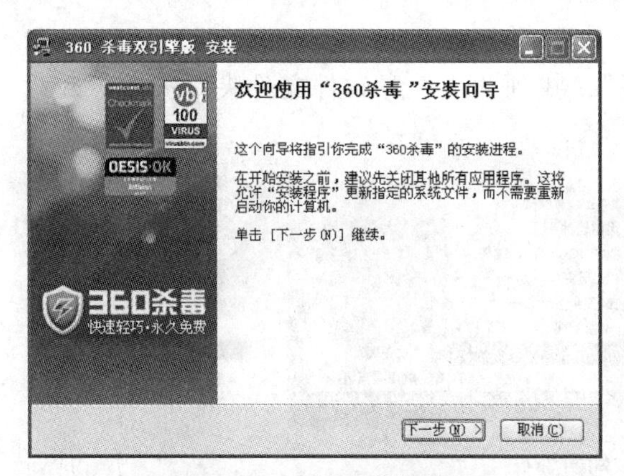

图 8-19　360 杀毒安装向导

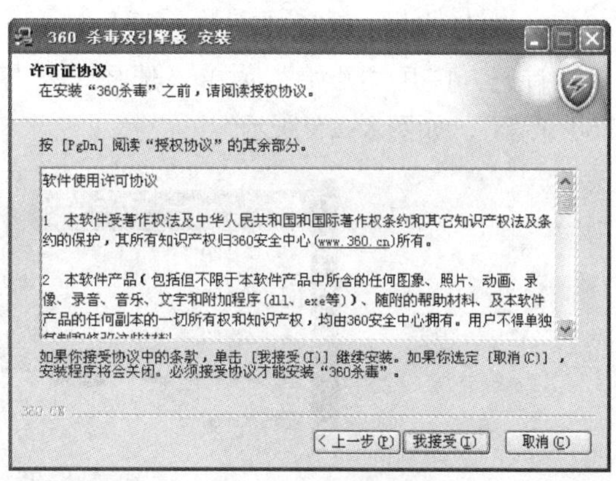

图 8-20　360 杀毒安装协议

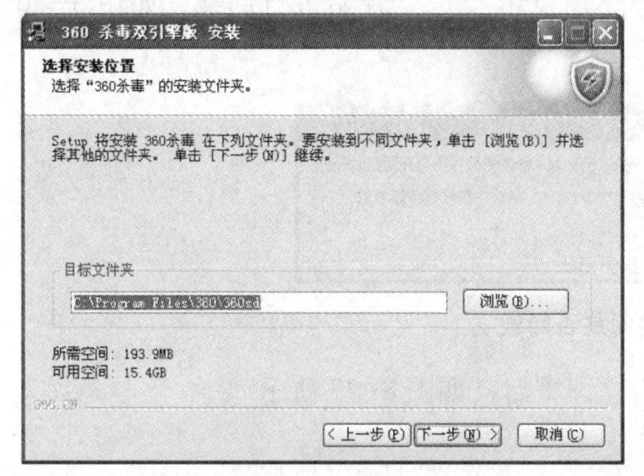

图 8-21　安装目录

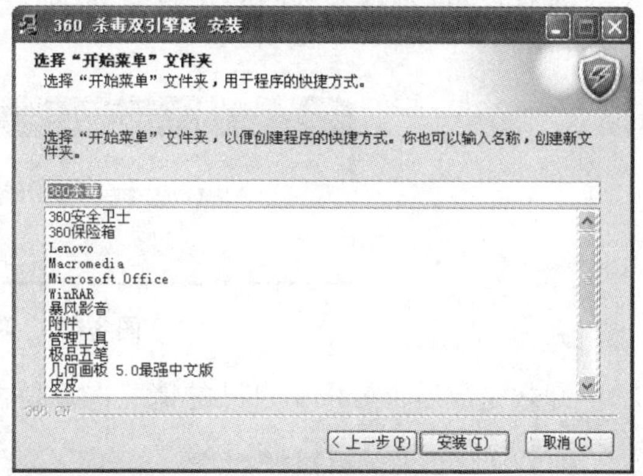

图 8-22　安装

文件复制完成后，会显示安装完成窗口。请点击“完成”，360 杀毒就已经成功的安装到您的计算机上了，如图 8-24 所示。

图 8-23　安装界面

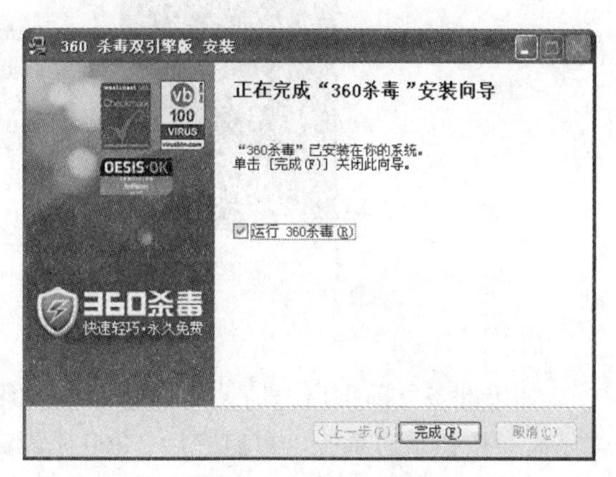

图 8-24　安装完成

2. 卸载360杀毒软件

首先，打开“开始”菜单，选择“程序”，找到360杀毒软件文件夹，选择“卸载360杀毒”，如图8-25所示。

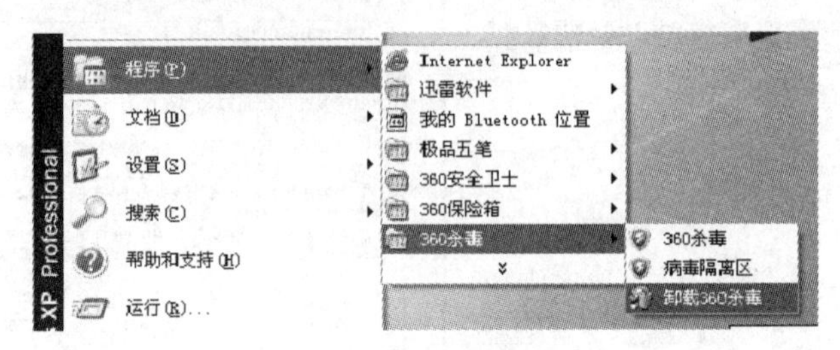

图8-25　卸载软件

接着，360杀毒会询问您是否要卸载程序，请点击“是”开始进行卸载，如图8-26所示。

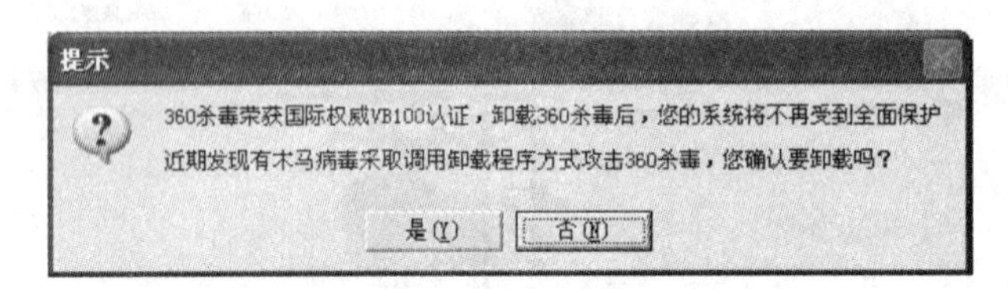

图8-26　询问是否卸载

卸载完成后，可根据自己的情况选择是否立即重启，如图8-27所示。

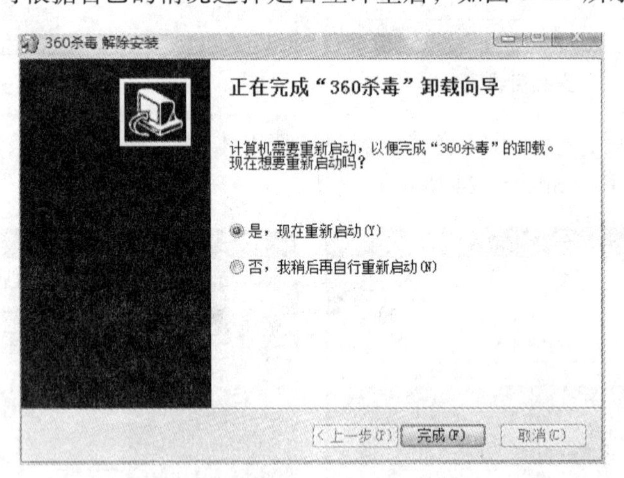

图8-27　卸载向导

如果准备立即重启，请关闭其他程序，保存您正在编辑的文档、游戏等的进度，点击“完成”按钮重启系统。重启之后，360杀毒卸载完成。

步骤2　设置参数

在360杀毒软件中，设置参数包括常规设置、病毒扫描设置、实时防护设置、升级设置等，如图 8-28 所示。

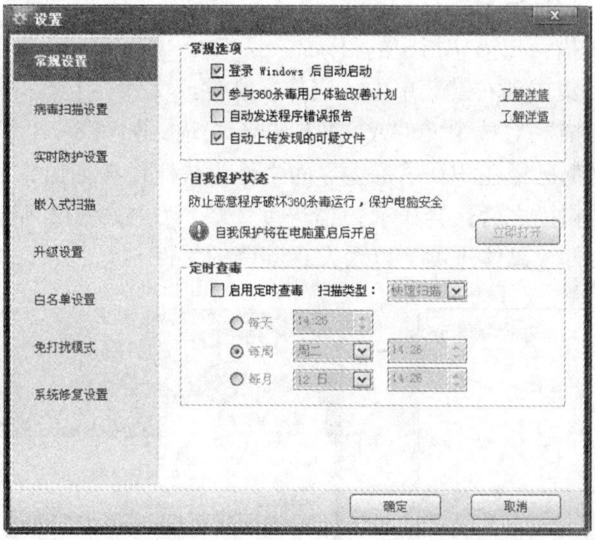

图 8-28　设置参数

步骤 3　病毒查杀

360 杀毒具有实时病毒防护和手动扫描功能，为您的系统提供全面的安全防护。实时防护功能在文件被访问时对文件进行扫描，及时拦截活动的病毒。在发现病毒时会通过提示窗口警告您，如图 8-29 所示。

在启动 360 杀毒之前它会提示您是否加入 360 云查杀计划，单击确定即可。

360 杀毒提供了四种手动病毒扫描方式：快速扫描、全盘扫描、指定位置扫描及右键扫描，如图 8-30 所示。

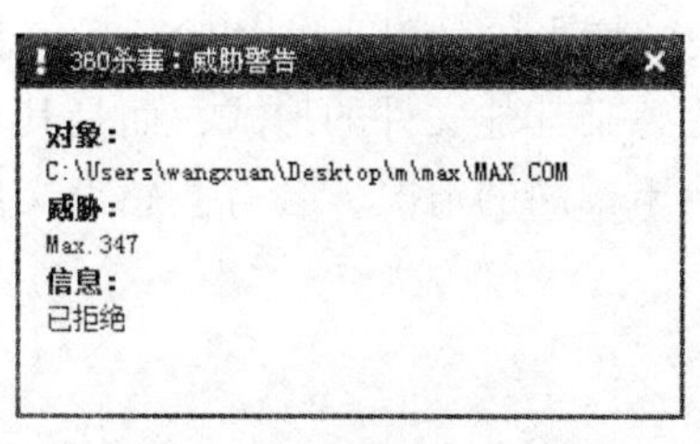

图 8-29　病毒提示窗口

图 8-30　360 杀毒界面

（1）快速扫描：扫描 Windows 系统目录及 Program Files 目录。

（2）全盘扫描：扫描所有磁盘。

（3）指定位置扫描：扫描您指定的目录。

（4）右键扫描：集成到右键菜单中，当您在文件或文件夹上点击鼠标右键时，可以选择“使用 360 杀毒扫描”对选中文件或文件夹进行扫描，如图 8-31 所示。

其中前三种扫描都已经在 360 杀毒主界面中作为快捷任务列出，只需点击相关任务就可以开始扫描。启动扫描之后，会显示扫描进度窗口，如图 8-32 所示。在这个窗口中您可看到正在扫描的文件、总体进度，以及发现问题的文件。

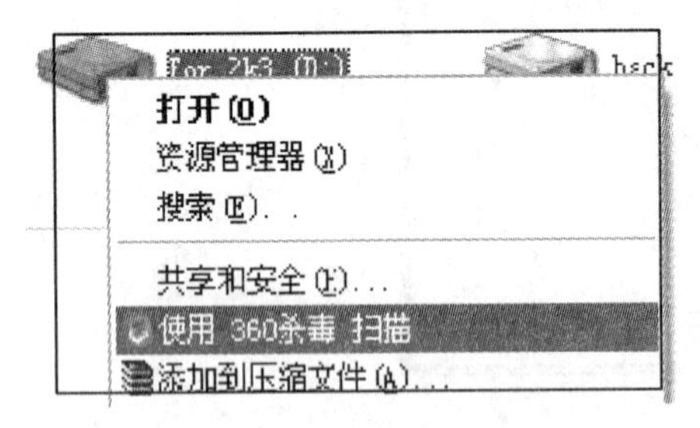

图 8-31　360 杀毒扫描图

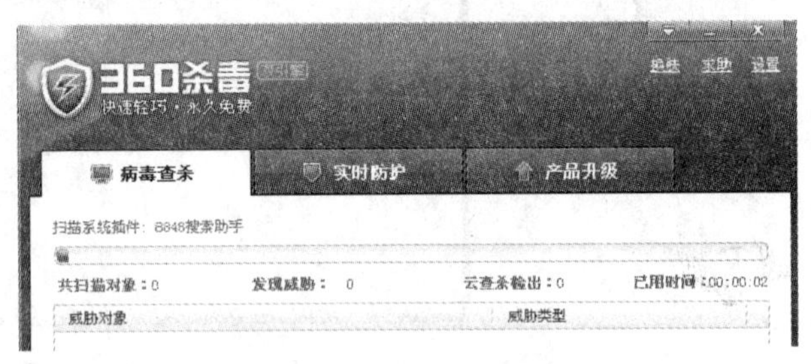

图 8-32　病毒查杀

> 提示
>
> 电脑扫描完后，自动关机
>
> 如您希望360杀毒在扫描完电脑后自动关闭计算机，可选中“扫描完成后关闭计算机”选项。请注意，只有在您将发现病毒的处理方式设置为“自动清除”时，此选项才有效。如果您选择了其他病毒处理方式，扫描完成后不会自动关闭计算机。

步骤 4　升级病毒库

360 杀毒具有自动升级功能，如果您开启了自动升级功能，360 杀毒会在有升级可用时自动下载并安装升级文件。自动升级完成后会通过气泡窗口提示您。

如果您想手动进行升级，请在 360 杀毒主界面点击“升级”标签，进入升级界面，并点击“检查更新”按钮。升级程序会连接服务器检查是否有可用更新，如果有的话就会下载并安装升级文件，如图 8-33 所示。

升级完成后会提示病毒库升级已经完成，当前的病毒库已经是最新的。

360 杀毒扫描到病毒后，会首先尝试清除文件所感染的病毒，如果无法清除，则会提示您删除感染病毒的文件。木马和间谍软件由于并不采用感染其他文件的形式，而是其自身即为恶意软件，因此会被直接删除。在处理过程中，由于不同的情况，会有些感染文件无法被处理。

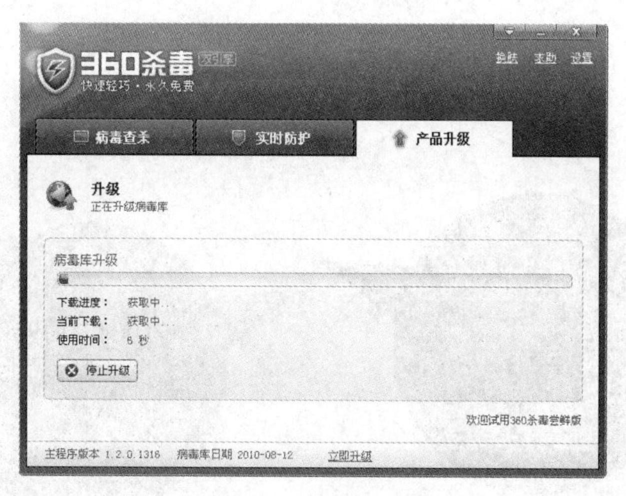

图 8-33　病毒库升级

归纳提高

通过本次任务，我们了解了什么是 360 杀毒软件，熟练掌握 360 杀毒软件的使用技巧，对电脑进行实时保护。

当然，杀毒的软件还有很多，比如：卡巴斯基杀毒软件、江民杀毒软件、金山毒霸等，功能与 360 杀毒软件相似，同学们也可以自己试试。

任务评估

任务三评估细则		自评	教师评
1	熟悉 360 杀毒软件的操作界面		
2	掌握 360 杀毒软件的安装和卸载		
3	掌握 360 杀毒软件参数的设置		
4	掌握 360 杀毒软件病毒的查杀		
5	掌握 360 杀毒软件病毒库的升级		
任务综合评估			

讨论与练习

交流讨论：

思考与练习：

请对电脑上 D 盘中的某个文件进行杀毒。

任务拓展

我们常用的杀毒软件有很多，这些杀毒软件的使用方法是否都类似呢？它们到底有什么区别？我们如何选择一款即满足自己需求，又能方便、快速杀毒的软件呢？

任务四　阅读电子书《常用工具软件》

任务背景

小王就读于某中专学校的幼儿师范专业，有一天，他从网上下载了一本《常用工具软件》电子书，它的文件扩展名是 pdf，这种格式的文件无法用 Word 或者记事本软件打开，并且设置了密码（密码附带文件中已告知）。小王在百度里搜索了一下，发现这类文件可以使用一款名为福昕阅读器的软件打开，这款软件被称为电子书阅读器，于是小王下载并安装了福昕阅读器。本节我们将和小王一起学习福昕阅读器的使用。

任务分析

要使用福昕阅读器阅读电子书，我们需要掌握以下知识：

（1）熟悉福昕阅读器的操作界面。

（2）熟练掌握页面浏览的方法。

（3）学会为文章加标注。

（4）能够将文字转换为文本格式或 Word 格式。

任务学习准备

一、什么是福昕阅读器

福昕阅读器（Foxit Reader）是福昕公司推出的 Foxit Reader 首款简体中文版本，是当今全球最流行的 PDF 阅读器。它是一款免费的 PDF 文档阅读器和打印器，具有令人难以置信的小巧体积，启动迅速且无须安装，支持 Windows 95/98/Me/2000/XP/2003/Vista 操作系统，其核心技术与 PDF 标准版 1.7 完全兼容以独特技术和领先体验引领全球移动阅读潮流，全球个人用户已经突破两亿，名列美国著名 IT 杂志《PC World》评选的最好的免费软件。

作为广大 PDF 用户的最佳选择，福昕 PDF 阅读器 4.1 为 PDF 用户提供了许多强大的功能，如因特网搜索、常用工具收藏、注释面板、文档限制摘要、支持 MSAA 以及许多其他功能。

二、福昕阅读器的特点

（1）体积小巧：福昕 PDF 阅读器体积小巧，内存消耗量小。

（2）启动迅速：瞬间就可启动福昕 PDF 阅读器，完全没有那些恼人的多余的启动画面。

（3）注释工具：当你阅读 PDF 文档，是否曾想过对文档进行批注呢？有了福昕 PDF 阅读器，你完全可以在文档上画图、高亮文本、输入文字，并且对批注的文档进行打印或保存。

（4）文本转换器：你可以将整个 PDF 文档转换成简单的文本文件。

（5）支持多媒体设计：福昕 PDF 阅读器经过改进优化，现在完全支持多媒体编辑，支持很多种多媒体格式，包括音频和视频格式的文件，可以把现有的影像或音频文件添加到 PDF 文档，对添加的媒体文件进行编辑。

（6）高度安全性和隐私性：福昕 PDF 阅读器高度重视保护用户的安全和隐私，没有用户的许可不会主动访问互联网。而其他的阅读器则会在用户不知晓的情况下，主动从后台连接到互联网。福昕 PDF 阅读器完全不带有任何间谍软件。

（7）功能齐全、价格实惠：福昕 PDF 阅读器提供的高级插件都是需要付费的，但是当你使用了福昕 PDF 阅读器后就会发现，福昕以低廉的价格提供完美的阅读器，功能强大、价格实惠，是其他竞争对手所达不到的。

任务学习准备

（1）每人 1 台电脑。

（2）每台电脑连接在互联网上，采用 TCP/IP 协议进行通信。

（3）福昕阅读器安装包。

任务实施

一、实施说明

在完成任务之前，还必须了解熟悉福昕阅读器的操作界面。可以有两种方式打开福昕 PDF 阅读器：直接打开福昕 PDF 阅读器或者在浏览器里打开福昕 PDF 阅读器，二者界面相似。

福昕 PDF 阅读器的界面包括菜单栏、工具栏、导航面板、状态栏和文档区域面板五大部分。工具区域靠近界面顶部和底部，包括工具栏、菜单栏和状态栏；导航面板位于整个界面的左侧，方便用户以不同方式浏览当前文档；文档区域显示 PDF 文档内容。如图 8-34 所示。

图 8-34 福昕阅读器界面

二、实施步骤

步骤 1 福昕阅读器的安装

访问福昕公司下载中心（http://www.fuxinsoftware.com.cn/downloads/）免费下载新版福昕 PDF 阅读器。福昕公司提供了两种格式的安装包供您下载：

1. ZIP 格式

如果下载的是“FoxitReader41.zip”文件，那么您只需要将该安装包解压，然后双击 Foxit Reader.exe 文件即可运行福昕 PDF 阅读器，无须进行任何安装。

2. EXE 格式

如果下载的是“FoxitReader41_setup.exe”文件，则须双击该文件，弹出安装向导后，点击“下一步”。屏幕显示福昕 PDF 阅读器新特性列表，点击“下一步”（如图 8-35 所示）。

阅读了福昕 PDF 阅读器授权条款后，勾选“同意”继续安装。如果您不同意该条款，请点击“取消”退出安装，如图 8-36 所示。

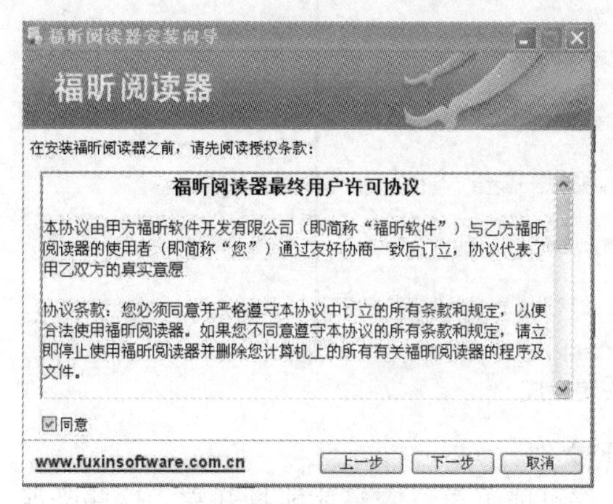

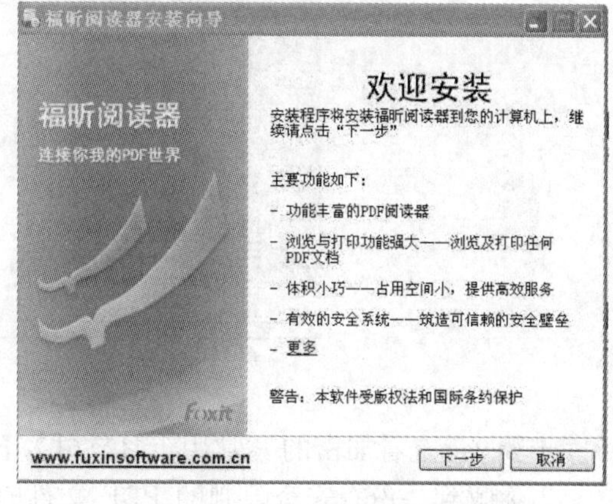

图 8-35　安装向导　　　　图 8-36　安装协议

福昕 PDF 阅读器提供了两种安装方式，如图 8-37 所示。

默认安装——所有的配置信息使用默认设置，包括安装路径、桌面快捷键等。

自定义安装——自定义安装配置，您可以选择您所需要的组件进行安装，以及是否设置桌面快捷键。

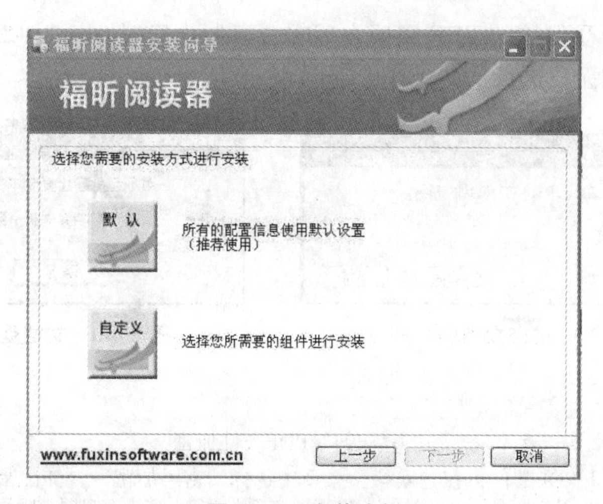

图 8-37　安装路径

选择安装方式后，点击“下一步”按钮继续安装。安装完成后将提示您福昕 PDF 阅读器已安装成功。点击“完成”按钮结束安装，如图 8-38 所示。

图 8-38　安装完成

步骤 2　查看加密的《常用工具软件》PDF 文件

当你收到一份有安全限制的 PDF 文件时，您可能需要有密码才能打开它。这些受保护的文件对文档操作有着不同的限制，如不允许打印、编辑、复制等。

打开一份受密码保护的 PDF 文件时，福昕 PDF 阅读器会要求您输入密码。如图 8-39 所示。

输入密码正确后，就可以直接打开电子书《常用工具软件》。

注意：

如果试图在一个受保护的 PDF 文档内编辑或复制内容时，福昕 PDF 阅读器会提醒您没有创建者的许可您无权进行这些操作，如图 8-40 所示。

图 8-39　加密文档的打开

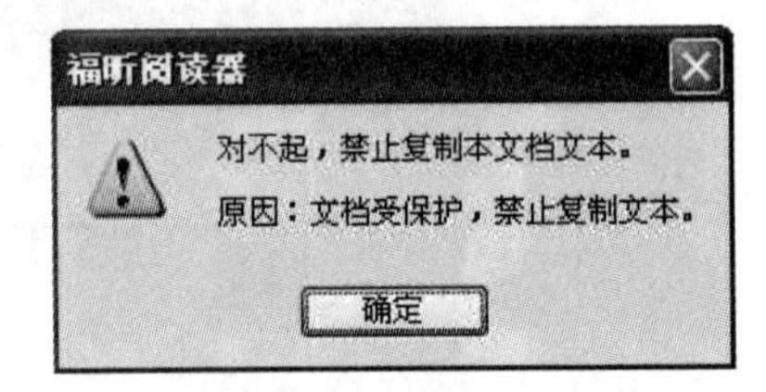

图 8-40　文档受保护

提示

如何给PDF文件加密？

打开PDF文件，在“安全”菜单中选择“密码加密”，弹出密码加密窗口，如图8-41所示。然后在“ 密码加密”窗口中输入自己的密码即可。

步骤 3　页面浏览

（1）当页面显示区鼠标的形状以🖐形状出现时，则表示目前处于浏览状态，可以直接按住鼠标，上下拖动页面进行浏览。

（2）可以通过“视图”菜单完成页面大小和布局的调整，如图 8-42 所示。

（3）可以单击“文档”菜单中的跳转命令实现定位阅读，如图 8-43 所示。

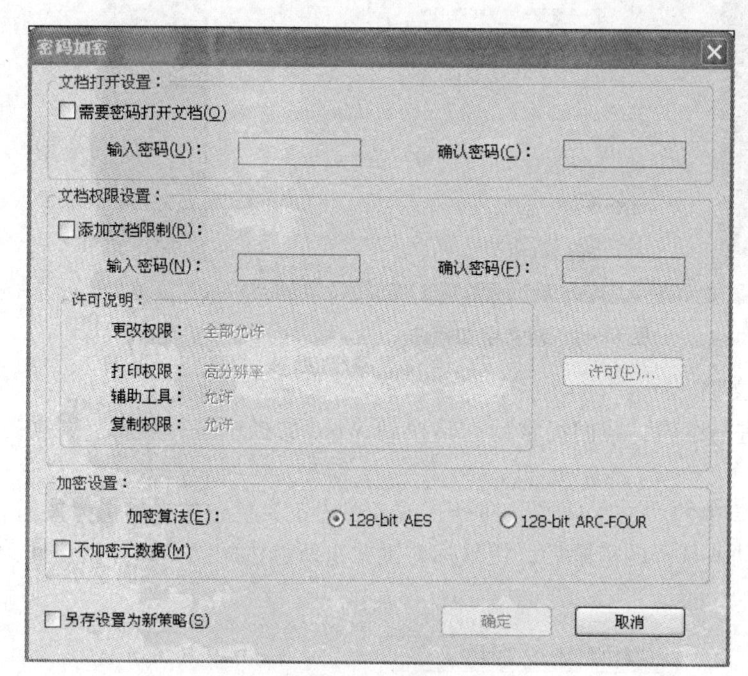

图 8-41　文档加密

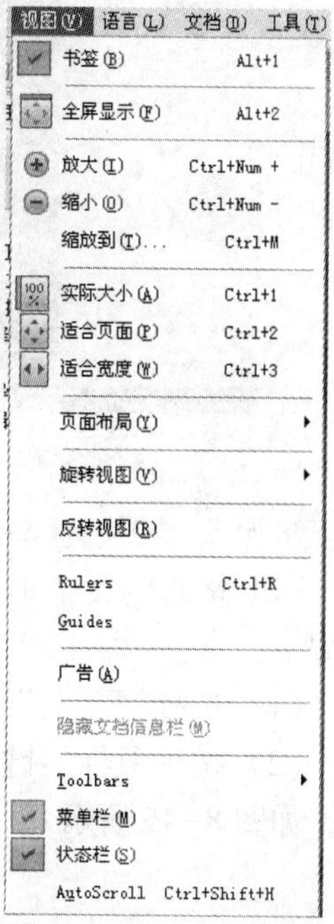

图 8-42　视图菜单

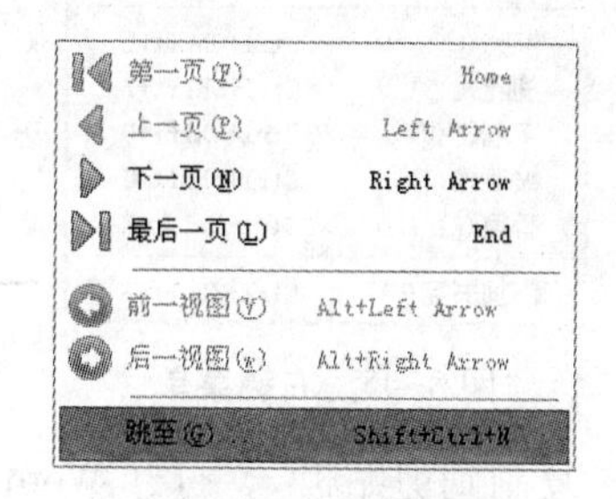

图 8-43　定位阅读

步骤 4　为文章加标注

可以单击“工具”菜单中的“直线工具”或“曲线工具”“矩形工具”“椭圆工具”，在相应的位置做出标注，如图 8-44 所示，也可以使用工具栏中的工具按钮。

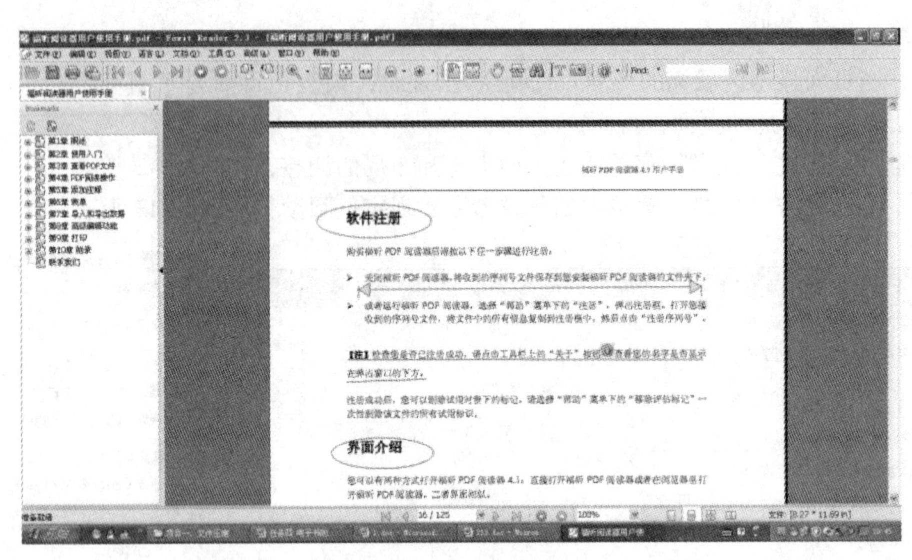

图 8-44　对文字加标注

步骤 5　转换为 Word 文档

PDF 格式的文字不能进行编辑，我们经常把它转换到 Word 文档中进行编辑。转换方式如下：

（1）选择“工具”菜单中的“文本选择”命令，或者单击工具栏中的文本选择按钮。

（2）按住鼠标左键拖动要选择的范围后，用鼠标右键单击所选中的文字，弹出快捷菜单，如图 8-45 所示。

复制到剪贴板(Y)	Ctrl+C
全选(L)	Ctrl+A
取消全选(E)	Ctrl+Shift+A
高亮(L)	Ctrl+Shift+L
删除线(T)	Ctrl+Shift+T
下划线(U)	Ctrl+Shift+U
波浪线(Q)	Ctrl+Shift+Q
替换(R)	Ctrl+Shift+R
添加书签(M)	Ctrl+Shift+B

图 8-45　右键菜单

（3）在快捷菜单中，选择“复制到剪贴板”，打开 Word 文档，将内容复制到 Word 中后，保存即可。

归纳提高

通过本任务，我们了解了什么是福昕阅读器，熟练掌握了福昕阅读器的使用技巧，比如：页面浏览的方法、文章加标注以及 PDF 转换为 Word 的方法等。

当然，阅读电子书的软件还有很多，功能与福昕阅读器相似，同学们也可以自己试试。

任务评估

任务三评估细则		自评	教师评
1	熟悉福昕阅读器的操作界面		
2	熟练掌握页面浏览的方法		
2	熟练掌握为文章加标注		
3	熟练掌握将 PDF 转换为 Word		
任务综合评估			

讨论与练习

交流讨论：

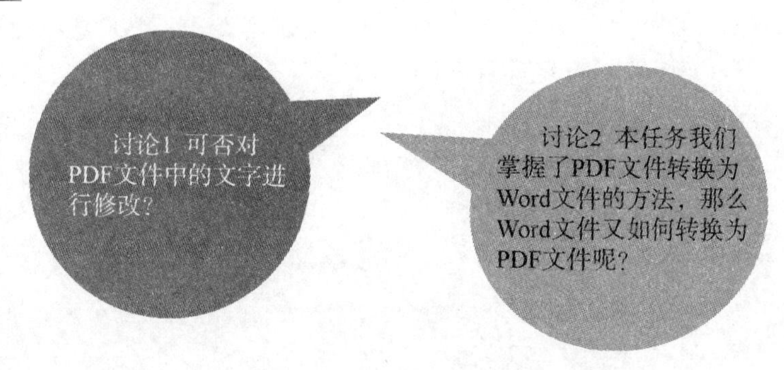

思考与练习：

选择题

1. 福昕阅读器软件可以打开后缀名为______的文件。
   A. pdf　　B. xsl　　C. psd　　D. zip
2. 下列选项中，哪个不是福昕阅读器软件菜单中的内容______。
   A. 文件　　B. 帮助　　C. 特色功能　　D. 选择
3. 通过福昕阅读器软件浏览 pdf 文件时，鼠标呈现的状态是______。
   A. 箭头　　B. 手型　　C. 问号　　D. 无显示
4. 福昕阅读器软件中“文档视图”选项卡，不包括的功能有______。
   A. 阅读模式　　B. 逆序阅读　　C. 文本查看器　　D. 备份

5. 通过福昕阅读器软件浏览 pdf 时，阅读模式包括______。

A. 单页　　B. 连续　　C. 对开　　D. 连续对开

任务拓展

福昕阅读器是使用频率较高的软件，有时候一本完整的电子书，我们需要将其全部转换成 Word 文档，改怎么做呢？

小　结

本项目学习了 WinRAR、IE 浏览器、360 杀毒软件以及福昕浏览器的操作和使用技巧。学习本项目，能让学生们熟练掌握这四种软件的使用技巧，能够借助 WinRAR 文件压缩工具对文件进行压缩、解压、加密和伪装，能够使用 IE 浏览器在网上查找来自世界各地的信息，能够使用 360 杀毒软件对电脑进行维护，也能够使用福昕浏览器阅读电子书，并将它们应用到实际的学习和工作中去。